高等院校艺术设计类“十四五”规划教材

Webpage Design and Making

网页设计与制作

◆ 主　编　叶　蕾　欧阳俊梅　张瑶敏

副主编　万　青　程丽琴　陈　莉

　　　　王　喆　南　方　周　舟

中国海洋大学出版社

·青岛·

图书在版编目（CIP）数据

网页设计与制作 / 叶蕾， 欧阳俊梅，张瑶敏主编． — 青岛：中国海洋大学出版社，2024.6.— ISBN 978-7-5670-3884-4

Ⅰ． TP393.092.2

中国国家版本馆 CIP 数据核字第 2024B6V527 号

出版发行	中国海洋大学出版社		
社　　址	青岛市香港东路 23 号	邮政编码	266071
出 版 人	刘文菁		
策 划 人	王　炬		
网　　址	http://pub.ouc.edu.cn		
电子信箱	tushubianjibu@126.com		
订购电话	021-51085016		
责任编辑	矫恒鹏	电　　话	0532-85902349
印　　制	上海万卷印刷股份有限公司		
版　　次	2024 年 6 月第 1 版		
印　　次	2024 年 6 月第 1 次印刷		
成品尺寸	210 mm×270 mm		
印　　张	11.5		
字　　数	299 千		
印　　数	1 ～ 3000		
定　　价	59.00 元		

前 言

在这个信息爆炸的时代，随着互联网的快速发展，网站作为企业、个人和组织展示自身的窗口，成为沟通与互动的关键媒介。一个精美、易用的网站不仅可以吸引用户，还可以传达品牌形象、提供信息、促进销售、建立社区，甚至是传播理念。网页设计师和开发人员的任务是确保网站在各种设备上都能够完美呈现，同时保持高度的可访问性和可用性。

网页设计与制作课程是数字媒体、视觉传达、影视动画、计算机、电子商务等相关专业的核心课程，可以帮助学生深入了解并熟练掌握网页设计与制作的相关知识和技能，助力他们在职场中脱颖而出，成为数字时代不可或缺的专业人才。

网页设计与制作是艺术与技术的结合，需要设计人员有一定的审美能力和娴熟的制作技术。本书通过对案例进行视觉分析与技术步骤的讲解，让学生艺术与技术共同发展；采用真实项目案例设置，使得企业制作标准与规范能完全展现。学生既能了解网页设计与制作的工作流程，也能学习其工作过程。

本书在传统网页设计与制作的教学内容和结构上做了一些突破，采用基于工作过程的项目式编写模式，用六个完整精美的项目案例贯穿于理论的讲解，注重学生全面的学习体验。本书的项目内容主要包括：

项目 1：赏析电商购物类网站——介绍网页设计的基础知识、网页制作的流程，以及网页配色原理等。

项目 2：哆哆课堂网页低保真原型图绘制——教授如何使用 Adobe Illustrator 绘制网页结构线框图。

项目 3：竞拍界面高保真原型图的设计制作——详细讲解使用 Adobe Illustrator 绘制页面高保真原型图的方法。

项目 4：个人简历网站的制作——深入了解 HTML 基础知识，为网页制作打下坚实基础。

项目 5：扎染工艺网站制作——介绍 CSS 样式的重要性以及如何应用它们来增强网页设计。

项目 6：青年公益在线网站制作——深入 HTML5 和 CSS 布局，讲解如何创建响应式网页布局。

本书的编写团队均为来自一线的高校教师，他们长期从事网页设计与制作的教学与应用，有着独特的教学思想、先进的教学经验、科学的教学方法和丰富的开发实战经验。

无论是刚刚踏入职场的设计师，还是希望提升技能的专业人士，抑或是对此领域感兴趣的初学者，都希望本书能为您提供宝贵的知识和借鉴。

本书是编者多年实践工作和教学经验的汇总，由于水平所限，书中难免存在不足之处，敬请广大读者和专家批评指正！

编者

2024 年 1 月

目　录

项目1 赏析电商购物类网站

项目需求

临近毕业，同学们正面临找工作的问题，有几位同学准备找一份网页设计师的工作，于是他们开始复习和梳理网页设计的相关知识点和资料。

本项目将通过对各种电商购物类网站的赏析，梳理网页设计的基础知识、网页设计的流程、网页的色彩设计等内容，以加深对网页设计的认识和理解。

项目目标

在网络上搜索各大电商购物网站，并对各大网站进行欣赏和分析，熟悉网页设计的概念、网站的类型、网页设计的工作流程和网页设计的配色知识，能对网页设计师的工作有更深的理解。

可在电脑浏览器上输入各大购物平台的网址并进入其首页，对它们的网页结构、元素、色彩等内容进行分析和学习。

项目背景

随着互联网的极速发展，手机和电脑等设备不断普及和智能化，人们的生活习惯也在发生变化，网上购物已越来越成为大多数人日常生活的一部分。购物类的网站也随之面临更高的挑战，界面的表现和内容需要更加丰富，功能也需要更加强大。各大电商网站也都在不断地完善，致力于制作出更加完美的网站。

1.1 任务 网站赏析

1.1.1 任务导航

任务要点	● 了解网页、网站和界面设计的概念； ● 熟悉常见的网站类型； ● 熟悉网页设计的工作流程； ● 掌握网页色彩搭配的技巧
任务活动	活动1　天猫购物网站赏析； 活动2　网易严选购物网站赏析
任务目标	能够赏析电商购物类网站

1.1.2 知识学习

1.1.2.1 网页与网站的概念

网站是指在互联网上由特定的人群或组织，按照一定的规则，制作的一组用于展示特定内容的网页合集。一般情况下，一个网站只有一个主页，包含网站的 Logo 和指向其他网页的链接，当用户单击这些链接时就可以打开对应的网页，当然这些网页也可以包含超链接，再次打开其他网站。

网页是网站的基本组成单位，也就是我们简称的 Web，一个网页通常有一个对应的 HTML 文档，文档中包含各种文字、图像、音频、视频、超链接等内容。

UI 即 User Interface（用户界面）的简称。UI 设计是指对软件的人机交互、操作逻辑、界面美观的整体设计。任何需要用户操作的产品都要有自己的用户界面，用户界面就像是人和机器之间搭起的一座桥梁，它能够帮助用户在与软件和产品对话的过程中得到更加顺利、简单、高效的操作，获得更好的体验感。

在设计网站时，首先需要考虑的是网站的基本架构，然后再考虑在这个大的网站架构下具体的网页布局和内容，在这个过程中要综合考虑网站的整体用户界面设计。

1.1.2.2 常见的网站类型

网站的类型非常多，我们可以按照网站的内容将它们分成 5 种，即门户网站、企业网站、个人网站、专业网站和职能网站。

（1）门户网站。

门户网站是一种综合性网站，涉及的领域非常广泛，从影视、音乐、体育、文学到新闻、娱乐等，网站中还包括论坛、搜索和短信等功能，比如我们常用的腾讯网、搜狐网、新浪网、网易等，如图 1.1、图 1.2 所示。

（2）企业网站。

随着互联网的发展，通过网站宣传企业文化、展现企业形象已经成为一种非常成熟而必要的传播方式了，越来越多的企业也开始注重自己的企业网站建设。企业网站一般是由企业开发创建的，它的内容基本是围绕企业展开，包括主题、设计风格等都和企业内容相统一，如图 1.3 所示。

图 1.1　腾讯网网站首页

图 1.2　搜狐网网站首页

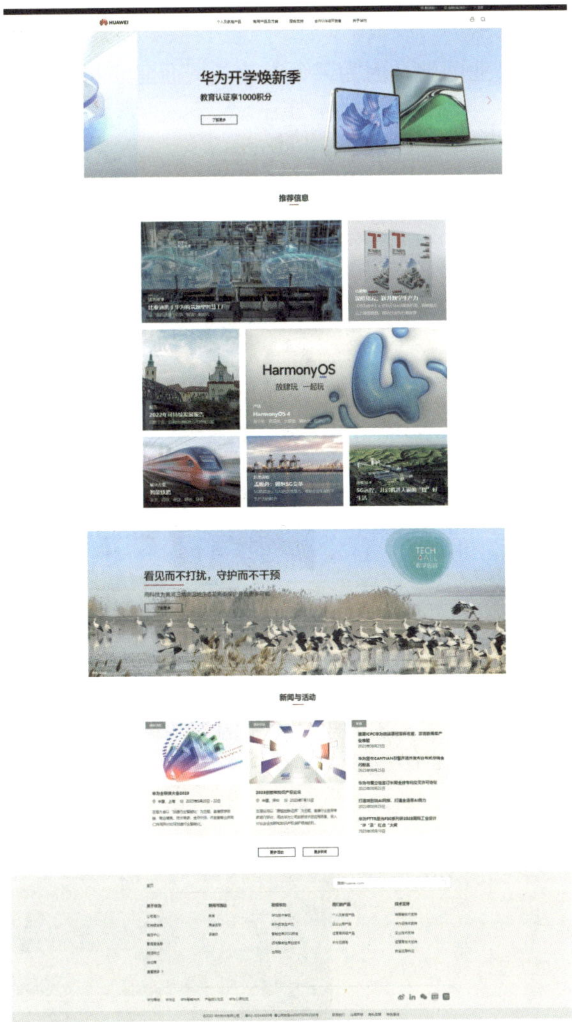

图 1.3　华为官网首页

（3）个人网站。

个人网站是指由个人或团体因为某种兴趣爱好、拥有某种专业技术、提供某种服务、销售和制作自己的商品等原因建立的拥有独立空间域名的网站，它具有非常强的个人特色，如图 1.4 所示。

图 1.4　个人作品网站首页

（4）专业网站。

专业网站是因为某个专业领域而建立起来的网站，它的专业性非常强，如图 1.5 所示。

图 1.5 艺术中国网站首页

（5）职能网站。

职能网站，顾名思义就是因为某种职能属性和特定功能建立的网站，如政府的职能网站，如图 1.6 所示。目前我们用得比较多的电商购物类网站，如淘宝网、当当网也属于职能网站。

图 1.6 武汉市政府网站首页

1.1.2.3 网页设计的工作流程

网站设计大体可以分成 6 个阶段：原型图阶段、视觉稿阶段、设计规范制作、切图与标注制作、前端开发和项目走查，如图 1.7 所示。

在项目开始前期组建一支完整的网页建设团队非常重要，这个团队包括产品经理、网页（视觉）设计师、交互设计师、前端工程师等人员。产品经理会带领团队展开产品调研，包括企业调研、市场调研、用户调研等方面，完成产品需求分析报告。

了解需求之后就可以使用草图绘制工具快速画出网页的大体框架，然后使用 Adobe Photoshop（简称 PS）或者 Adobe Illustrator（简称 AI）等绘图软件在这个框架的基础上绘制线框图，规划信息的层次结构，将内容分组，突出核心功能。线框图出来之后，团队就可以和客户展开更加明确的讨论，客户确定线框图之后，网页设计师就可以绘制更加细致全面的视觉稿了，再增加一些简单的交互之后就形成了高保真的效果图。在高保真效果图的基础上网页设计师还需要进行切图和标注，整理出详细明确的网页制作素材和文档。最终，由前端工程师运用软件完成整个网站的制作。在这个过程中，网页设计师并不是只负责网页的视觉设计，而是需要参与到整个网页的制作过程中。

（1）原型图阶段。

原型图阶段包括线框图和原型图。

线框图是网页的低保真原型图，绘制它的主要目的是表明网页的主要内容、信息结构和交互操作。在这一阶段还未涉及网页视觉的内容，所以在绘制时不需要过多的视觉表现，采用黑白灰的色阶，使用线条、方框和几何图形去概括网页的内容就可以，如图 1.8、图 1.9 所示。它主要用于快速展现网页框架，所以在绘制中要平衡网页保真度和速度。线框图能够帮助团队成员快速理解网页结构，展开针对性的项目讨论。绘制线框图的软件有 Adobe Photoshop、Adobe Illustrator、Adobe XD、Axure RP、Sketch，如图 1.10 所示，甚至手绘也是可以的，如图 1.11 所示。

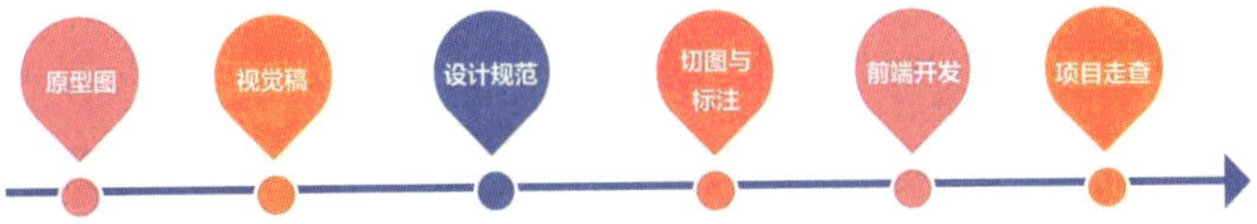

图 1.7　网页设计的工作流程

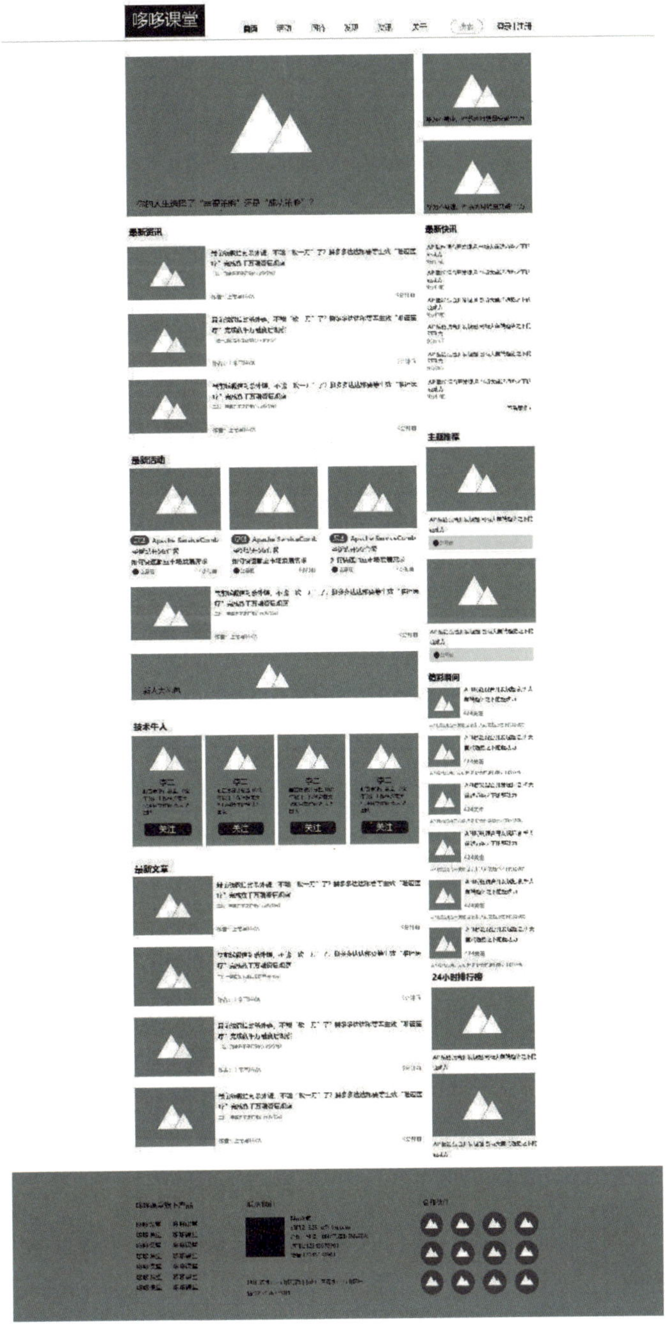

图 1.8　哆哆课堂网页线框图

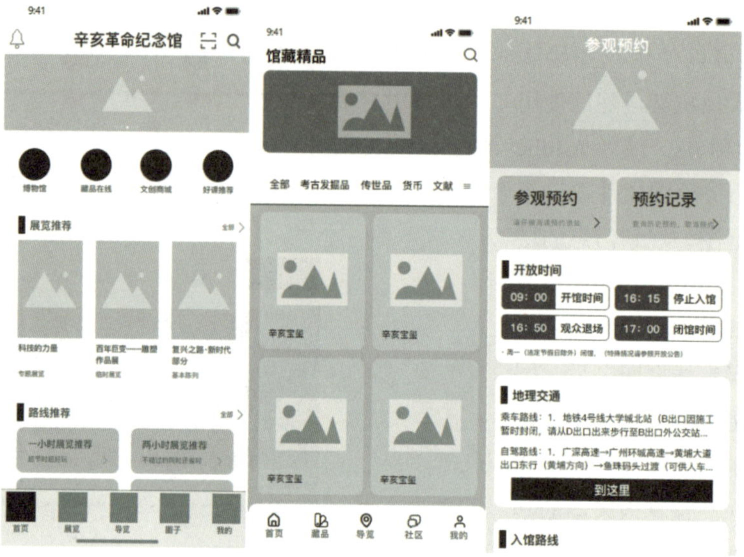

图 1.9　辛亥革命纪念馆 App 线框图

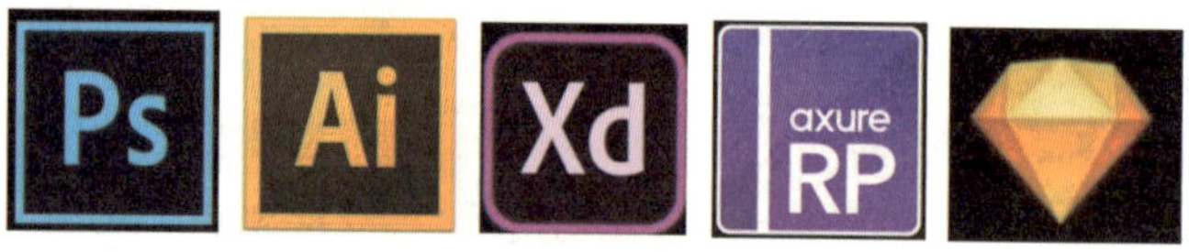

图 1.10　绘制线框图的常用软件

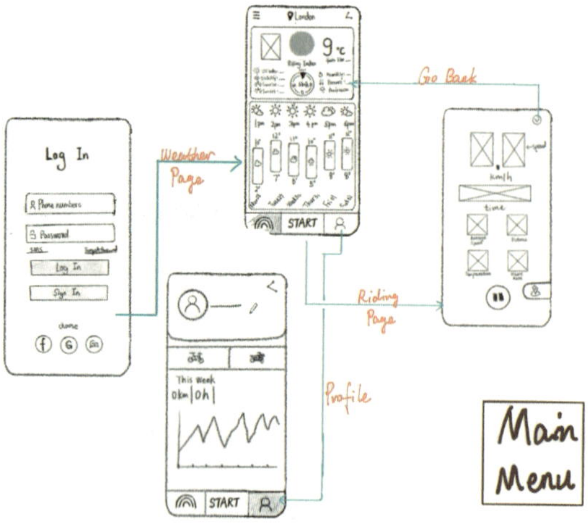

图 1.11　手绘线框图

线框图确定之后，就可以开始绘制原型图，此时需要进行网页的视觉设计，确定网页的色彩、图形、版式等内容，尽量接近网页的最终形态，它属于中等保真的原型图。除此之外还需要完成网页交互的制作，因为原型图绘制出来是需要进行用户测试的，也就是用户需要根据这个原型来模拟网页操作，以便及时发现问题，进行修改。

（2）视觉稿阶段。

视觉稿就是在之前的线框图和原型图基础上更加细致全面地完成网页的界面设计，表达网页的信息框架、静态演示内容和功能，以便更好地帮助团队成员从视觉的角度审阅产品。视觉稿又称为高保真原型图，网页上的各种视觉小元素都会被确定下来，它除了没有真实的后台数据外，几乎可以模拟网页的所有功能，完全可以说是一个产品的小模型，如图 1.12、图 1.13 所示。

（3）设计规范制作。

设计规范是所有页面中的共性元素，如为字体、字号、图片的尺寸、按钮的样式等内容制定规范说明，就像一个网页产品的说明书一样。有了它团队成员之间就可以形成一致的设计规范，形成网站内各网页的统一，进而保证用户在访问网站时形成固定的操作模式。一般来说，一个产品的设计规范应该包括字体规范、主题色规范、表格规范、图片规范等不同分类，如图 1.14 所示为微信小程序的视觉设计规范。

图 1.12　哆哆课堂高保真原型图

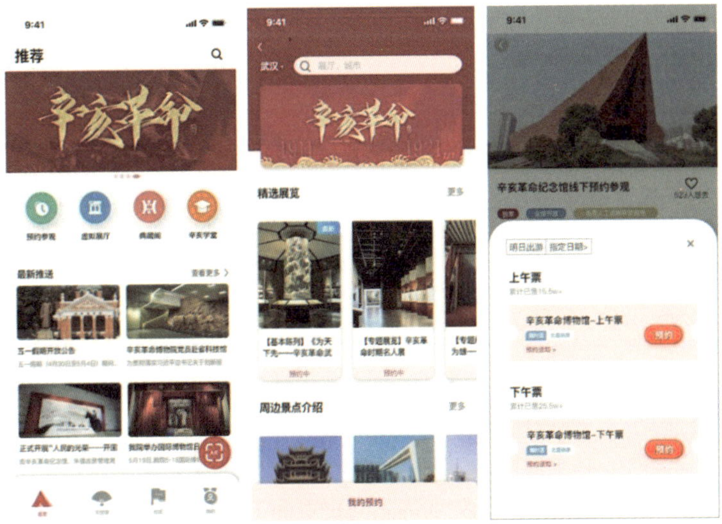

图 1.13　辛亥革命纪念馆 App 高保真原型图

图 1.14　微信小程序的视觉设计规范

（4）切图与标注制作。

在完成了一个网页设计的视觉图之后，设计师还需要将视觉图上的各个内容进行切图和标记，整理成一个文档，然后才能转发给开发人员进行下一步的页面制作。在切图的过程中要注意图片的大小和清晰度，过大的图片会影响后期网页的加载，低清晰度的图片又不能保证网页的质量，所以输出网页切图的时候一定要选择合适的输出大小（图 1.15）。具体的切图输出方法将在本教材的项目 3 进行详细讲解。

图 1.15　三种尺寸的图标切图

（5）前端开发。

到了前端开发这一步，网页的视觉设计基本就已经完成了，剩下的就是配合前端工程师使用代码将页面重构设计出来，完成静态网页页面，然后由后端工程师对接调取数据接口，这样，一个网站就制作完成了。

（6）项目走查。

整个网页设计完成之后，设计师还需要进行项目走查，主要检查网页制作过程中是否存在问题。如果发现前端重构的网页与设计稿存在一定出入，应要求工程师进行调整和改进。

项目走查并不是漫无目的的，可以从以下三个维度来展开。

第一，检查页面的合理性。这一项的检查是基于客观现实要求的，比如，有一些数字输入框，应该预留8位数字，但是实际只有6位，这时就需要修改。又如正文原本设置的是16号字，但是实际浏览网页的过程中发现文字偏小，影响阅读，那就需要再仔细斟酌正文字号了。

第二，检查设计稿的还原情况。这一步主要检查网页和前期的设计稿与设计规范是否统一，比如文字文本的字体、字号，控件的样式和状态，网页间距及对齐，图片品质情况，色彩有无色差等。

第三，检查实际操作的体验感。此时可以直接操作网页，在操作的过程中找到视觉、交互、动效等方面的问题。例如，动效过于炫酷、交互不流畅、操作步骤烦琐等问题。

1.1.2.4 网页色彩搭配

在网页设计中恰当的色彩搭配不仅能够给用户留下好的印象，提高用户对网页产品的信任度，而且不同的色彩还能够带来不同的色彩感知，传递出不同的色彩情绪。另外，个性化的色彩表达也能够凸显出网页独特的风格特征，塑造品牌效应，增加网页的识别性。

（1）根据色彩情绪搭配。

从心理学家的研究成果可知，不同的色彩能够传递不同的情感和情绪，甚至直接影响人们的情绪和心理。红色给人热情、兴奋的感觉，用在某些特定的场合也能表达警示、禁止、危险等信息。橙色给人快乐、活泼、温暖、活力的感觉，在很多的购物类网站中被大量使用。黄色给人明亮、活泼、朝气的感觉，在很多少儿类App和网站中经常使用，黄色也代表了权威和权力，降低饱和度后和棕色系搭配能够营造高端优雅的感觉。绿色代表了自然、健康、安全、生机勃勃等，在生态环境类和医院网页中可以经常看到。另外，在通信类界面中绿色也能给人亲切信任之感，如微信。在网页设计中我们可以利用色彩给人带来的不同情绪来营造产品，如图1.16所示。

图1.17是链家App界面，从界面的按钮、标签和图标上可以看出整个界面选择了品牌色绿色作为主题色，而绿色又能给人以信任和安全之感，能够传递出产品的特点，让用户放心，所以在这个界面中绿色的使用还是非常恰当的。值得一提的是在界面中上部分的金刚区图标的用色也是非常考究的，在图标的整体用色上选择了品牌色绿色和邻近色蓝色，然后再搭配对比色黄色和红色，既有对比又有协调。观察每一个图标的颜色，可以看到“二手房”“商业办公”“卖房”这三个主营业务选择了值得信任的绿色；“租房”“找小区”这些比较抢手的项目则选择了活泼的黄色，象征在这里租房能够带给用户愉悦的体验；“新房”和“海外”两个图标用红橙色暗示了这两种房屋的热度；而“帮我找房”“房屋估价”“查成交”这些有科技感的类别则用了蓝色，另外也代表了购房时要冷静和理性。

不同的用户人群对色彩的感觉也是不同的，这里就包括不同年龄段、不同性别的用户等。少年和儿童一般会比较喜欢活泼欢快的颜色，可以用红色、黄色、绿色等高饱和度和对比度的颜色；老年人可能就会比较喜欢和鲜艳的红色搭配；20～30岁的年轻人比较喜欢追求个性，喜欢一些与众不同的色彩感觉，可以多用一些撞色系风格。用户群体是温柔、优雅的女性时，粉红色系和紫色系是不错的选择；男性刚强的感觉深入人心，采用蓝色系是非常合适的。

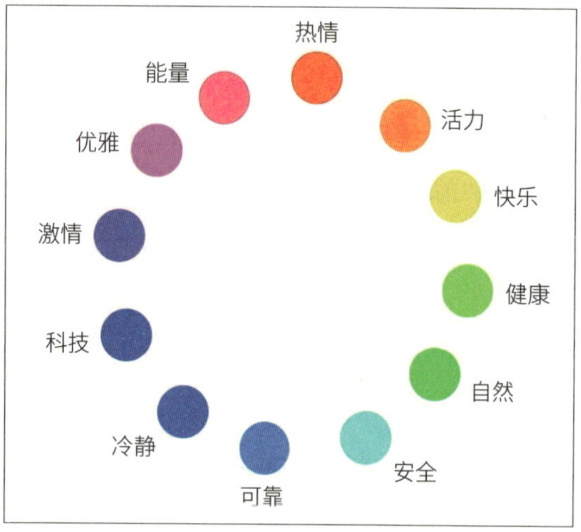

图 1.16　不同颜色的色彩情绪

图 1.17　链家 App 界面

（2）合理安排主题色、辅助色和点缀色。

在同一个网页界面中用色不宜过多，一般 3 ～ 5 种颜色比较合适，网页中的颜色一旦过多，就会显得花哨，主体内容会被淹没，影响用户的浏览。所以在网页设计的前期一定要做好产品分析和用户分析，从而给出产品的“标准用色规范”，确定出主题色、辅助色和点缀色，思考色彩的使用面积，形成网页整体统一的色彩感觉。

① 主题色。

主题色是指在网页界面中用色超过 60% 的颜色，它是根据产品本身的特质和色彩所传递出来的情感确定下来的，直接决定了用户对网页的整体印象和感觉。一般情况下设计师会选择产品的品牌色，然后在主题色的基础上根据网页需求适当地改变色彩的明度和纯度，从而衍生出多种同类色。

② 辅助色。

辅助色是指除主题色之外用色较多的一种颜色，是占据网页 30% 左右的颜色。在网页界面中与主题色配合使用，当选择与主题色相邻近的色彩作为辅助色时，画面显得和谐、统一，当选择与主题色跨度较大的对比色时，网页则有一种跳跃、活泼的视觉感受。

③ 点缀色。

点缀色是网页界面中占据 10% 左右的色彩，一般用于需要强调、突出趣味化的视觉元素，起装饰和提醒的作用。通常会选用明度和饱和度较高的颜色，与网页中的其他颜色相区别，用以突出强调的元素。

图 1.18 是果蔬类网页设计，主题色选择了品牌色绿色，占据整个界面 60% 左右的面积。辅助色选择了色差较大的红色系，整个界面显得清新活泼。而面积较少的点缀色选择了红色的邻近色黄色系，突出强调了界面中的标签和按钮等内容。

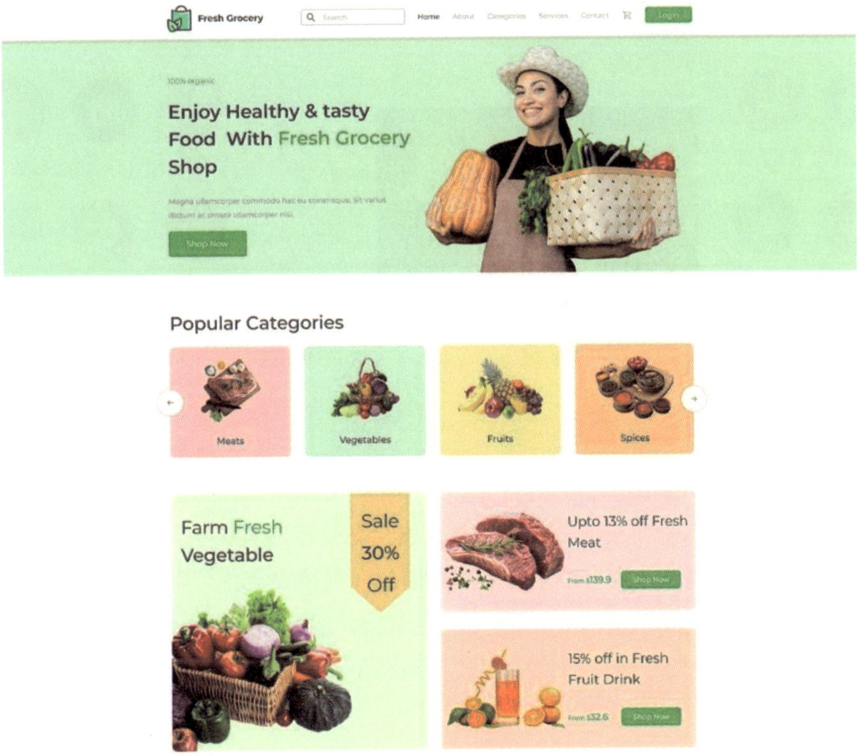

图 1.18　果蔬类网页设计

（3）善用色彩三要素。

色彩的三要素指的是色相、明度和饱和度，这是色彩最基础的属性，想要网页中的色彩有主有次、绚丽多彩，就一定要灵活运用这三个属性。

色相就像人的长相一样，每一种颜色都有自己的相貌，它是区分不同颜色的重要因素。色彩的色相决定了网页带给人的整体感觉，有的清新淡雅，有的活力四射，有的沉稳冷静。淘宝界面的主色相是橙色和红色，这两种颜色给人以兴奋、快乐的感觉，也符合这一类购物平台给用户带来的快乐购物的心理暗示。

色彩的明度是指在色彩中加入白色，白色加的越多颜色就越淡，色彩也就越亮。同一种颜色我们可以通过改变它的明度让网页界面色彩既统一又有变化，特别是在图标、菜单栏和导航栏等组件的设计中经常使用到色彩明度的渐变。

饱和度指的是在色彩中加入黑色的色彩变化，黑色加的越多，色彩就越暗，加的越少颜色就越鲜艳。色彩的饱和度主要呈现了色彩从浓烈到深沉的变化，经常用在绘制物体的金属质感、光泽感和光影效果上。

这三个要素不仅可以很好地指导我们调配颜色，还可以帮助我们协调界面中的色彩。

图 1.19 是学习强国 App 中的一组图标，虽然用到了色相不同的各种颜色，但是整体的色彩感觉并不花哨、凌乱，打开 PS 吸取其颜色查看 HSB（H 色相、S 明度、B 饱和度）的色彩数值，就会发现它们的颜色在明度和饱和度上都是一致的，改变的只是它们的色相。由此可见，我们可以利用色彩的明度和饱和度去统一不同色相的各种颜色，让色彩既有区分又有统一。假如在一组图标中色彩的明度和饱和度完全不一致，那么整个图标也会给人参差不齐的感觉，如图 1.20 所示。

图 1.19　多种色相的图标设计

图 1.20　色彩的明度和饱和度不一致的图标设计

（4）合理搭配网页安全色和非安全色。

我们经常会发现同样的网页颜色在不同的设备上显示的颜色会有一些差距，这是因为不同的屏幕设备、浏览器都有自己的调色板，所以会存在色差现象。网页安全色是指网页在不同的硬件环境、设备和操作系统中都能够保持相同的色彩，在显示上没有色差的颜色。因此，网页安全色可以很好地解决网页色差的问题。

网页安全色一共有 216 种，它是根据三原色（红色 Red、绿色 Green、蓝色 Blue）的十六进制值 00、33、66、99、CC 和 FF 组合输出的结果，6 种红色调、6 种绿色调、6 种蓝色调，然后用 3 个 6 相乘（6×6×6）就得到了这 216 种特定的颜色，如图 1.21 所示。

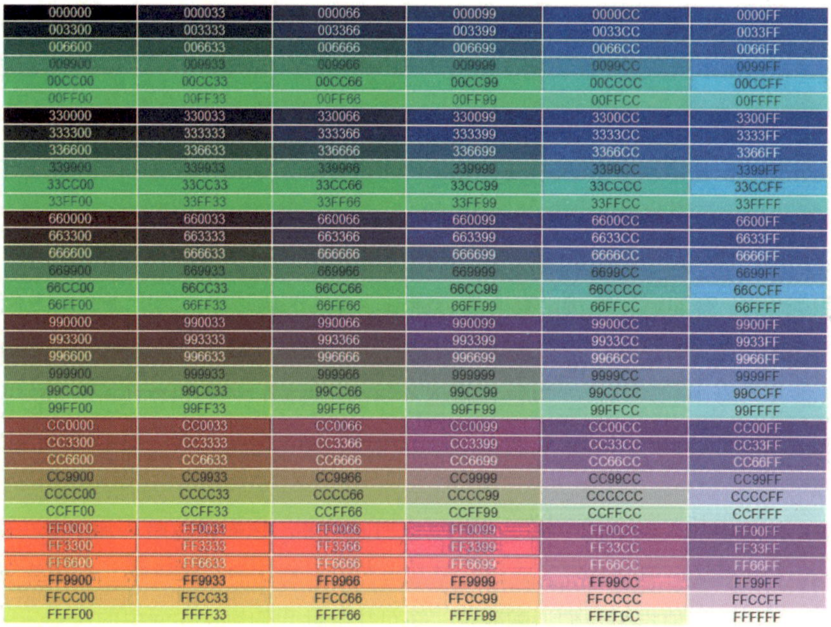

000000	000033	000066	000099	0000CC	0000FF
003300	003333	003366	003399	0033CC	0033FF
006600	006633	006666	006699	0066CC	0066FF
009900	009933	009966	009999	0099CC	0099FF
00CC00	00CC33	00CC66	00CC99	00CCCC	00CCFF
00FF00	00FF33	00FF66	00FF99	00FFCC	00FFFF
330000	330033	330066	330099	3300CC	3300FF
333300	333333	333366	333399	3333CC	3333FF
336600	336633	336666	336699	3366CC	3366FF
339900	339933	339966	339999	3399CC	3399FF
33CC00	33CC33	33CC66	33CC99	33CCCC	33CCFF
33FF00	33FF33	33FF66	33FF99	33FFCC	33FFFF
660000	660033	660066	660099	6600CC	6600FF
663300	663333	663366	663399	6633CC	6633FF
666600	666633	666666	666699	6666CC	6666FF
669900	669933	669966	669999	6699CC	6699FF
66CC00	66CC33	66CC66	66CC99	66CCCC	66CCFF
66FF00	66FF33	66FF66	66FF99	66FFCC	66FFFF
990000	990033	990066	990099	9900CC	9900FF
993300	993333	993366	993399	9933CC	9933FF
996600	996633	996666	996699	9966CC	9966FF
999900	999933	999966	999999	9999CC	9999FF
99CC00	99CC33	99CC66	99CC99	99CCCC	99CCFF
99FF00	99FF33	99FF66	99FF99	99FFCC	99FFFF
CC0000	CC0033	CC0066	CC0099	CC00CC	CC00FF
CC3300	CC3333	CC3366	CC3399	CC33CC	CC33FF
CC6600	CC6633	CC6666	CC6699	CC66CC	CC66FF
CC9900	CC9933	CC9966	CC9999	CC99CC	CC99FF
CCCC00	CCCC33	CCCC66	CCCC99	CCCCCC	CCCCFF
CCFF00	CCFF33	CCFF66	CCFF99	CCFFCC	CCFFFF
FF0000	FF0033	FF0066	FF0099	FF00CC	FF00FF
FF3300	FF3333	FF3366	FF3399	FF33CC	FF33FF
FF6600	FF6633	FF6666	FF6699	FF66CC	FF66FF
FF9900	FF9933	FF9966	FF9999	FF99CC	FF99FF
FFCC00	FFCC33	FFCC66	FFCC99	FFCCCC	FFCCFF
FFFF00	FFFF33	FFFF66	FFFF99	FFFFCC	FFFFFF

图 1.21　216 种网页安全色

当然，这216种网页安全色也是有弊端的，比如在显示图形的渐变色、摄影图像等内容时会出现色彩生硬的现象，所以在设计色彩时不一定要完全局限于这些颜色，还应该注意网页色彩设计的个性和创意设计，合理搭配安全色和非安全色。

1.1.3 任务实施

活动1 天猫购物网站赏析

在浏览器中输入天猫网的网址，进入天猫网站首页，即可浏览整个网站（图1.22）。天猫是著名的电商购物类网站，其布局、设计和功能可以说是这一类网站中的典型代表之一。

天猫网站首页的布局简洁明了，页面顶部凸显了网站Logo和搜索栏，便于用户打开网站之后进行搜索操作。页面上半部分最核心的位置以三栏分栏分别明确地放置了商品分类导航栏、banner轮播图和个人中心，正好以一个屏的面积进行显示，网页的内容一目了然。随着鼠标往下滑动，网站采用图文列表的形式展示了“天猫超市”“天猫国际”和“猜你喜欢”这3个重要内容，虽然没有像别的网站那样板块众多，但是用户非常受用。页尾是常规的保障信息和企业信息，使用深色背景和灰色文字进行了弱化处理，不影响页头和页中主体内容的凸显。

在色彩上主要采用了企业品牌色——红色作为主题色，红色的热闹、喜庆也奠定了购物平台的情绪基调，然后使用紫色和绿色作为辅助色和点缀色，丰富了色彩效果。这3种颜色有邻近色红色和紫色，有对比色红色和绿色，色彩上有协调有对比，并且还采用了黑白灰进行颜色的调和，整体色彩看起来非常舒服。另外，在红色的使用上巧妙地运用了色彩的明度变化，增加了颜色的层次感（图1.23）。

图1.22 天猫购物网站首页

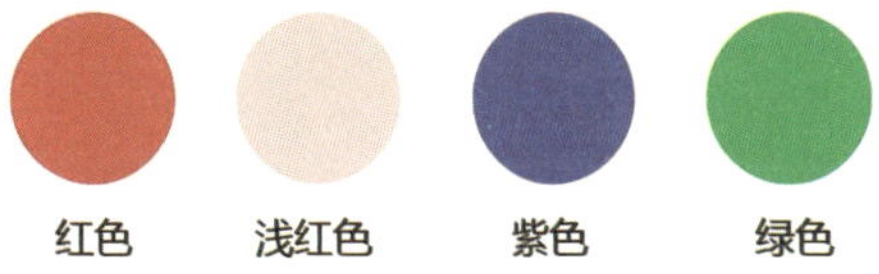

图1.23 天猫购物网站色彩搭配

活动 2　网易严选购物网站赏析

在浏览器中输入网易严选的网址，打开网易严选网站首页，即可浏览整个网站（图 1.24）。网易严选追求品质，整个网站通过清晰的信息架构、整体版式与色彩设计突出品质感，注重页面的通透留白，体现精致、实用的感觉。

它的首页布局看似简单，但却能够把各种功能和内容分门别类地摆放整齐，让用户能够在非常短的时间内适应网页的布局和操作。页面顶部放置的是网站 Logo、搜索栏和购物车，非常贴心的是在搜索栏的下面给了一排小小导航栏，显示了用户经常搜索的热词，方便用户直接点击搜索。页头部分是导航栏和横跨整个屏幕的 banner，这样的通栏 banner 给网页的颜值加分不少，简洁的设计也很符合网站的格调。页中部分是商品的列表流，把“新品首发”和“人气推荐”放置在前面进行主推，并且在左侧添加了一列固定显示的图标导航栏，防止因为列表流过长而走丢。页尾同样也是企业信息、售后保障信息等内容，使用灰色弱化。

整个网页的色彩采用了浅棕色、红色、蓝色和绿色，并且配合了深灰色的搭配，整体色彩高雅有格调。浅棕色作为企业的品牌色贯穿于整个网页中，结合棕色的明度变化，无论是突出字体的颜色还是简洁的背景都能游刃有余。最值得一提的是，网页中所有的浅灰色都有棕色系的色彩倾向，这样就能保证整个页面的色彩有一种无形的和谐和高级感。另外，红色和蓝绿色的色彩纯度都不太高，压低了色彩纯度和明度的颜色，带来一种低调的奢华感（图 1.25）。

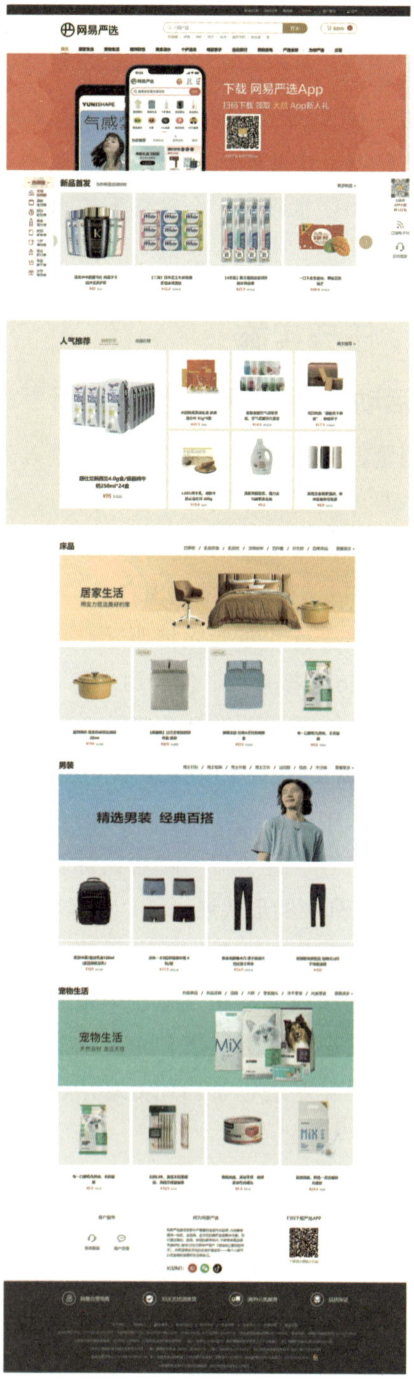

图 1.24　网易严选网站首页

图 1.25　网易严选网站色彩搭配

项目2　哆哆课堂网页低保真原型图绘制

项目需求

最近接到了一个网站设计的任务——哆哆课堂网页的设计和制作，目前这个项目还处在架构期，设计团队需要根据客户描述的要求绘制网页低保真原型图，将网页的大体框架、功能架构和内容绘制出来，用于团队内部的讨论修改以及与客户的沟通，便于确认网页最终的内容和版式。

低保真原型图也被称为线框图，它主要呈现网页的基本骨架，引导界面的布局和概念，一般不需要特别具体的视觉设计，采用黑白灰的色彩填充，以线条、方框为图形元素进行绘制组合。它的绘制高效快捷，可以使用 Adobe Photoshop、Adobe Illustrator、Adobe XD、Axure RP、Sketch 等软件来完成，本次我们就选用 Adobe Illustrator 来绘制网页的首页。

项目目标

掌握网页设计的基本规范、布局原则和布局结构类型，了解网页的基本构成元素，理解网页的基础架构，能够运用这些网页基础知识，使用 Adobe Illustrator 绘制网页低保真原型图。哆哆课堂网页低保真原型图的最终效果如图 2.1 所示。

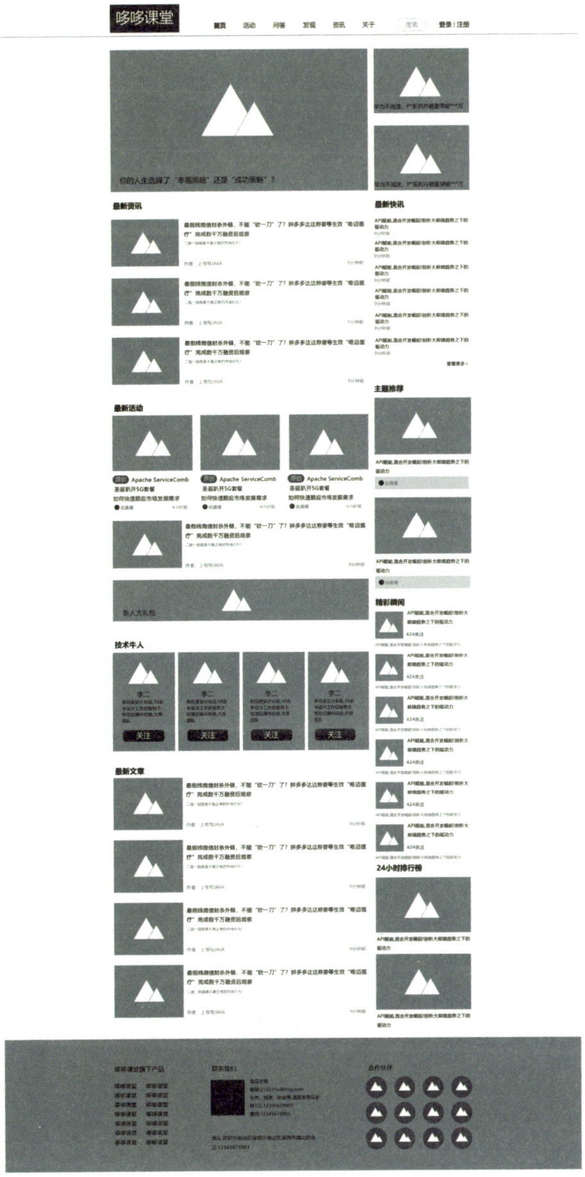

图 2.1　哆哆课堂网页低保真原型图

项目分析

（1）页面结构。

图 2.2 是网站首页的结构图，整个内容分成了三大板块：导航栏、首页内容和底部页尾，主体内容分出几个大的板块，但是具体内容并没有给定，所以在后期绘制时发挥的空间会比较大。

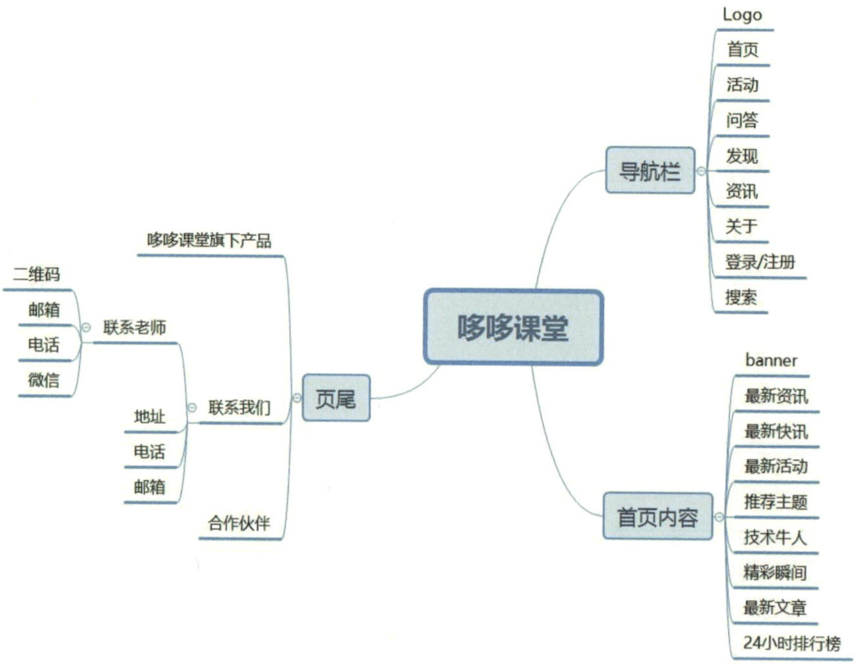

图 2.2　页面结构图

（2）页面布局。

整个界面将综合运用亲密、重复、对齐、闭合等原则，将不同的板块进行区分，形成“拐角型”布局结构，并结合分割线形成结构清晰、简洁明了的页面效果，减少用户阅读的负担。

（3）色彩搭配。

低保真的原型图以黑白灰的色彩表现为主，为了让各种灰色既有区别又搭配和谐，我们以黑白和三种灰色为主要用色，具体色号如图 2.3 所示。

图 2.3　低保真图色彩设置

2.1　任务　绘制低保真原型图

2.1.1　任务导航

任务要点	● 掌握网页设计的基本规范； ● 了解网页的基本构成元素； ● 理解网页的基础架构； ● 掌握网页的布局原则和布局结构类型； ● 学会使用Adobe Illustrator绘制网页低保真原型图
任务活动	活动1　新建Illustrator文档； 活动2　创建网页参考线和栅格； 活动3　绘制导航栏； 活动4　绘制图标占位符； 活动5　绘制页面主体内容； 活动6　绘制页面底部内容
任务目标	绘制哆哆课堂网页低保真原型图

2.1.2　知识学习

2.1.2.1　网页设计基本规范

（1）常见尺寸。

目前在PC端网页设计中常用的尺寸有：1920 px×1080 px、1449 px×900 px、1280 px×1024 px、1280 px×800 px、1366 px×768 px等；而移动端因为手机屏幕的大小不同，尺寸也会经常变化，目前安卓系统常用的尺寸有：720 px×1280 px、1920 px×1080 px等，iOS系统常用的尺寸有：640 px×1136 px、750 px×1334 px、750 px×1624 px等。根据目前PC端网页主流设备分辨率的占比，在设计和制作PC端网页时，会以1920 px×1080 px为标准，用它来对其他尺寸的设备进行适配。在1920 px的网页宽度尺寸下，我们一般将网页的安全区域设置在1000～1400 px，以1200 px为最佳，也就是网页的实际内容展示区域要设置在这个尺寸之中，才能保证不同尺寸的浏览器访问整个页面时能够完整地显示出所有的内容，如图2.4所示。因为有了滚动条的加持，网页可以进行上下、左右的滚动，在网页的宽度和高度上就可以变化，但是一般情况下左右滚动比较少，上下滚动比较多，所以网页的高度一般不会特别限定。一般情况下页面的高度不超过三屏，首页的高度一般控制在750～1000 px。

（2）网页栅格。

在网页设计中，为了便于对各个区域进行板块划分，处理各种对齐问题，我们通常会使用栅格系统将页面内容区域分割成12或24格，并且将栅格之间的距离固定下来。

因为网页的尺寸会变化，所以在计算网页栅格时，我们会使用公式 $W=A\times n$ 来计算。其中 W 代表页面内容区域的总宽度，n 代表栅格的数量，A 代表的是每一个栅格的总尺寸，在这个 A 代表的总尺寸里面就会包含栅格的宽度 a 和栅格的间距 i，也就是 $A=a+i$，那么这个公式也可以写成 $W=A\times n=(a+i)\times n$。

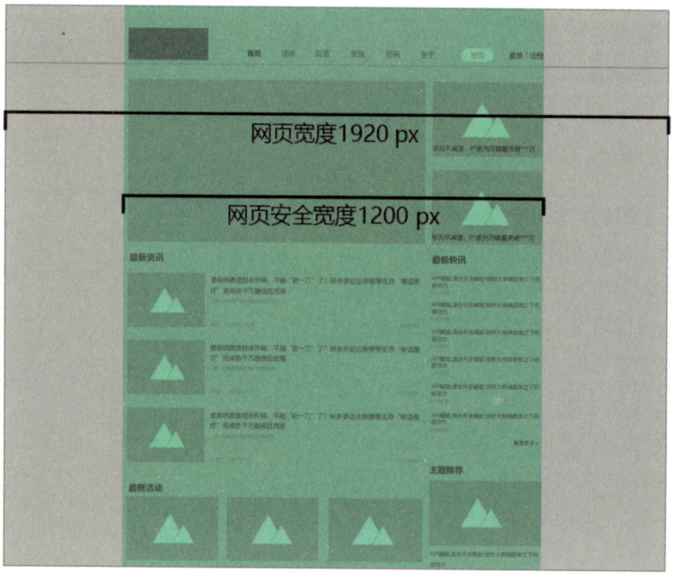

图 2.4　网页安全区域

假设，网页的内容宽度为 1200 px，我们可以计算出如下栅格尺寸：

n=12 时，每个栅格总宽度 A 为 100 px，a 可以设置为 80 px，间距 i 就是 20 px；

n=15 时，每个栅格总宽度 A 为 80 px，a 可以设置为 60 px，间距 i 就是 20 px；

n=24 时，每个栅格总宽度 A 为 50 px，a 可以设置为 40 px，间距 i 就是 10 px；

n=30 时，每个栅格总宽度 A 为 40 px，a 可以设置为 30 px，间距 i 就是 10 px。

在哆哆课堂网页中，网页的总宽度为 1920 px，网页的内容安全区域尺寸为 1200 px，我们采用 15 列的栅格，间距 i 设置为 20 px，每个栅格宽度为 60 px。代入公式计算就是：

$$A=a+i=60\ \text{px}+20\ \text{px}$$

$$W=A\times n=80\ \text{px}\times 15=1200\ \text{px}$$

哆哆课堂网页栅格设置如图 2.5 所示。

图 2.5　哆哆课堂网页栅格设置

（3）文字规范。

网页设计中要使文字的编排看起来和谐舒适，就不能排得太密或太疏，这就需要我们处理好文字的字号大小、字符间距、行间距和行长等因素。

字符间距即相邻两个字符之间的距离，行间距是指文本上下行之间的距离，行长是指文本中每一行文字的长度，如图 2.6 所示。在没有特殊要求的情况下，字符的间距采用默认的标准值就可以，行间距一般可以采用字号大小的 1.5～2 倍作为参考，段落间距一般稍微大一点，以字号大小的 2～2.5 倍作为参考。举个例子，当我们将文字字号设置为 16 px 时，它的行间距一般在 24 ～ 32 px，段落间距在 32 ～ 40 px，这样阅读起来会比较舒服。

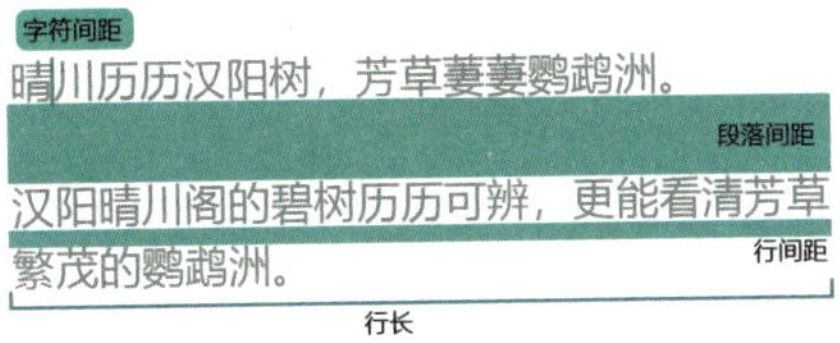

图 2.6　字符间距、行间距、行长和段落间距

（4）网页中的字体。

网页中的字体大体可以分为两类，一类是设计字体，一类是文本字体。设计字体指的是在网页中需要设计师精心设计的文字，比如 banner、广告标语等文字，这些部分需要凸显网页的气质，宣传产品的内容，设计起来非常考验设计师的能力。文本字体指的是网页中具体内容的文字，如网页中的标题、正文、段落文字，这一类的文字占据了网页的大部分区域，一般会优先选择系统默认的字体。

在 PC 端网页设计中常用的中文字体有微软雅黑、黑体、华文细黑和宋体等，英文字体有 Arial、Tahoma、Helvetica 和 Georgia 等。移动端页面中 iOS 系统的中英文默认字体为苹方简体和 San Francisco，安卓系统的中英文默认字体为思源黑体和 Roboto 字体，如图 2.7 所示。这些系统默认字体在使用时都不存在版权问题，并且都是经过设计团队精心设计的，字体笔画严谨、结构清晰，适合在屏幕设备上浏览阅读。

图 2.7　网页常用字体

网页中的字号大小虽然没有硬性的规定，但是从优秀的网页作品中可以总结出一些规律，一般情况下页面的文字基本控制在 12 ～ 36 px 的偶数像素，正文的字号大小在 12 ～ 18 px，导航栏的字号大小在 14 ～ 20 px，整个页面的最小字号应不低于 12 px，英文字号可以稍微小一些，但也不应低于 10 px，不然会影响用户的阅读。

（5）字体颜色。

文字的颜色一般以企业的品牌色变化和黑灰色为主。在需要凸显的文字上一般会选用企业品牌色，不仅能突出企业文化，增加网页与企业的关系，而且还可以增加网页的辨识度。正文文字颜色一般使用不同深浅的灰色来进行区分，可以选用 #333333（深灰）、#666666（中灰）、#999999（浅灰）这 3 个色号来拉开文字颜色的差距。

在哆哆课堂网页设计中，我们选择的系统默认字体是微软雅黑和 Arial。导航栏文字为 20 px，结合深灰、中灰以及加粗进行层次的区分。每一个项目的标题字号为 24 px 深灰加粗，标题文字为 18 px 深灰，副标题为 12 px 浅灰。

2.1.2.2 网页的基本构成元素

网页的构成元素非常丰富，包括文本、图像、超链接、音频、视频和动画等元素，这些元素的组合能够呈现各种内容的网页。

（1）文本。

文本是网页中最常见、最主要的信息载体，它体积小、网络传输速度快，非常易于用户浏览和下载。

（2）图像。

图像的直观性和形象性是文字无法比拟的，它不仅可以起到对整个网页的装饰作用，还可以表达文字内容无法传达的信息。网页中的 Logo、banner、标签等都是非常有设计感的图像。

（3）超链接。

超链接有文本链接、图像链接和锚链接等，它可以让页面从当前位置跳转到另一个位置，可以在页面内跳转，也可以在页面外跳转，让用户可以在各个网页内容中自由浏览。

（4）音频。

音频可以让网页的呈现方式更加多样化，带来听觉上的感受。在网页中音频格式用得最多的是 mp3 格式，它可以将文件压缩得很小，却不影响音质。

（5）视频。

随着网络的不断发展，视频在网页中的应用也越来越丰富，它能够带来视觉、听觉的全方位感受。

（6）动画。

网页中的动画不仅包含页面上的各种小动画元素，还包括网页的交互动画效果，它可以交流状态，引导用户关注，帮助用户查看行为反馈，甚至影响用户行为。它的实用性与趣味性，在现代网页设计中已经成为不可或缺的一部分。

2.1.2.3 网页基础框架

网页的基本框架可以大概分为三个部分：页头、主体和页尾，如图 2.8 所示。

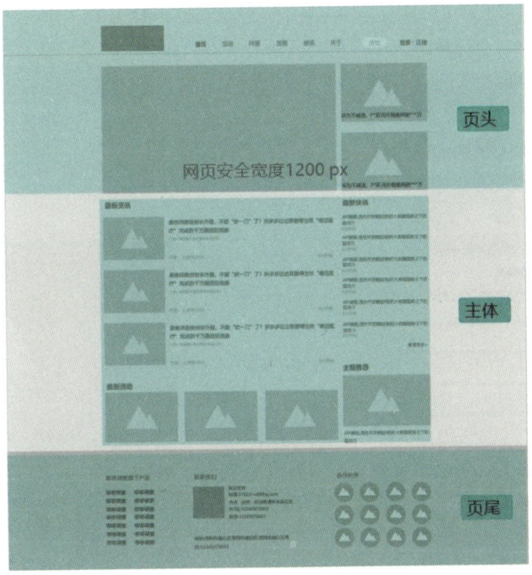

图 2.8　网页的基本框架

页头是指一个页面最上面的那一部分，一般包括网站 Logo、导航栏、banner 广告等内容。在这一部分要凸显网站的 Logo，让用户感受到网站的企业文化；将导航栏清晰地、有条理地呈现出来，让用户快速熟悉整个网站的内容；将广告位设计得引人注目，引导用户的行为。

主体部分在页面中间，要展现一个网页的主要内容。在首页的主体部分中通常会展示这个网站子页面的精华内容，并按照网页内容划分成若干个部分，用卡片或分割线进行分割，每个板块会使用“更多”按钮指引用户查看更详细的内容。

页尾就是页面最下面的部分，一般包括该网站的合作伙伴、联系方式、关联网站、版权声明、备案号等内容，一般使用比网页背景颜色深一些的灰色作为底色进行弱化。

哆哆课堂的首页也是按照这三个部分进行框架设计的，页头部分主要是 Logo、导航栏和 banner，中间的主体部分主要划分为“最新资讯”“最新活动”“技术牛人”“最新文章”“最新快讯”“精彩瞬间”等内容，底部的页尾主要展示“旗下产品”“联系方式”“合作伙伴”。

2.1.2.4　网页的布局

（1）网页布局的四大原则。

要想让网页的布局和编排重点突出、层次分明，在进行网页编排时要遵循网页布局的原则——对齐、对比、亲密和重复。

① 对齐。

对齐主要包括左对齐、右对齐、居中对齐、顶对齐、底对齐等不同的对齐方式，我们通常会借助参考线和栅格系统来进行编排。它能够让页面上杂乱无章的内容按照一定的方式放置，使彼此之间产生联系，让页面变得清晰、有条理，如图 2.9 所示。

② 对比。

为了让页面上的内容主次分明，条理清晰，让用户提取到主要信息，我们通常会使用对比的手法对各种信息进行区分。例如，在文本编排上，可以通过字体、字号、颜色、粗细等属性去区分不同层级的文字内容，如图 2.10 所示。

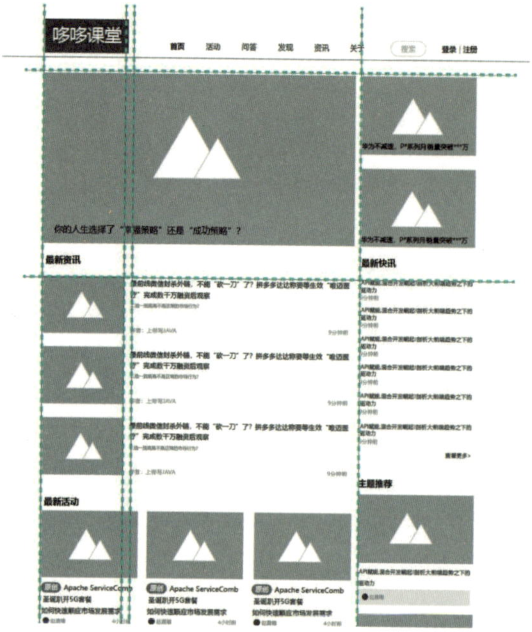

图 2.9　哆哆课堂网页中对齐原则的使用

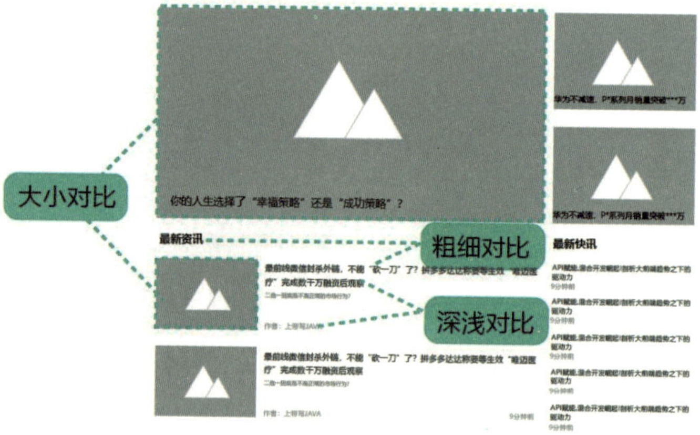

图 2.10　哆哆课堂网页中对比原则的使用

③ 亲密。

亲密原则就像参加运动会时站的方阵，同一个院系的站在一起，不同院系的站得远。网页的内容编排也这样，亲疏有致，同一内容距离较近，不同内容距离较远，如果有几块内容关系都比较亲密，那么就会形成一个大的板块。善用亲密原则有助于组织网页内容、减少混乱，让内容分组，方便用户快速查找信息，如图 2.11 所示。

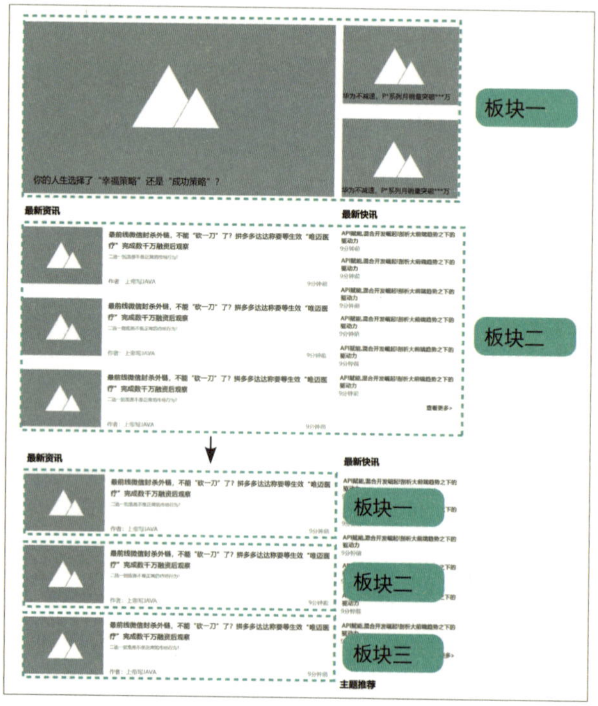

图 2.11　哆哆课堂网页中亲密原则的使用

④ 重复。

在网页中相同的内容板块可以套用同样的排版方式，这样整个版面就能形成统一的规律。同时，还可以对颜色、形状、空间关系、大小、图片和字体等重复内容进行调整，如图 2.12 所示。

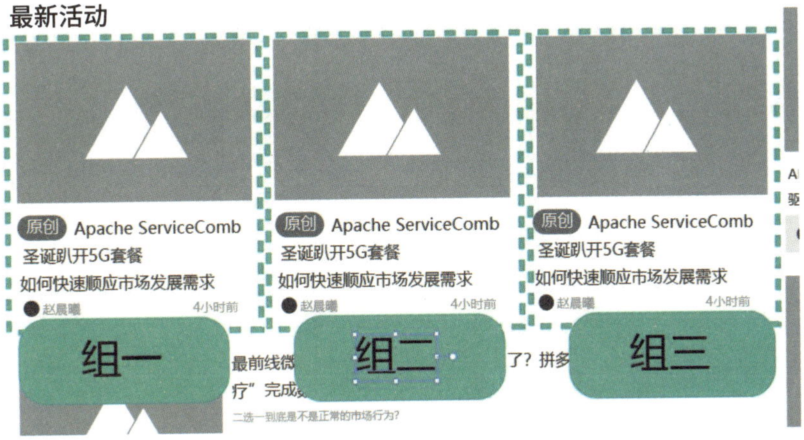

图 2.12　哆哆课堂网页中重复原则的使用

这四项原则并不是孤立存在的，在一个科学的页面布局中，通常会兼顾这四个排版原则，并灵活运用，这样就能设计出井然有序、主次分明、亲疏有致、富有规律的页面。

（2）网页的布局结构类型。

网页的布局类型非常多，根据这些布局形成网页的基本框架结构，我们目前见的比较多的有国字型、拐角型、标题正文型、封面型等。不同的布局结构能够映射出不同的网站类型，带给用户不同的感觉。

① 国字型。

国字型是最常见的一种网页布局类型，它的整个布局就像一个“国”字。页头一般会放置网站 Logo 和 banner 广告，主体部分会分成三栏，中间为正文，左右两边放置导航栏和工具栏等内容，页尾一般是站点信息，如图 2.13 所示。

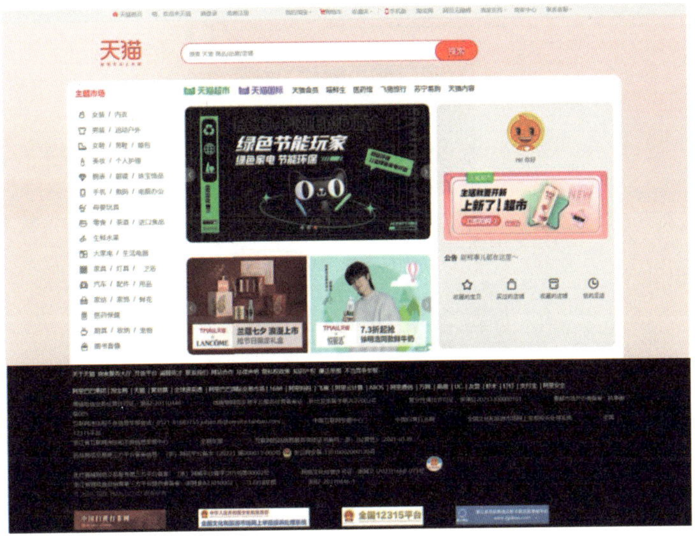

图 2.13　国字型网页结构

② 拐角型。

拐角型是国字型的一个简化版，页头也是放置网站 Logo 和 banner 广告，页尾放置站点信息，主体部分分为两栏，一边较宽，一边较窄，较宽的一侧放置正文内容，较窄的一侧放置一些链接信息，如图 2.14 所示。

图 2.14　拐角型网页结构

③ 标题正文型。

这种结构一般应用在网页的内部子页面，结构比较简单，重点内容突出，上半部分为标题和导航栏，下半部分为正文，如图 2.15 所示。

图 2.15　标题正文型网页结构

④ 封面型。

封面型一般在很多企业或学校的网站首页经常见到，通常以精美的大幅图片为主，并且搭配各种丰富的音频和交互动画，引人注目，如图 2.16 所示。

图 2.16　封面型网页结构

2.1.3　任务实施

活动 1　新建 Illustrator 文档

打开 Illustrator 2020，执行“文件—新建—自定”菜单命令，或者按 Ctrl + N 组合键，弹出“新建文档”对话框，在对话框中设置“名称”为“哆哆课堂网页低保真原型图”、“宽度”为“1920 px”、“高度”为“3800 px”、“颜色模式”为“RGB 颜色”，如图 2.17 所示，单击“创建”按钮，即可新建文档。

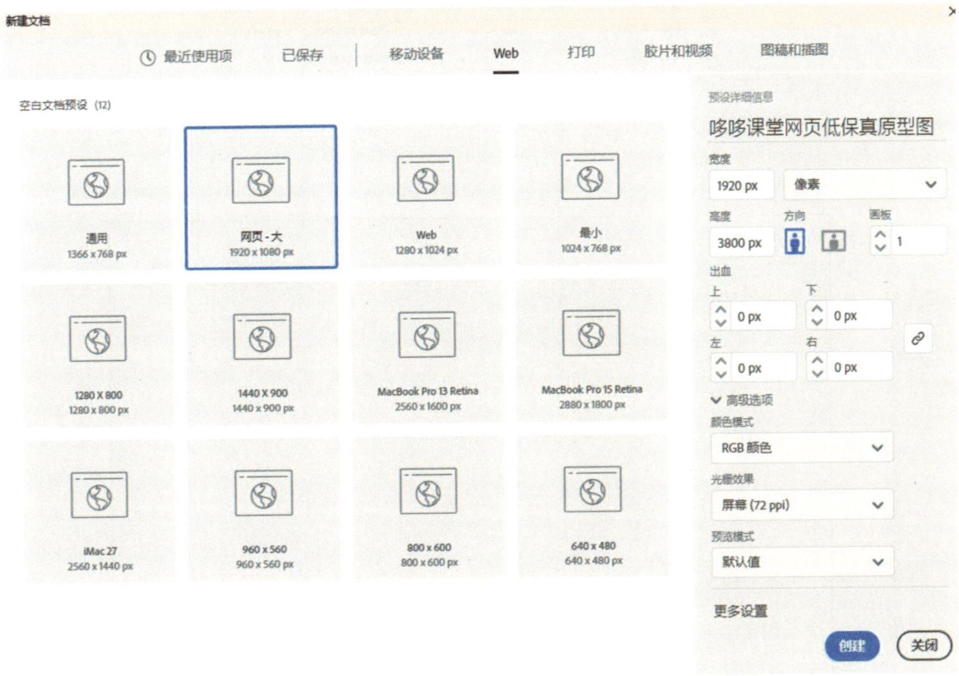

图 2.17　新建文档

■ 活动 2　创建网页参考线和栅格

网页安全宽度为 1200 px，那么宽度为 1920 px 的页面左右两边的间距就是（1920－1200）÷2=360 px，执行“视图—标尺—显示标尺”菜单命令，如图 2.18 所示，调出标尺。然后沿横向 160 px 和纵向 360 px、1560 px 拉出三根参考线，就可以留出网页安全宽度 1200 px 的位置和导航栏的宽度，如图 2.19 所示。然后执行“视图—参考线—锁定参考线”菜单命令，如图 2.20 所示。

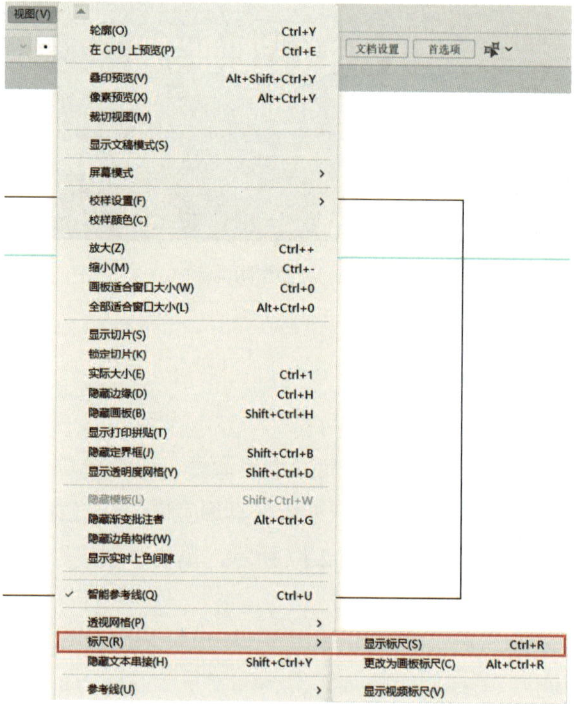

图 2.18　调出标尺

图 2.19　网页安全宽度和导航栏的参考线

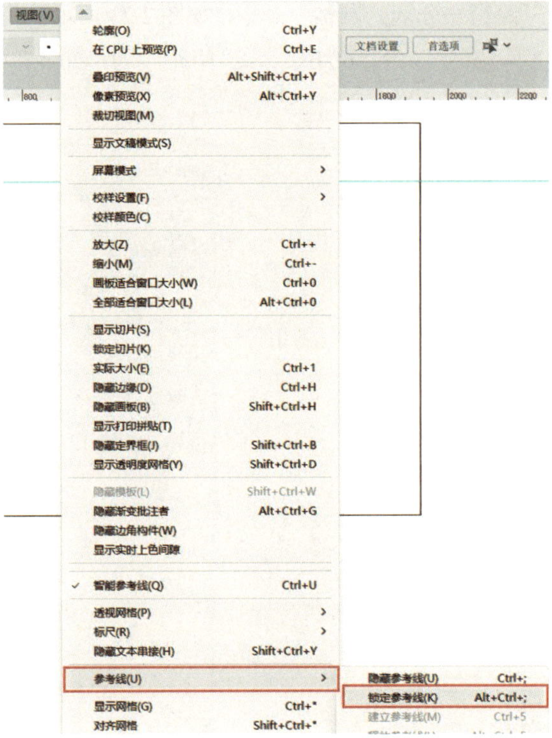

图 2.20　执行“锁定参考线”命令

在工具栏选择“矩形工具”，然后在画板上拖出一个矩形，在右侧“属性”面板设置“宽”为“1180 px”，“高”为“3800 px”（因为右边距有 20 px 的沟槽，1200−20=1180 px），“填色”为“无”，“描边”为“#000000、1 px”，如图 2.21 所示。

将这个矩形对齐左侧参考线，放置位置如图 2.22 所示。

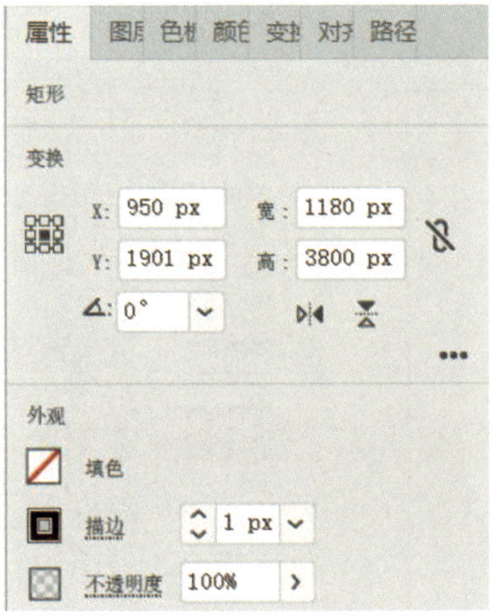

图 2.21　设置矩形属性 1

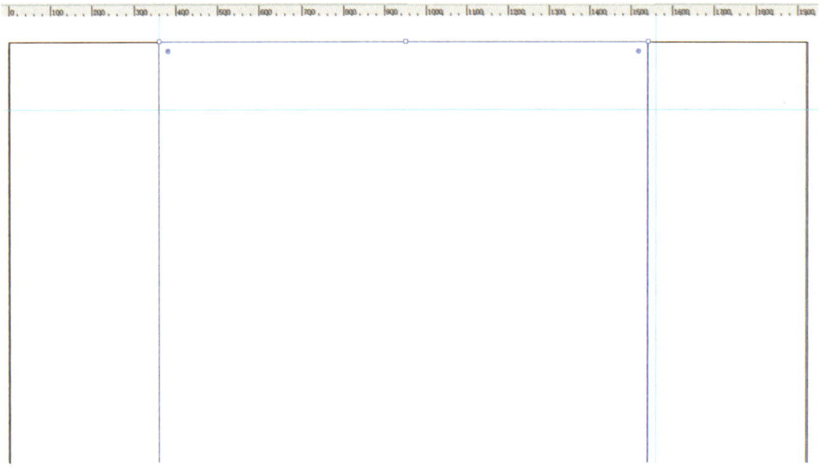

图 2.22　将矩形对齐左侧参考线

选中这个矩形，执行“对象—路径—分割为网格”命令，如图 2.23 所示。此时弹出“分割为网格”弹窗，设置“列”的“数量”为“15”、“宽度”为“60 px”、“间距”为“20 px”，点击“确定”按钮即可将刚才的矩形分割为网页栅格参考线，如图 2.24、图 2.25 所示。

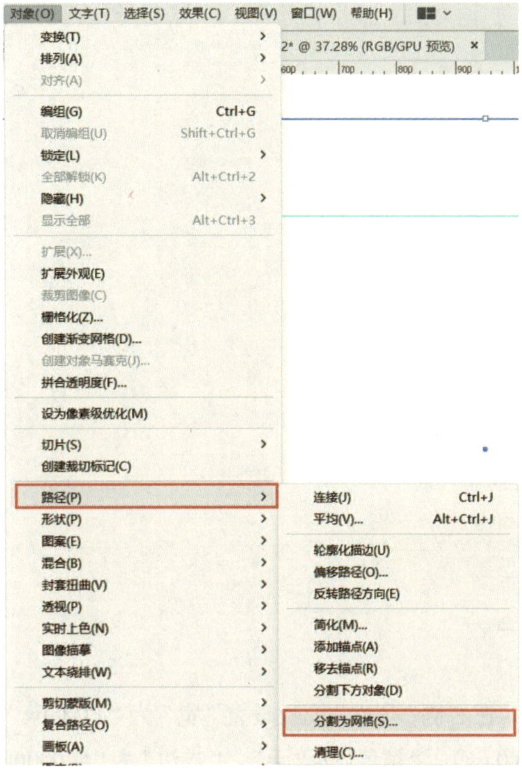

图 2.23　执行“分割为网格”命令

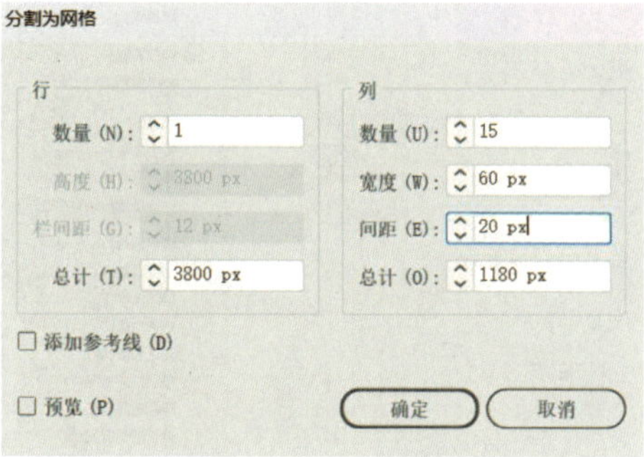

图 2.24　设置分割为网格

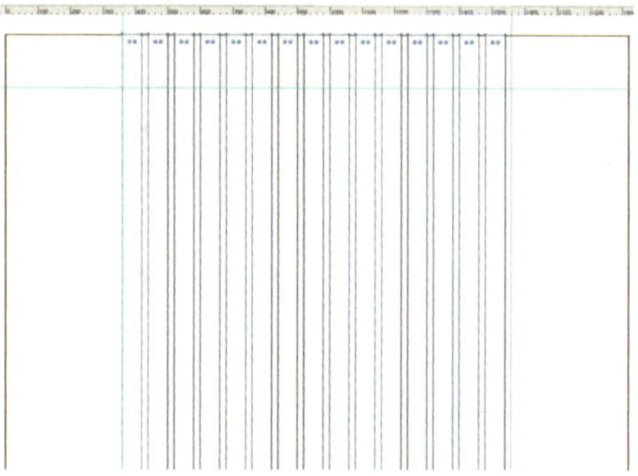
图 2.25　将矩形分割为网页栅格参考线

单击鼠标右键，选择“建立参考线”命令，如图 2.26、图 2.27 所示。

单击鼠标右键，选择“锁定参考线”命令，如图 2.28 所示，完成网页栅格的制作。

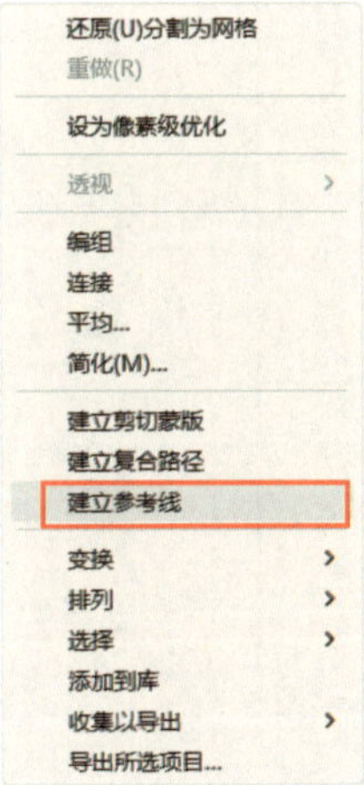

图 2.26　选择“建立参考线”命令

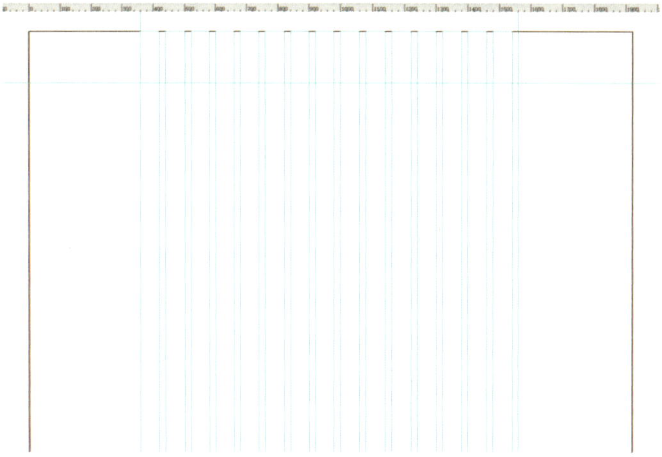
图 2.27　创建参考线的效果

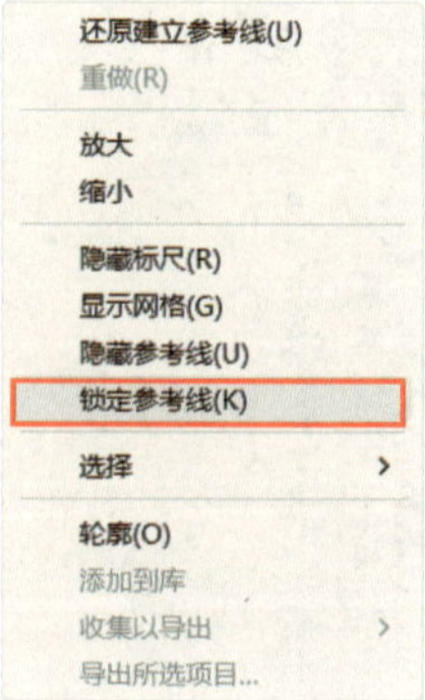

图 2.28　选择“锁定参考线”命令

■ 活动 3　绘制导航栏

在工具栏选择“矩形”工具，然后在画板上单击鼠标左键，弹出“矩形”对话框，设置“宽度”为“230 px”，“高度”为“90 px”，点击“确定”按钮，如图 2.29 所示。

在工具栏选择“填色工具”，双击鼠标左键，弹出“拾色器”面板，设置矩形填充颜色为“#666666”，点击“确定”按钮，如图 2.30 所示。

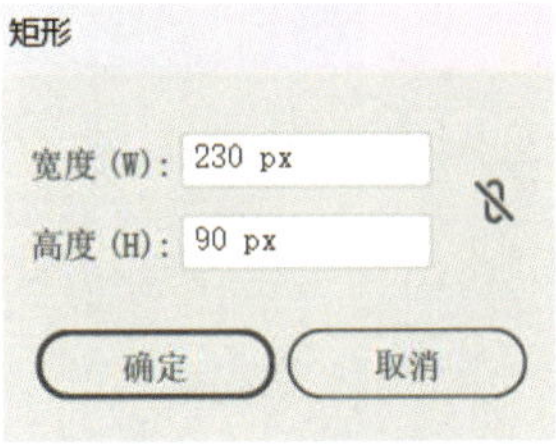

图 2.29　设置矩形属性 2

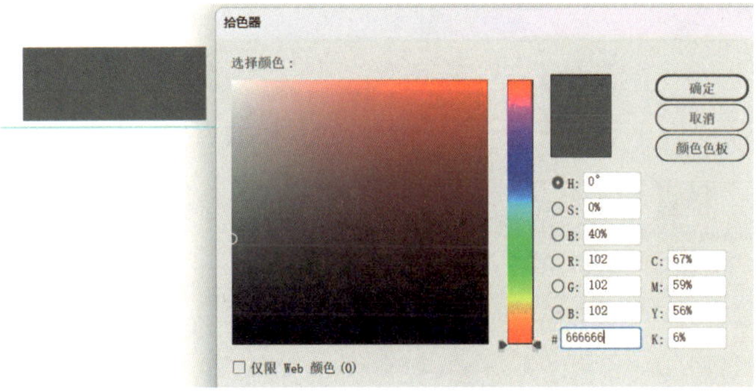

图 2.30　设置矩形填充颜色

在工具栏选择“文字工具”，输入“哆哆课堂”，在右侧“属性”面板中设置“填色”为“白色”，“描边”为“无”，“字体”为“微软雅黑、Regular”，“字号”为“48 px”，并将其放置在刚才绘制的矩形中间，如图 2.31 所示。然后将这个 Logo 占位符放置于参考线的左上角位置。

在工具栏选择“文字工具”，输入“首页”，在右侧“属性”面板中设置“填色”为“#000000”，“描边”为“无”，“字体”为“微软雅黑、Bold”，“字号”为“20 px”，如图 2.32 所示，然后将其放置在刚才绘制的 Logo 占位符右侧。

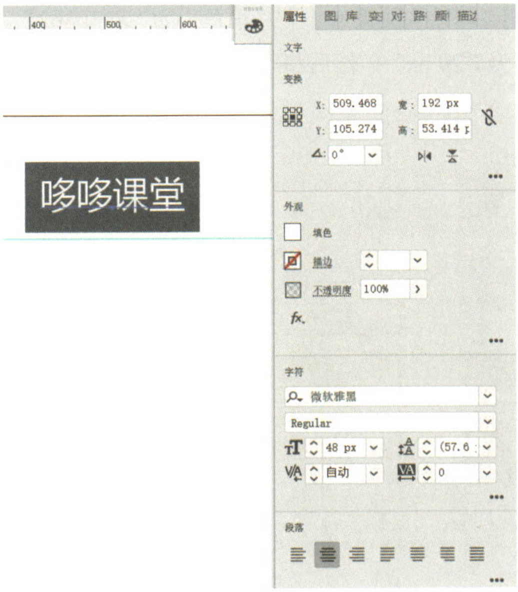

图 2.31　设置文字属性 1

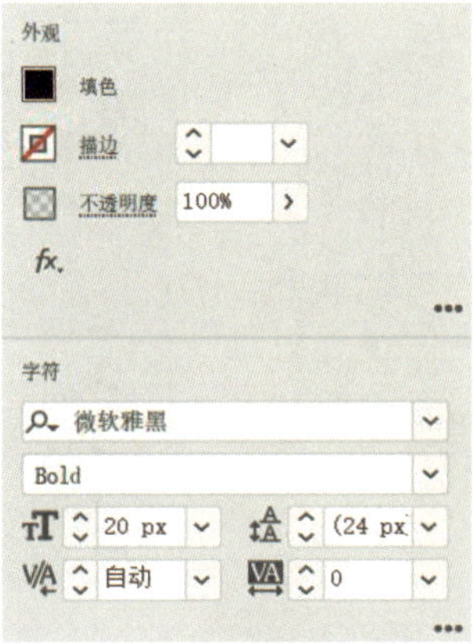

图 2.32　设置文字属性 2

在工具栏选择“文字工具”，输入“活动”，在右侧“属性”面板中设置“填色”为“#333333”，“描边”为“无”，“字体”为“微软雅黑、Regular”，“字号”为“20 px”，然后将其放置于“首页”二字的右侧，如图 2.33 所示。

继续输入导航栏其他的文字“问答”“发现”“资讯”“关于”，并在“属性”面板中设置“填色”为“#333333”，“描边”为“无”，“字体”为“微软雅黑、Regular”，“字号”为“20 px”。然后选中导航栏的这些文字，在右侧“属性”面板选择“对齐”中的“底对齐”“垂直居中对齐”，如图 2.34 所示。

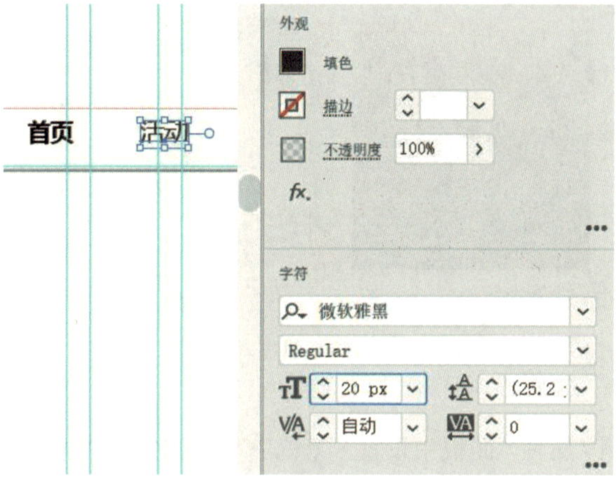

图 2.33　设置文字属性 3

图 2.34　设置文字对齐

在工具栏选择“圆角矩形工具”，然后在画板上拖出一个圆角矩形，在右侧“属性”面板中设置“宽”为“96 px”，“高”为“40 px”，四个“圆角”为“20 px”，如图 2.35 所示。设置“填色”为“白色”，“描边”为“#b3b3b3、1 px”。

在工具栏选择“文字工具”，输入“搜索”，在右侧“属性”面板中设置“填色”为“#b3b3b3”，“描边”为“无”，“字体”为“微软雅黑、Regular”，“字号”为“20 px”，然后将其放置在刚才绘制的圆角矩形上，如图 2.36 所示。

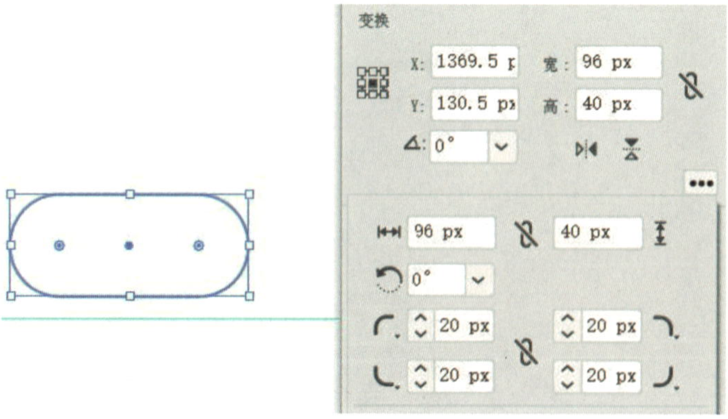

图 2.35　设置圆角矩形的属性

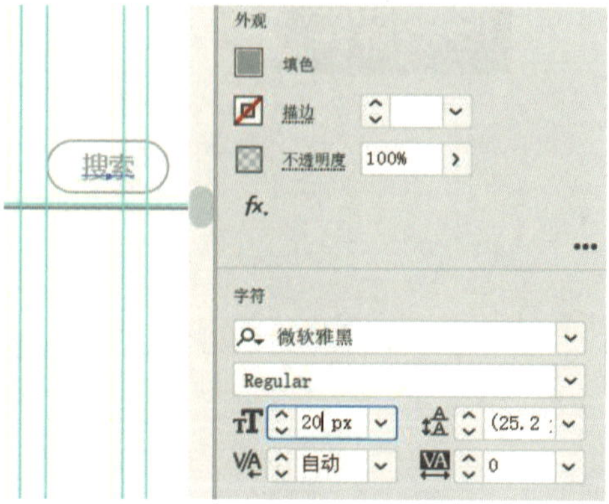

图 2.36　设置文字属性 4

在工具栏选择“文字工具”，输入“登录 注册”，在右侧“属性”面板中设置“填色”为“#000000”，“描边”为“无”，“字体”为“微软雅黑、Regular”，“字号”为“20 px”，选择“对齐”中的“底对齐”选项，如图 2.37 所示。

在工具栏选择“直线段工具”，然后按住 Shift 键绘制一条垂直线段，在右侧“属性”面板中设置“宽”为“0 px”，“高”为“20 px”，“描边”为“#000000、1 px”，将它放置于“登录 注册”的中间位置，如图 2.38 所示。

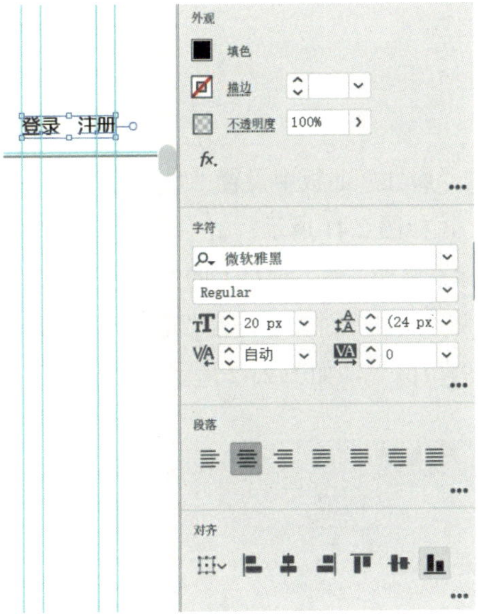

图 2.37　设置文字属性 5

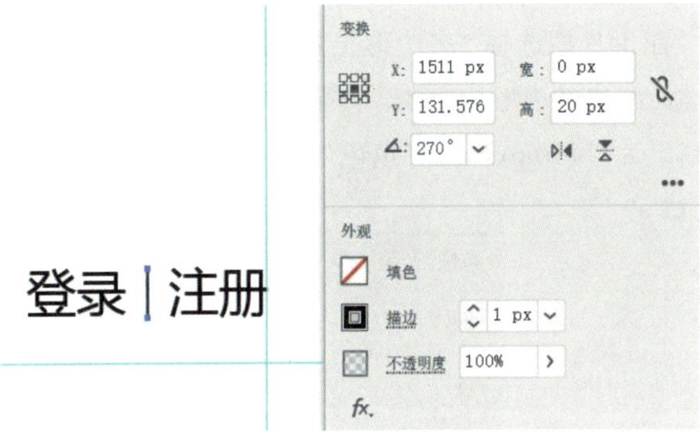

图 2.38　设置直线段属性 1

在工具栏选择“直线段工具”，然后按住 Shift 键绘制一条水平线段，在右侧“属性”面板中设置“宽”为“1920 px”，“高”为“0 px”，“描边”为“#999999、2 px”，将它对齐到水平参考线上，如图 2.39 所示。

完成导航栏的绘制，效果如图 2.40 所示。

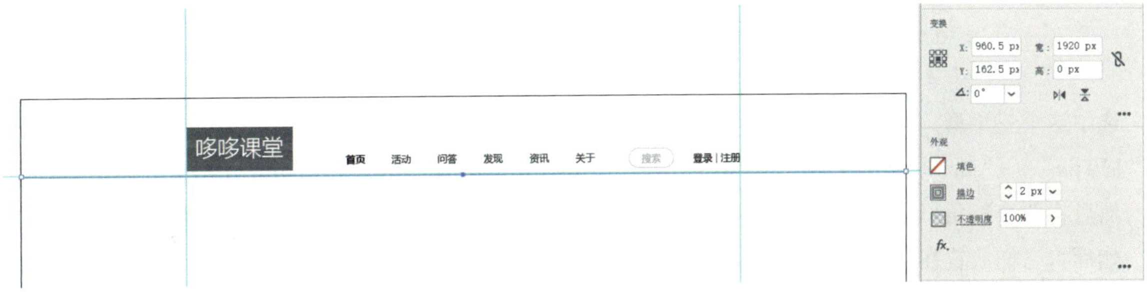

图 2.39　设置直线段属性 2

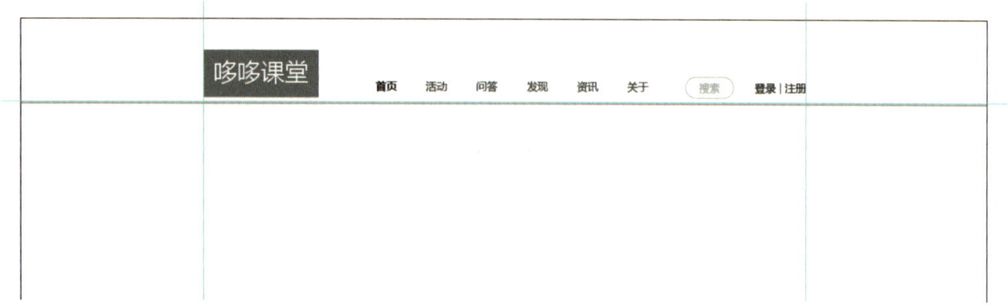

图 2.40　导航栏效果

活动 4　绘制图标占位符

在工具栏选择“矩形工具”，在画板上拖出一个矩形，在右侧“属性”面板中设置“宽”为“846 px”，“高”为“456 px”，“填色”为“#999999”，“描边”为“无”，如图 2.41 所示。

在工具栏选择“多边形工具”，在画板上拖出一个多边形，鼠标不要松，按下键盘上的“向上”或“向下”按键，调节多边形的边数，直至把它调整为三角形之后松手，在右侧“属性”面板中设置“宽”为“200 px”，“高”为“170 px”，“填色”为“白色”，“描边”为“#999999、1px”，如图 2.42 所示。

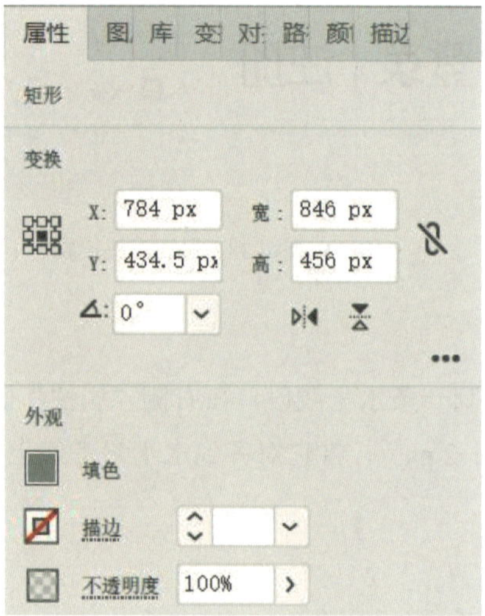

图 2.41　设置矩形属性 3

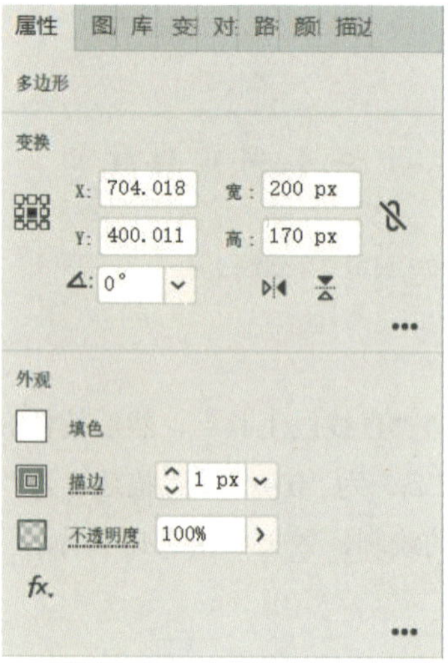

图 2.42　设置多边形属性 1

选中这个三角形，通过 Ctrl + C、Ctrl + V 组合键复制一个三角形，在右侧“属性”面板中设置“宽”为“130 px”，“高”为“110 px”，“填色”为“白色”，“描边”为“#999999、1 px”，如图 2.43 所示。

然后将两个三角形叠放在一起，同时选中，按下鼠标右键，选择“编组”命令，如图 2.44 所示。

然后将它们放置在灰色矩形正中间，形成一个占位符，如图 2.45 所示。

在工具栏选择“文字工具”，输入“你的人生选择了‘幸福策略’还是‘成功策略’？”，在右侧“属性”面板中设置“填色”为“#000000”，“描边”为“无”，“字体”为“微软雅黑、Regular”，“字号”为“24 px”，如图 2.46 所示。然后将文字放置于刚才绘制的灰色矩形占位符左下角。

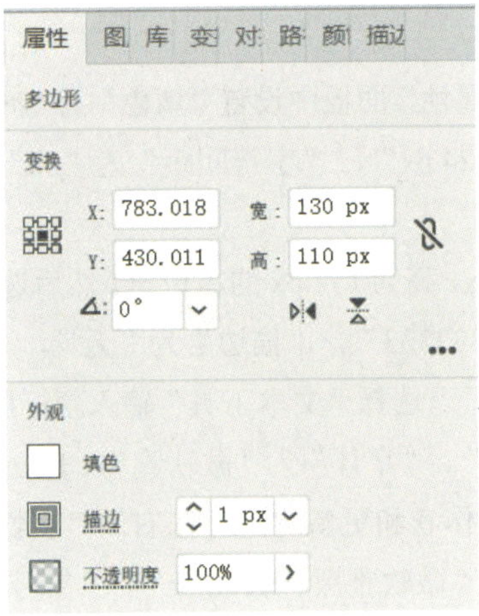

图 2.43　设置多边形属性 2

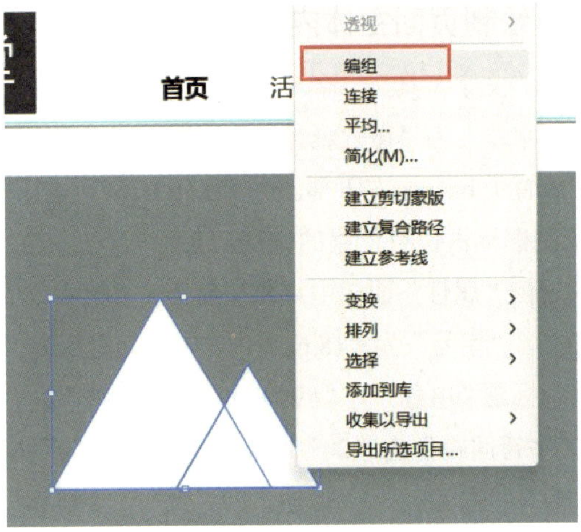

图 2.44　将两个三角形编组

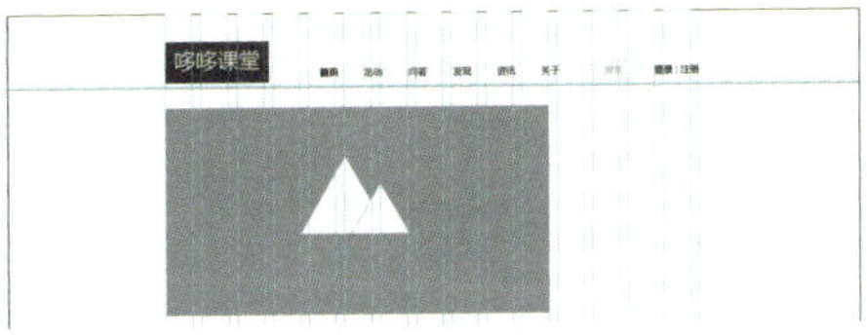

图 2.45　图标占位符效果

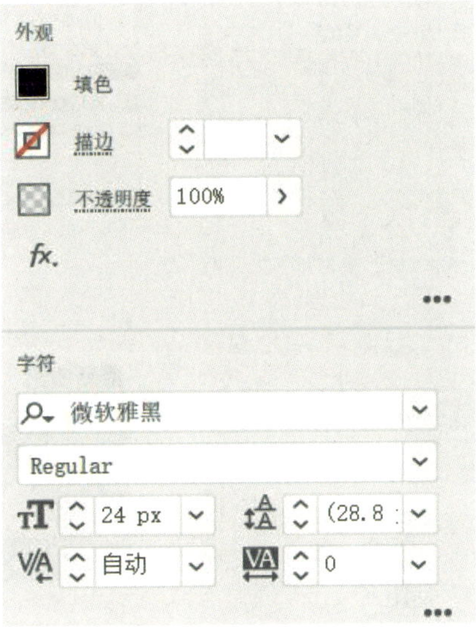

图 2.46　设置文字属性 6

最后使用同样的绘制方法，完成另外两个图标占位符，如图 2.47 所示。

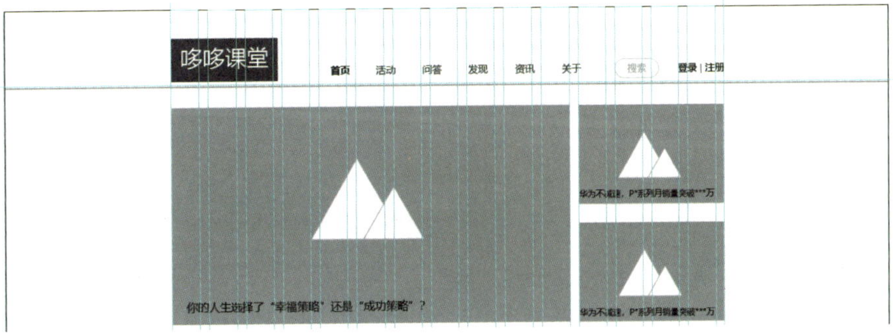

图 2.47　完成另外两个图标占位符

■ 活动 5　绘制页面主体内容

在工具栏选择“文字工具”，输入“最新资讯”，在右侧“属性”面板中设置“填色”为“#000000”，“描边”为“无”，“字体”为“微软雅黑、Bold”，“字号”为“24 px”，“字符间距”为“20”，如图 2.48 所示。然后将文字放置于 banner 左下部。

按照前文绘制图标占位符位置的方法，绘制一个宽为 224 px，高为 152 px 的占位符。然后选择“文本工具”输入小标题，在右侧“属性”面板中调整小标题“填色”为“#333333”，“描边”为“无”，“字体”为“微软雅黑、Regular”，“字号”为“18 px”，“字符间距”为“20”。选择“文本工具”输入副标题，在右侧“属性”面板中调整副标题“填色”为“#999999”，“描边”为“无”，“字体”为“微软雅黑、Regular”，“字号”为“12 px”，“字符间距”为“20”。选择“文本工具”输入作者和更新时间，在右侧“属性”面板中调整副标题“填色”为“#999999”，“描边”为“无”，“字体”为“微软雅黑、Regular”，“字号”为“14 px”，“字符间距”为“20”。最后选中主副标题和作者的文字部分，在右侧“属性”面板中选择“左对齐”，让更新时间和主标题右对齐于参考线，如图 2.49 所示，最终的排版效果如图 2.50 所示。

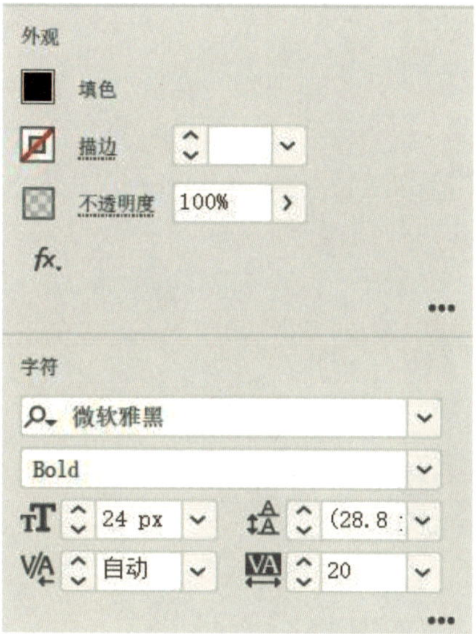

图 2.48　设置文字属性 7

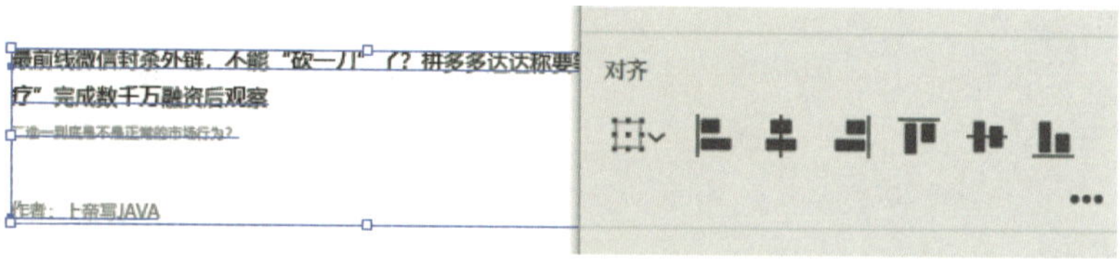

图 2.49　设置文字对齐效果

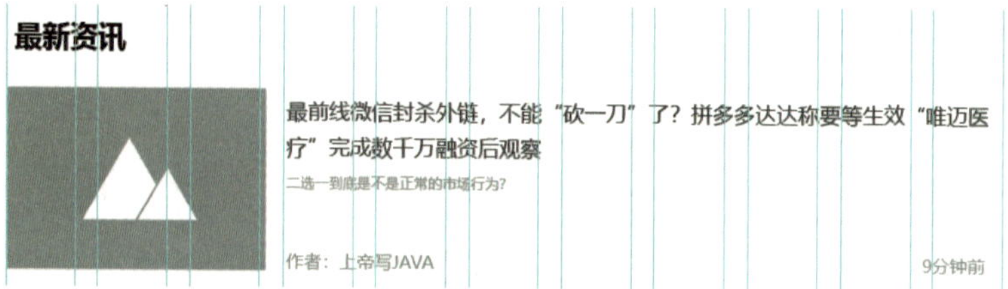

图 2.50　图文排版效果

框选这一组图片的占位、主标题、副标题、作者和时间，按住 Shift + Alt 组合键向下垂直移动到合适的位置，快速按下鼠标右键进行复制，然后再按一次 Ctrl + D 组合键进行再复制，完成第一板块的低保真原型图绘制，如图 2.51 所示。

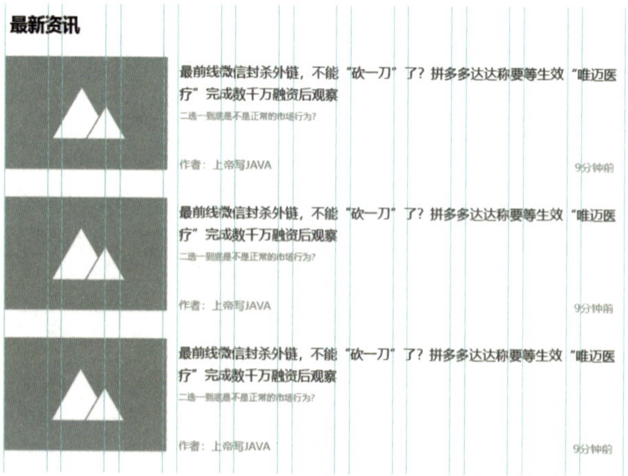

图 2.51　第一板块的低保真原型图

然后按照绘制“最新资讯”的方法绘制其他板块的低保真原型图，绘制完成的版面及效果如图 2.52 所示。

活动 6　绘制页面底部内容

在工具栏选择“矩形工具”，沿画板底部拖出一个矩形，在右侧“属性”面板中设置“宽”为“1920 px”，“高”为“426 px”，“填色”为“#999999”，“描边”为“无”，如图 2.53 所示。

在工具栏选择“文字工具”，输入“旗下产品”“联系我们”“合作伙伴”，在右侧“属性”面板中设置“填色”为“#000000”，“描边”为“无”，“字体”为“微软雅黑、Regular”，“字号”为“20 px”，如图 2.54 所示。

选择“文字工具”，输入旗下产品具体名称、联系老师、邮箱、电话等信息，在右侧“属性”面板中设置“填色”为“#000000”，“描边”为“无”，“字体”为“微软雅黑、Regular”，“字号”为“16 px”，如图 2.55 所示。

选择“矩形工具”，绘制一个正方形二维码占位符，设置“宽”为“114 px”，“高”为“114 px”，“填色”为“#333333”，“描边”为“无”，如图 2.56 所示。

选择“圆形工具”，绘制一个圆形占位符，设置“宽”为“70 px”，“高”为“70 px”，“填充”为“#666666”，“描边”为“无”，然后拖入三角形小山的占位符，如图 2.57 所示。

图 2.52　绘制完成的版面效果

图 2.53　页面底部色彩效果

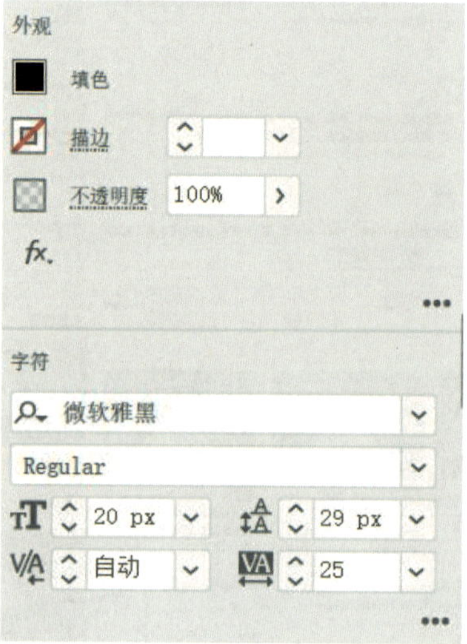

图 2.54　设置文字属性 8

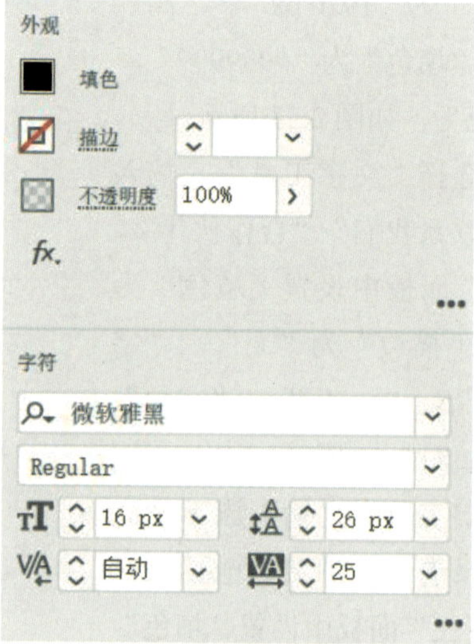

图 2.55　设置文字属性 9

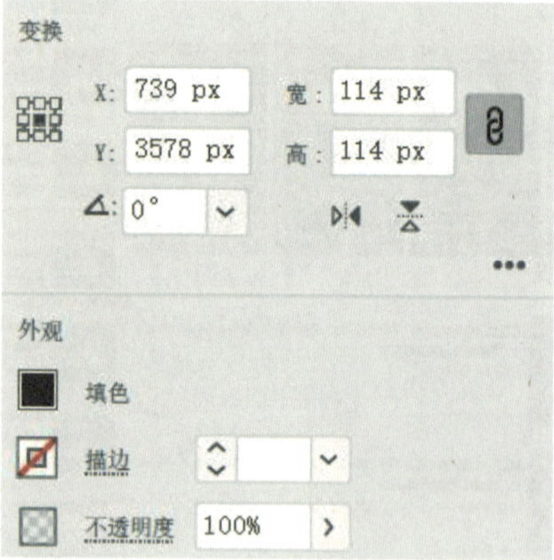

图 2.56　设置矩形属性 4

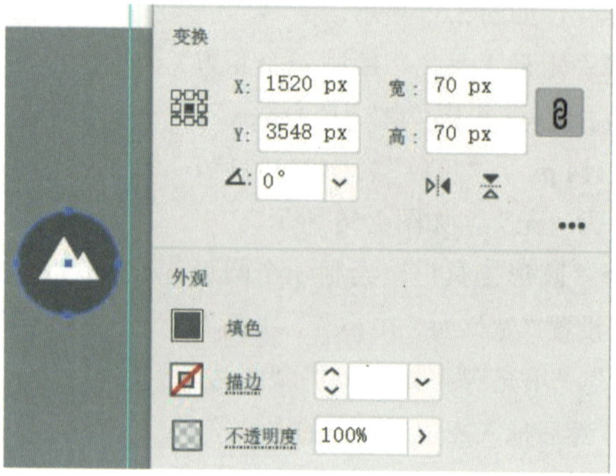

图 2.57　绘制圆形占位符

框选小山和圆形，单击鼠标右键选择“编组”，按住 Shift + Alt 组合键向右水平移动到合适的位置，快速按下鼠标右键进行复制，然后再按 2 次 Ctrl + D 组合键进行再复制，完成第一排“合作伙伴”的图标占位符，如图 2.58 所示。

图 2.58　第一排图标占位符

然后框选这四个图标占位符，按住 Shift ＋ Alt 组合键向下垂直移动到合适的位置，快速按下鼠标右键进行复制，然后再按 1 次 Ctrl ＋ D 组合键进行再复制，完成所有“合作伙伴”的图标占位符，如图 2.59 所示。

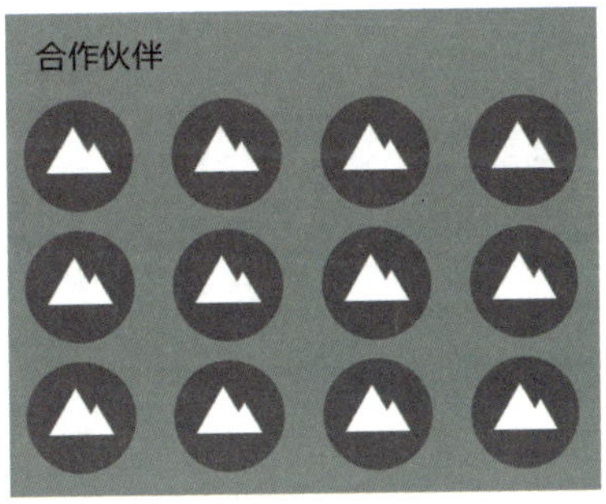

图 2.59　绘制全部图标占位符

最后，再将所有的文字和图标占位符进行排版，完成页尾的制作，如图 2.60 所示。至此，已完成整个网页的低保真原型图绘制，最终效果如图 2.61 所示。

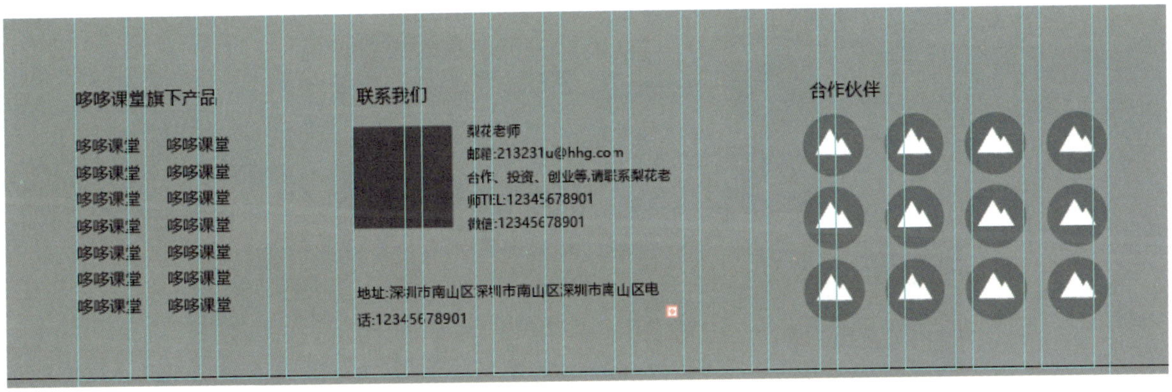

图 2.60　页尾低保真原型图效果

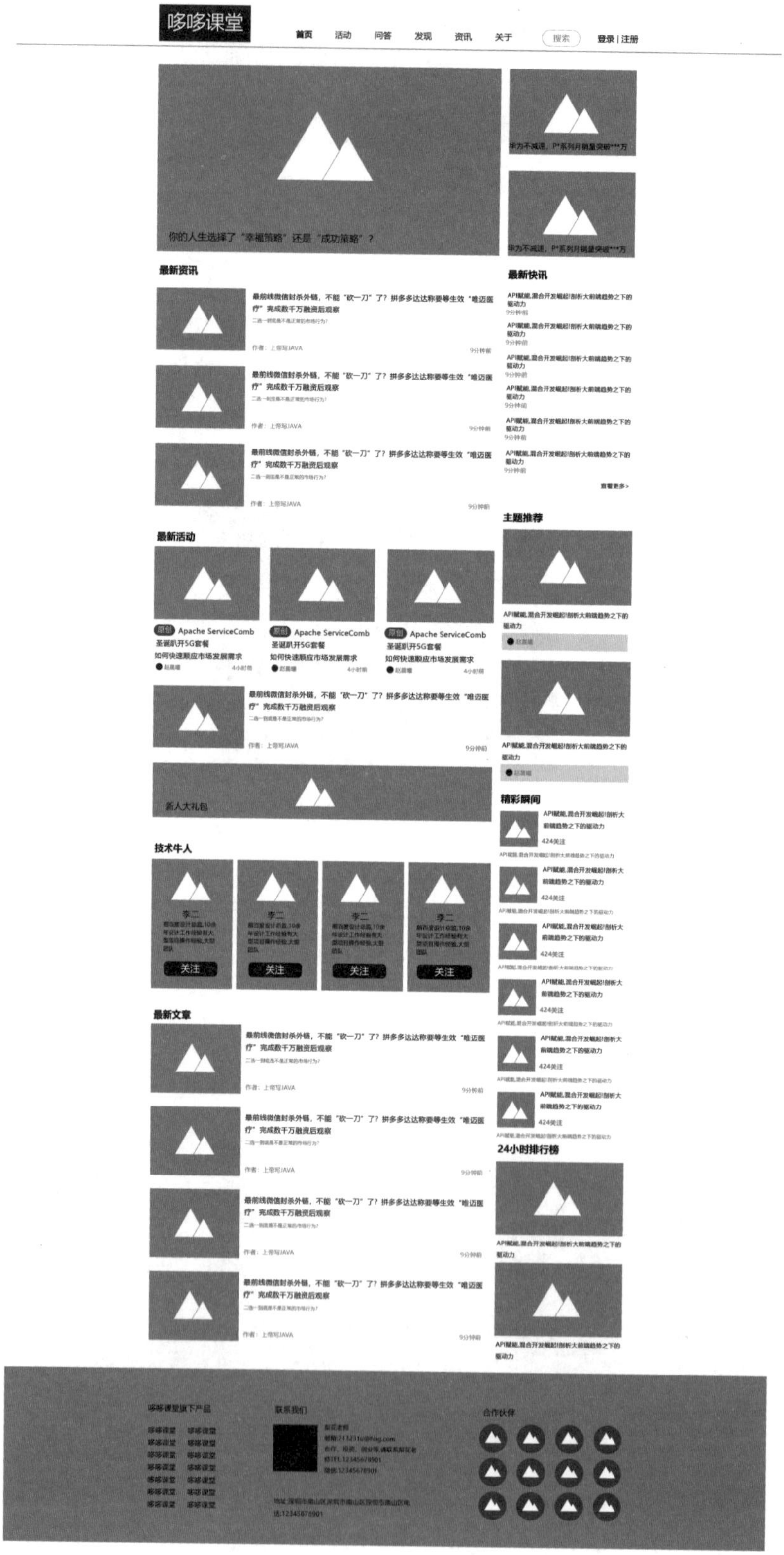

图 2.61　哆哆课堂网页低保真原型图

项目3 竞拍界面高保真原型图的设计制作

项目需求

本项目选取的是“1+X”界面设计职业技能等级考试的一道实操题，题目要求我们根据所给的竞拍界面低保真原型图，使用 PS 或 AI 软件绘制界面高保真原型图。本题主要考查的是对界面整体的视觉设计能力，以及软件的基础操作能力。

产品的高保真原型图将在低保真原型图的基础上实现界面所有视觉元素的设计内容，包括图标、按钮、banner 广告、色彩、卡片等，在视觉上它将与最终上线的产品基本接近。

制作高保真原型图的软件非常多，Adobe Photoshop、Adobe Illustrator、Adobe XD、Axure RP、Sketch 等软件都可以实现其制作。本次课程我们选用绘图能力和排版能力都非常强大的 Adobe Illustrator 来完成。

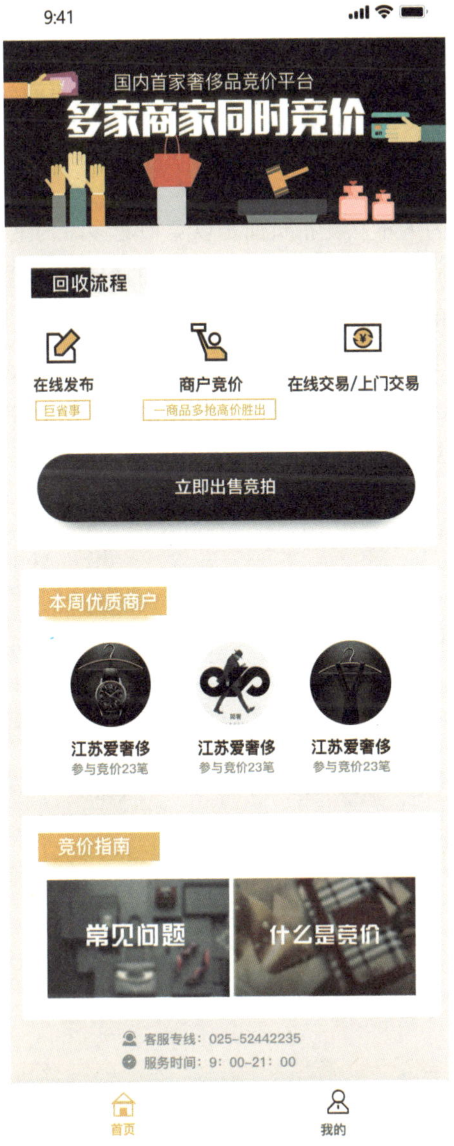

图 3.1　页面效果图

项目目标

掌握 banner 的设计尺寸、构成元素、文字和图形的排版；熟悉图标的作用、类型及风格；了解网页常用的图片格式；掌握网页的切图与输出。在操作上，能够使用软件绘制这些元素，并掌握一个界面从低保真图到高保真图的制作步骤和方法。

高保真图最终设计的页面效果以扁平风格为主，进行了 banner 和图标的设计，配图主要选取与主题颜色一致的黑金色图片，彰显界面格调，如图 3.1 所示。

• 项目分析

（1）页面结构。

在设计竞拍界面高保真原型图时，可以将首页分为 5 个大的板块：banner、回收流程、本周优质商户、竞价指南、底部导航栏，底部导航栏又分出“首页”和“我的”两个核心功能，如图 3.2 所示。

（2）页面布局。

整个界面采用了卡片式布局，将不同的板块进行区分，形成结构清晰、简洁明了的页面效果，减少用户阅读的负担，如图 3.3 所示。

（3）色彩搭配。

因为本次竞拍页面是以竞拍奢侈品为主，所以为了与主题一致，我们在整体的配色上以黑色、灰色和金色的搭配为主，大面积使用黑色、深灰色、浅灰色，在需要强调的地方使用金色进行凸显，这样的色彩搭配使得界面看起来高端大气，如图 3.4 所示。

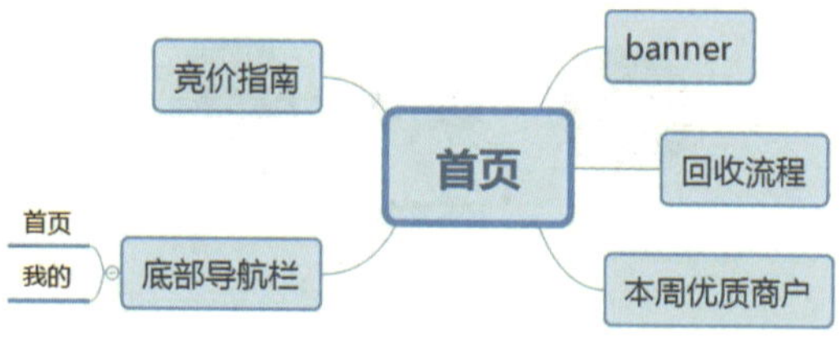

图 3.2　页面结构图

图 3.3　页面布局图

图 3.4　界面色彩搭配

3.1　任务 1 banner 制作

3.1.1　任务导航

任务要点	● 熟悉banner的概念和设计尺寸； ● 了解banner的组成元素； ● 掌握banner文字的排版类型； ● 掌握banner主题元素和背景的设计方法
任务活动	活动1　新建Illustrator文档； 活动2　绘制banner中的图形； 活动3　添加标题文字
任务目标	绘制竞拍页面的首页banner

3.1.2　知识学习

3.1.2.1　认识banner

“banner”这个英文单词翻译过来其实就是“横幅”的意思，可以理解为一种横向的大幅海报。在网页设计中我们经常能看到各种设计精美的 banner 广告，它常常位于页面的最上部，主要包含了外部广告、内部活动、推荐资讯等内容，在内容比较多的情况下还会以轮播的形式切换展示。

3.1.2.2　banner常用尺寸

banner 的制作尺寸并不是固定的，可以是满屏尺寸（即 1920 px 或者 1440 px），可以是以安全尺寸为基准的尺寸（即 1200 px 或者 1000 px），也可以是其他各种小尺寸。这种满屏的大尺寸是最吸引用户眼球的，不仅能够让用户在 3 秒内获取到页面主要信息，传递出整个网站的气质，还能带给用户美的享受。

3.1.2.3　banner的组成内容

一般可以从三个层面来分析 banner 图：文字、主题元素和背景，如图 3.5 所示。

图 3.5　banner 的三个层面

（1）banner 文字。

banner 的文字内容比较精炼简洁，我们最常见的 banner 一般会由一句主要广告语配合一句补充广告语组成，并且在文字的大小、字体、粗细、颜色等属性上加以区分。除此之外很多的商业促销类 banner 还会搭配一些点击按钮、价格、活动时间等具体内容。

在文字的排版上我们要处理好对齐关系和主副文案的组合。常见的 banner 文字排版样式有左对齐、居中对齐和右对齐，如图 3.6 所示。在文案的组合上如果是一主一副两排的文字，可以用上下组合的形式，如图 3.7 所示。如果文字内容比较多，有三行或三行以上多采用上中下组合的形式，如图 3.8 所示。还有一种会在所有文字的底部加上背景，让所有文字形成一个整体，这种排版方式文字内容会非常突出，多应用在以文字为主、图形为辅的 banner 中，如图 3.9 所示。

图 3.6　banner 文字的对齐样式

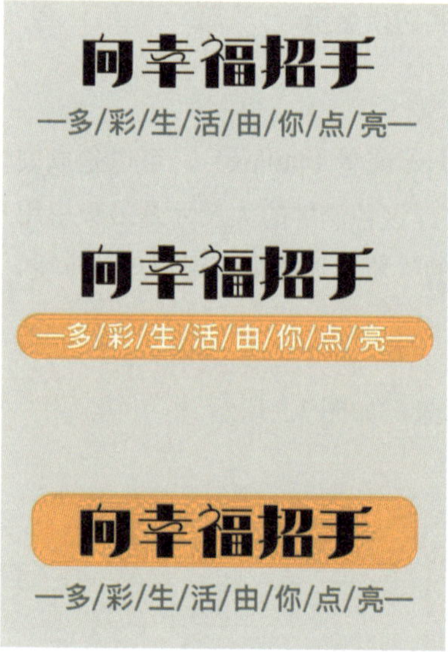

图 3.7　上下组合的文字排版

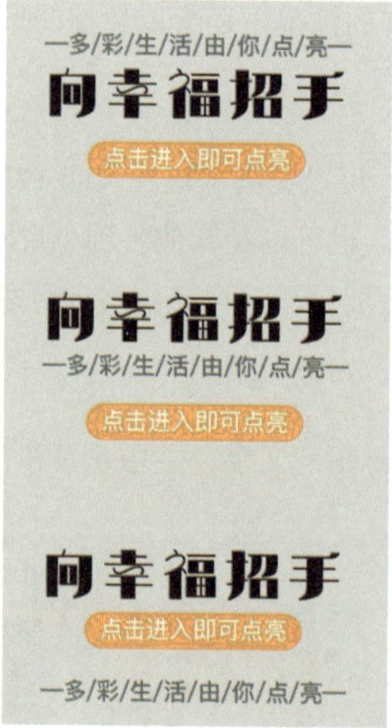

图 3.8　上中下组合的文字排版

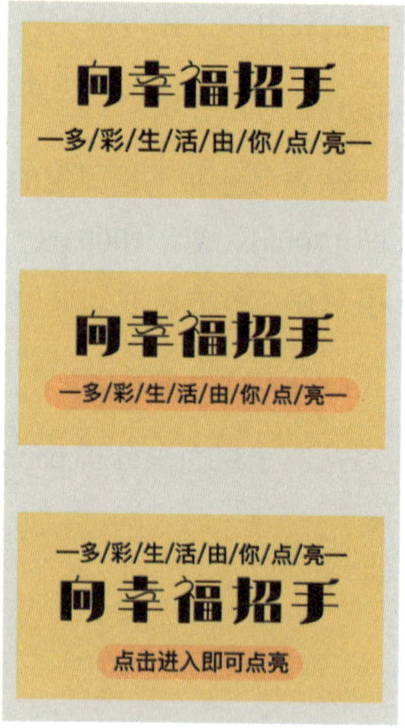

图 3.9　加背景组合的文字排版

（2）主题元素。

主题元素指的是 banner 中与主题相关的主体元素，是 banner 中最需要突出的图形元素，其他的图形都围绕这个主题元素展开设计。主题元素可细分为主体物、相关元素和点缀元素，如图 3.10 所示。

主体物可以是人物、人物＋场景、动物、拟人物品、卡通角色、关键场景、关键物品、文字等。以人物和动物为主体的 banner 要注意展现角度和表现风格，有场景内容的主体还要思考场景的远近，结合主题选择远景、全景、中景、近景等景深，如图 3.11、图 3.12 所示。以物品为主体的 banner，可以选择放大某一件主体物撑起整个版面，或者是将一些相关物品组合摆放，规则分布或不规则分布均可，如图 3.13 所示。以文字为主的 banner，可以对字体进行适当的设计，添加一些装饰性小元素烘托氛围，或者使用标签凸显文字设计，如图 3.14 所示。

图 3.10　主题元素

图 3.11　以人物为主体的 banner

图 3.12　以动物为主体的 banner

图 3.13　以物品为主体的 banner

图 3.14　以文字为主体的 banner

相关元素就是与主题相关的一些元素，它可以根据主题进行发散构思。比如，主题是新年，那么相关元素会联想到烟花、祥云、灯笼、舞狮、红包、春联等物品，如图 3.15 所示；又如与春季相关的元素可以是柳枝、风筝、燕子、花朵等，如图 3.16 所示。

图 3.15　新年主题 banner

图 3.16　春季主题 banner

点缀元素可以根据画面需求，添加一些比较小的几何图形或点线面进行装饰，增加画面的层次感，如图 3.17 所示。

图 3.17　点缀元素丰富的 banner

（3）banner 背景。

在选择 banner 背景时，要注意两个问题，一是背景风格和主体物风格要保持一致，另一个是背景不可以喧宾夺主，过于花哨，导致主体物不突出。在以摄影作品为主的 banner 中，我们可以将背景适当模糊处理，或者通过抠图给予纯色背景。纯色背景也可以有很多变化，可以采用同色系渐变、插画绘制、纹理质感添加、点线面丰富等技巧改变背景（图 3.18 至图 3.21）。

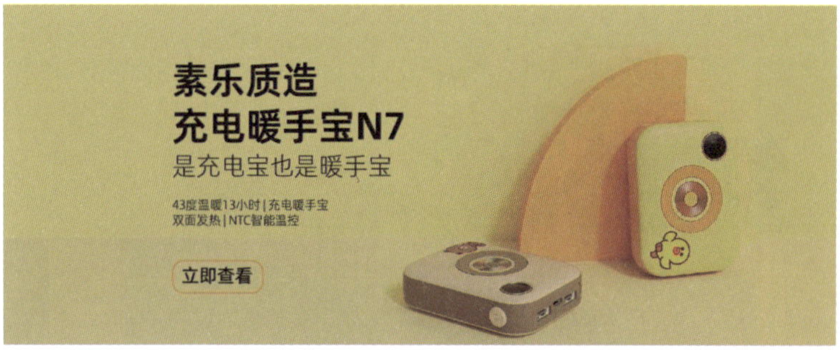

图 3.18　纯色渐变背景

图 3.19　插画绘制背景

图 3.20　纹理质感背景

图 3.21　点线面构成背景

在本案例中 banner 的主体图形以文字为主，将文字上下两行居中对齐，并在周围搭配一些相关物品进行规则摆放，形成四周向中间聚拢的形式，凸显了主题，营造了氛围，如图 3.22 所示。

图 3.22　竞拍界面 banner 效果图

3.1.3　任务实施

活动 1　新建 Illustrator 文档

打开 Illustrator 2020，执行“文件—新建—自定”菜单命令，或者按 Ctrl + N 组合键，弹出“新建文档”对话框，在对话框中设置“名称”为“竞拍界面”，画板“宽度”为“750 px”、“高度”为“1800 px”，“颜色模式”为“RGB 颜色”，如图 3.23 所示，单击“创建”按钮，即可新建文档。

选择“矩形工具”，按住鼠标左键在画板上拖出一个长方形，在“属性”面板中更改“宽”为“750 px”，“高”为“1800 px”，“填色”为“#f4f1ef”，“描边”为“无”，并将其放置在画板上面，如图 3.24 所示。

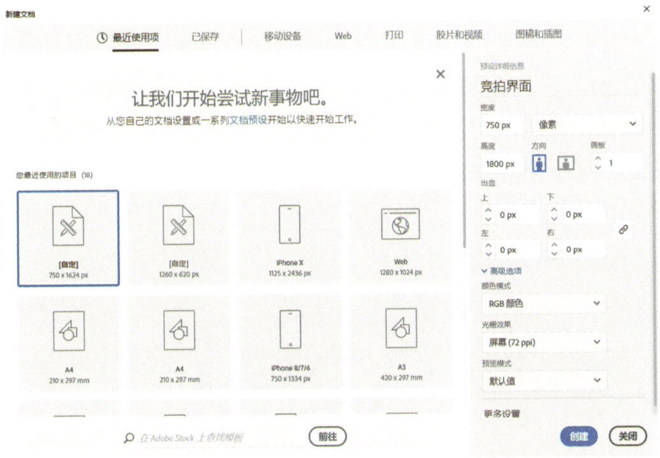

图 3.23　新建文档

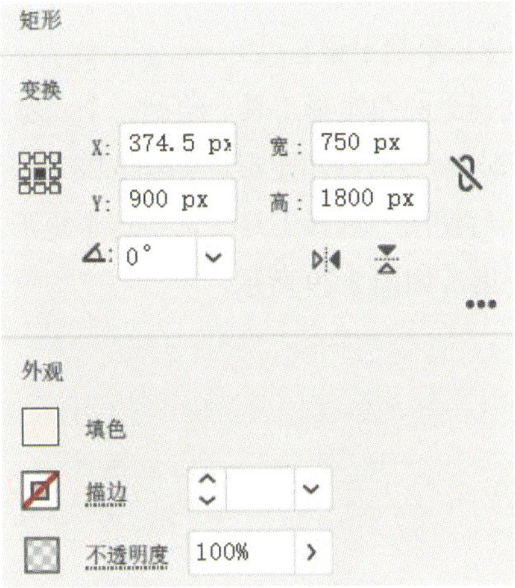

图 3.24　“属性”面板

在菜单栏执行“对象—锁定—所选对象”命令，如图 3.25 所示，将背景矩形锁定起来。

执行“文件—打开”命令，找到素材文件，将命名为“状态栏”的 AI 素材打开，选中所有状态栏内容，按 Ctrl + C 组合键进行复制，然后回到刚才的“竞拍界面”文件，按 Ctrl + V 组合键将状态栏粘贴到文件中，调整位置放置于页面顶部，如图 3.26 所示。

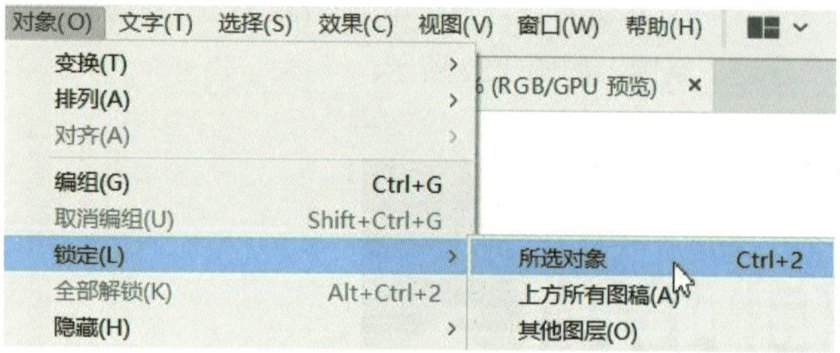

图 3.25 锁定对象

图 3.26 状态栏

选择“矩形工具”在状态栏下面绘制 banner 背景，在“属性”栏中设置“高”为“300 px”，“宽”为“750 px”，“填色”为“#1e1d19”，无描边，如图 3.27 所示。

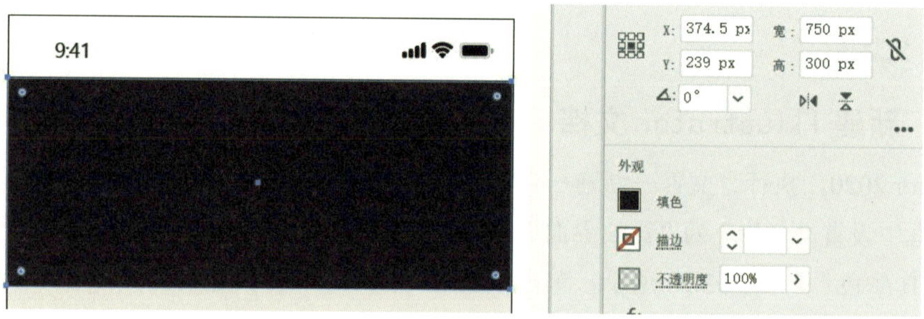

图 3.27 绘制矩形 1

活动 2 绘制 banner 中的图形

（1）绘制手臂。

选择“圆角矩形工具”绘制一个“宽”为“7 px”，“高”为“25 px”，“圆角”为“3.5 px”，“填色”为“#fee19d”的圆角矩形，如图 3.28 所示。

然后使用“选择工具”选中这个矩形，并同时按住 Shift 和 Alt 键向右拖曳，松开鼠标即可复制一个圆角矩形手指，如图 3.29 所示。

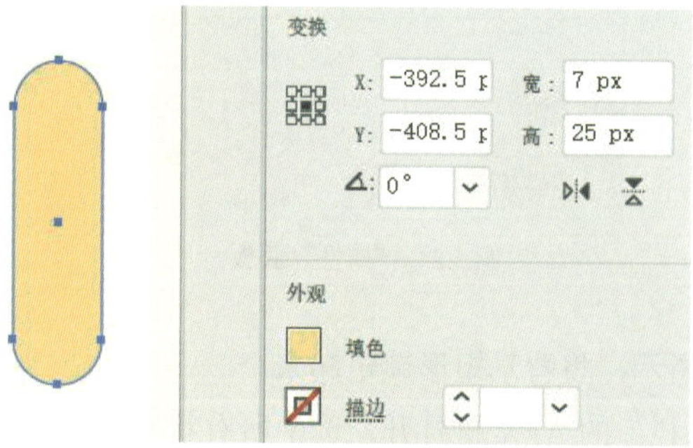

图 3.28 绘制圆角矩形 1

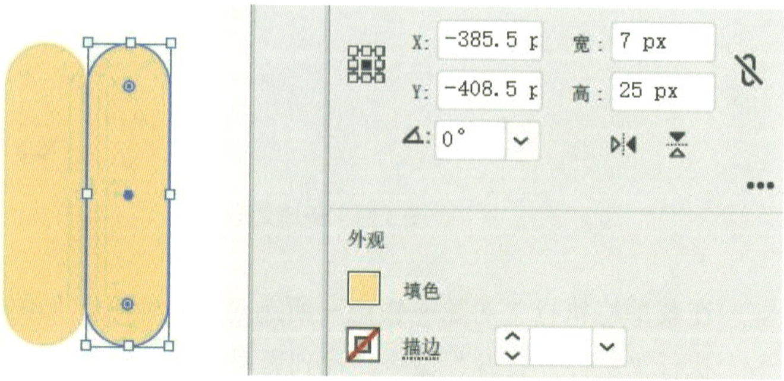

图 3.29 复制圆角矩形

使用同样的方法复制其余手指，并调整它们的长短，将中间两根手指的“宽”设为“6.5 px”，小拇指的“宽”设为“6 px”，如图 3.30 所示。

选择“圆角矩形工具”绘制一个“宽”为“27 px”，“高”为“33 px”，“圆角”为“2.5 px、2.5 px、10 px、6 px”，“填色”为“#fee19d”的圆角矩形，放置于四根手指下面，如图 3.31 所示。

选中充当食指的圆角矩形，通过 Ctrl + C 和 Ctrl + V 组合键复制粘贴一个，“旋转”设为“38°”，放置到左边，即可得到如图 3.32 所示的手掌形状。

选中所有手掌图形，在右侧“路径查找器”面板中选择“联集”，将手掌图形组合成一整个完整的图形，如图 3.33 所示。

图 3.30　复制其余圆角矩形

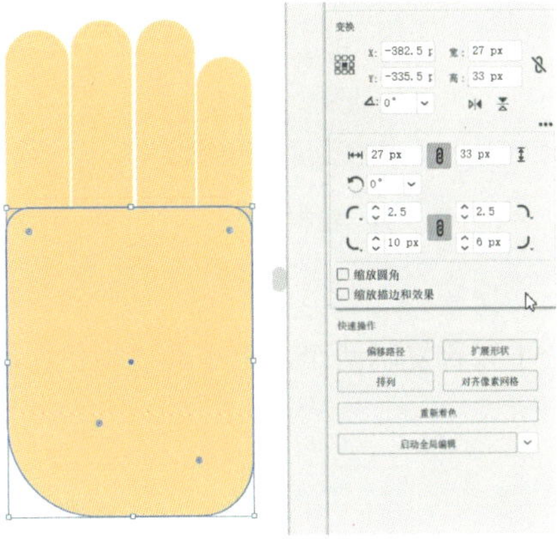

图 3.31　绘制圆角矩形手掌

图 3.32　绘制拇指

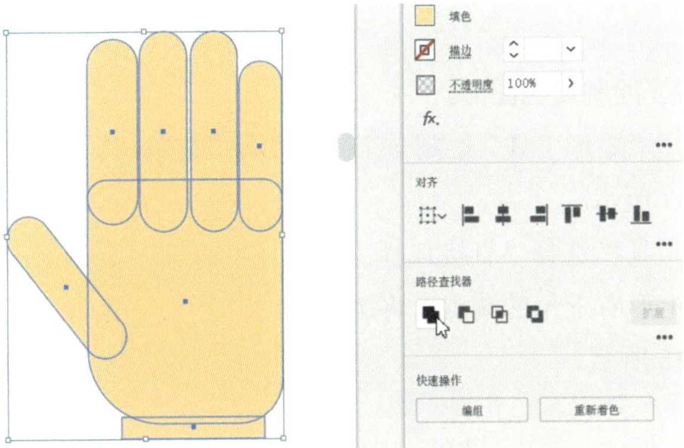

图 3.33　在“路径查找器”面板中选择“联集”

运用“矩形工具”绘制一个“宽”为“20 px”，“高”为“3 px”，“填色”为“#fee19d”的矩形，放在手掌图形下面，形成袖口，如图 3.34 所示。

再次选择“矩形工具”绘制一个“宽”为“26 px”，“高”为“60 px”，“填色”为“#3f9596”的矩形，放在袖口的下面，形成手臂，如图 3.35 所示。

图 3.34　绘制袖口

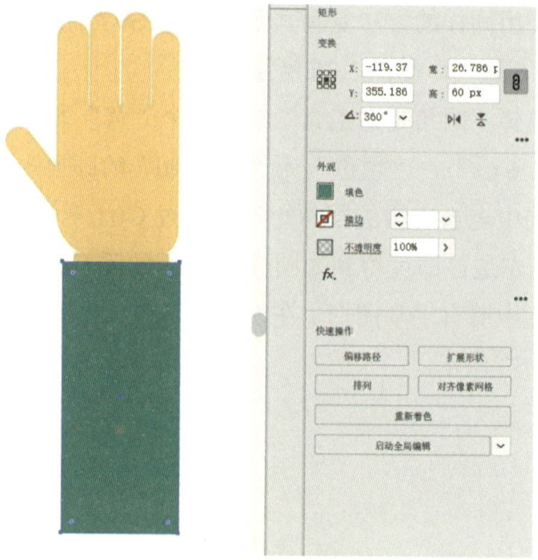

图 3.35　绘制手臂

然后将整个手臂再复制两个，大小及“填色”设置如图 3.36 所示。

图 3.36　复制手臂并调整颜色

（2）绘制皮包图形。

选择“矩形工具”绘制一个“宽”为“65 px”，“高”为“55 px”，“填色”为“#ed1c24”的矩形，如图 3.37 所示。

在工具栏选择“直接选择工具”，单独选中矩形左上角的端点，将键盘上的右箭头→点击两下；再单独选中矩形右上角的端点，将键盘上的左箭头←点击两下，这时我们可以得到一个上窄下宽的梯形包面，如图 3.38 所示。

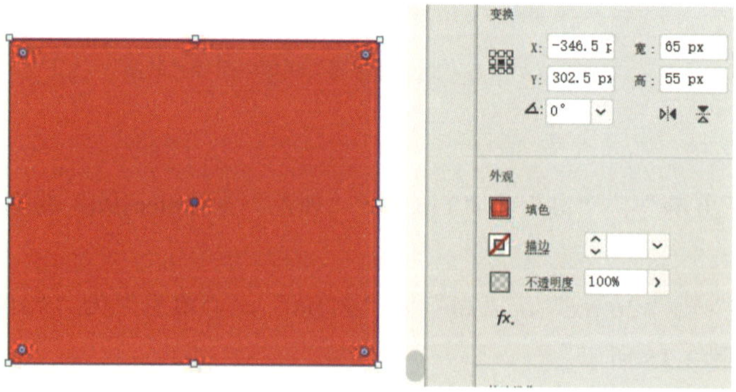

图 3.37　绘制矩形 2

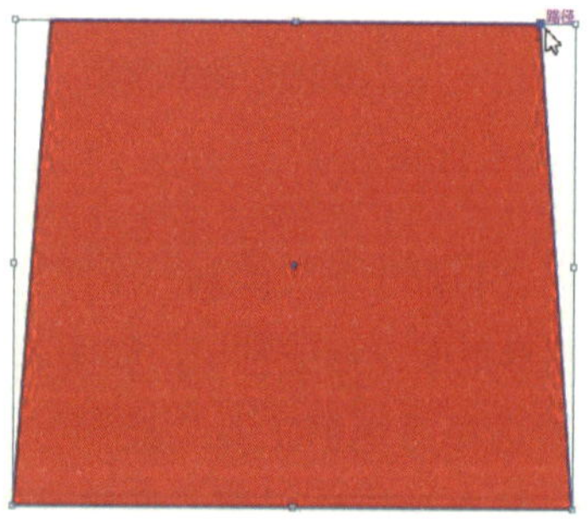

图 3.38　编辑端点

选择“矩形工具”绘制一个“宽”为“26 px”，“高”为“44 px”，“填色”为“#ec6941”的矩形，旋转 20°，将其对齐包面的左下角放置，如图 3.39 所示。

用鼠标左键选中并按住这个橙色矩形，同时按住 Shift 和 Alt 键向右拖曳，松开鼠标即可将它复制一个，在“属性”面板中点击“水平轴翻转”按钮，调整位置让底部端点对齐包面的右下角端点，如图 3.40 所示。

选中红色包面梯形，单击鼠标右键选择“排列—置于顶层”，如图 3.41 命令。

选择“椭圆工具”绘制一个“宽”为“28 px”，“高”为“88 px”，“填色”为“#ec6941”的椭圆形，如图 3.42 所示。

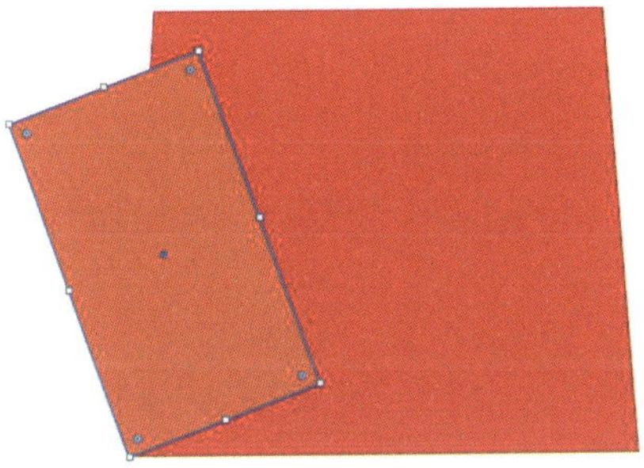

图 3.39　绘制矩形 3

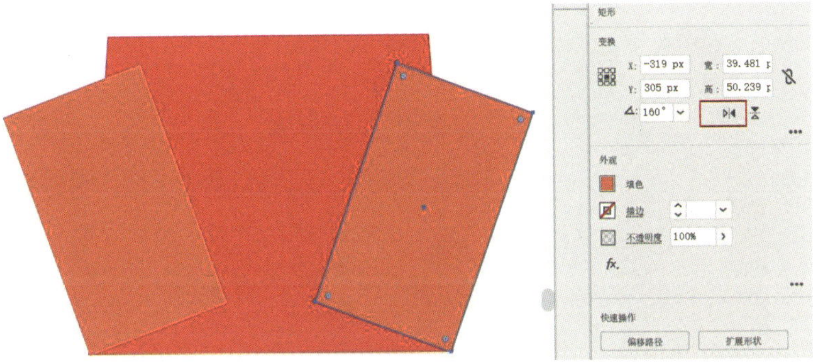

图 3.40　执行“水平轴翻转”命令

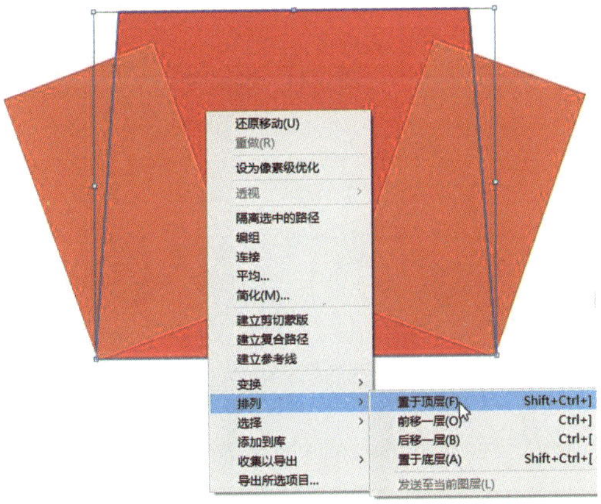

图 3.41　执行“排列”操作

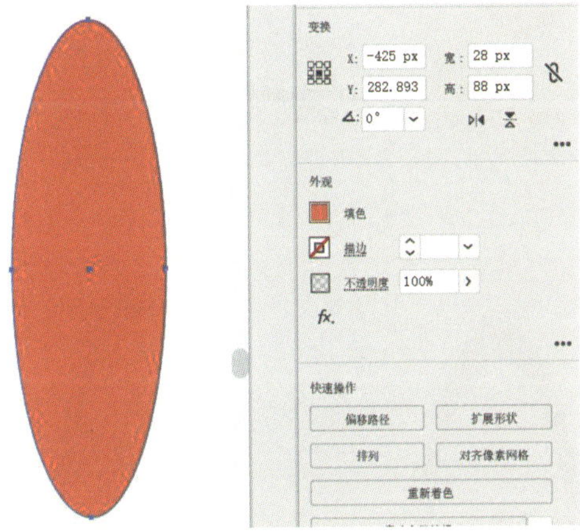

图 3.42　绘制椭圆

通过 Ctrl + C 和 Ctrl + V 组合键复制一个椭圆，将复制的椭圆形调整“宽”为“24 px”，“高”为“76 px”，如图 3.43 所示。

按住 Shift 键同时选中这两个椭圆形，在“属性”面板的“对齐”选项下选择“水平居中对齐”和“垂直居中对齐”按钮，在“路径查找器”选项下点击“减去顶层”按钮，如图 3.44 所示。

可得到如图 3.45 所示的皮包带子。然后使用“矩形工具”绘制一个矩形覆盖带子的下半部分，如图 3.46 所示。

同时选中这两个图形，在“路径查找器”选项下点击“减去顶层”按钮，如图 3.47 所示，得到皮包的带子。

将带子放置到皮包的上面，然后使用“椭圆工具”，同时按住 Shift 键绘制一个正圆，设置“宽”为“8 px”，“高”为“8 px”，“填色”为“#ec6941”，然后用 Ctrl + C 和 Ctrl + V 组合键再复制一个，将这两个圆形置于带子的末端，如图 3.48 所示。

选择“圆角矩形工具”绘制一个“宽”为“50 px”，“高”为“64 px”，“圆角”为“5 px”，“填色”为“#e0e0de”的圆角矩形，置于皮包的下面，如图 3.49 所示，完成皮包的绘制。

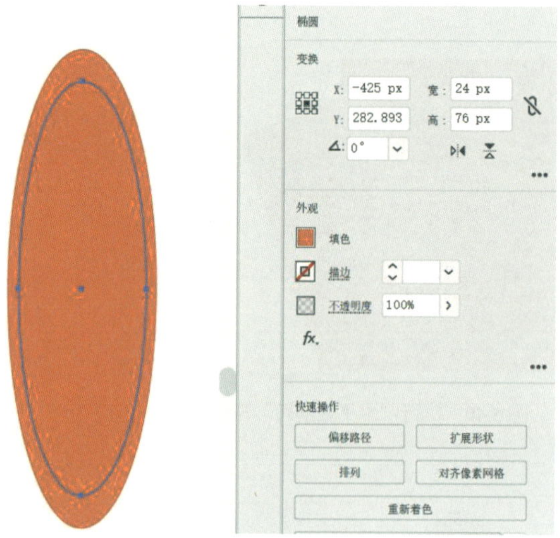

图 3.43　复制椭圆

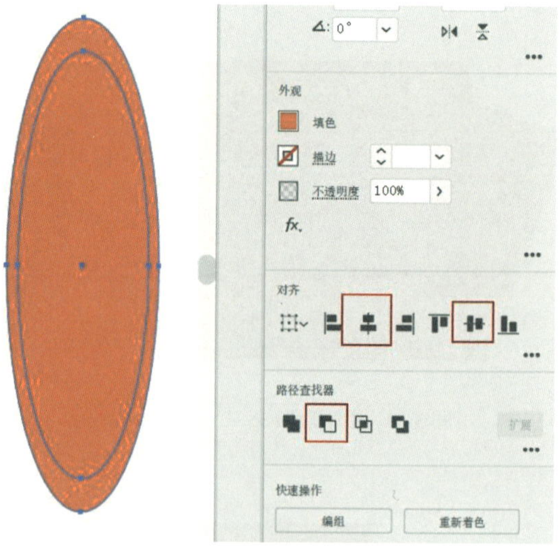

图 3.44　编辑对齐

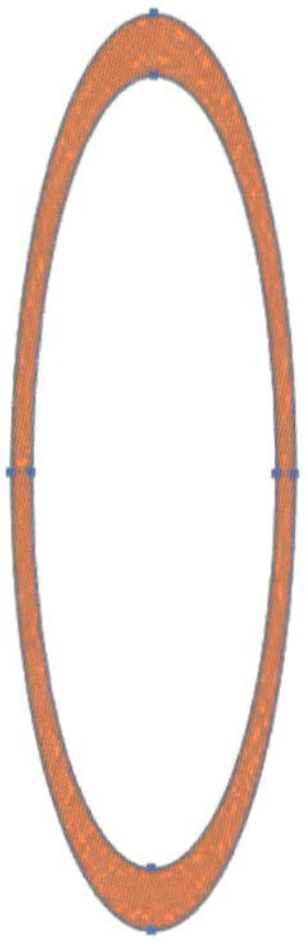
图 3.45　皮包带子

图 3.46　绘制矩形 4

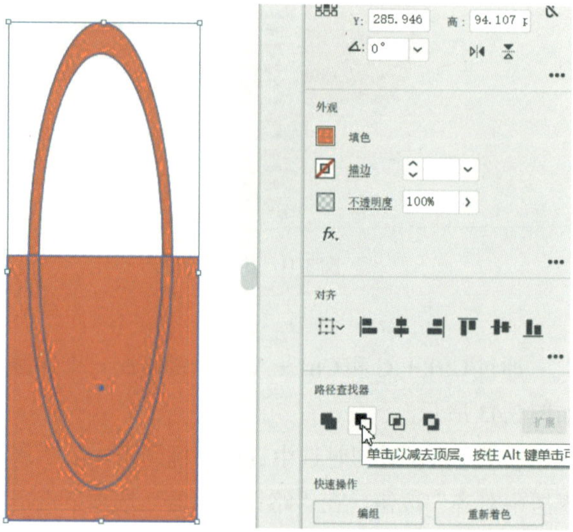

图 3.47　减去顶层

图 3.48　皮包图形

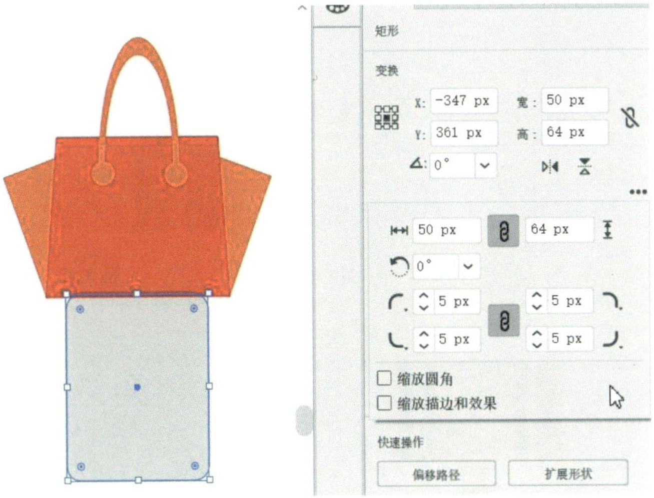

图 3.49　绘制圆角矩形底座

（3）绘制竞拍锤。

选择“矩形工具”绘制一个“宽”为“50 px”，“高”为“26 px”，“填色”为“#fbb03b”的矩形，如图 3.50 所示。

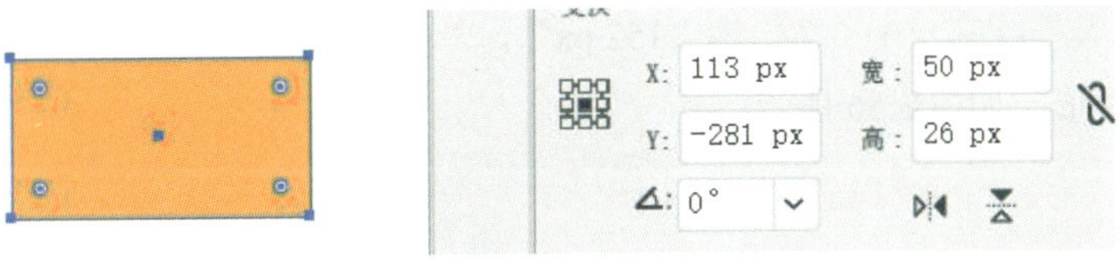

图 3.50　绘制矩形 5

选择“矩形工具”绘制一个“宽”为“4 px”，“高”为“26 px”，“填色”为“#8c6239”的矩形，如图 3.51 所示。

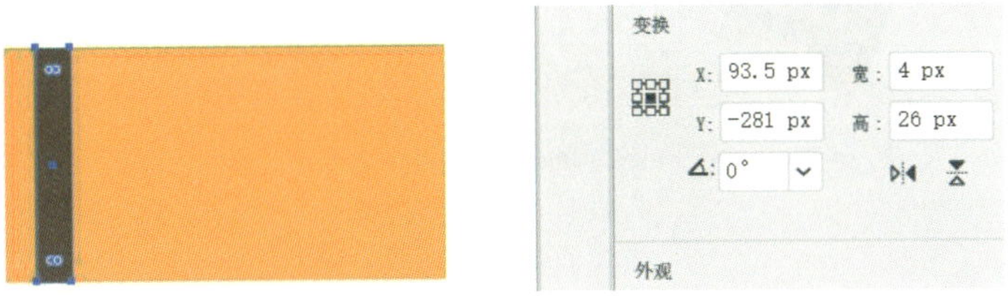

图 3.51　绘制矩形 6

用鼠标左键选中这个小矩形，复制三个，并将它们分别置于锤子的两端，如图 3.52 所示。

选择“矩形工具”绘制一个“宽”为“8 px”，“高”为“45 px”，“填色”为“#fbb03b”的矩形，形成锤子的手柄，如图 3.53 所示。

全选这个锤子图标，单击鼠标右键选择“编组”，如图 3.54 所示。

图 3.52　复制矩形

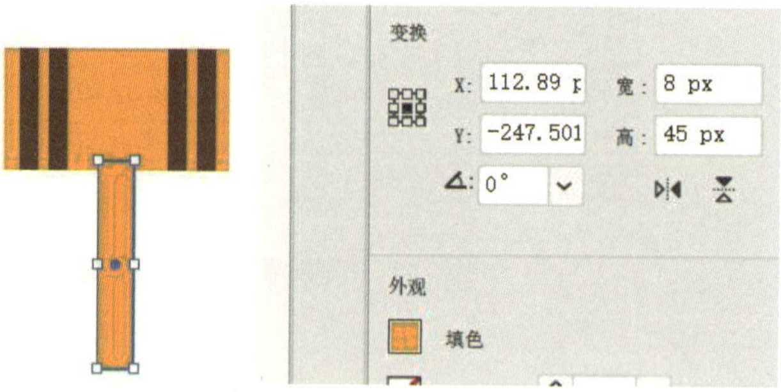

图 3.53　绘制矩形 7

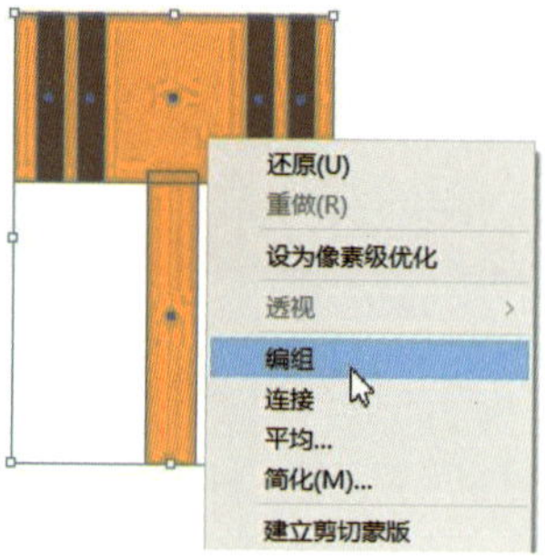

图 3.54　编组

选中锤子图形，在“属性”面板中选择“旋转”“110°”，如图 3.55 所示。

选择“圆角矩形工具”绘制一个“宽”为“152 px”，“高”为“26 px”，“圆角”为“4 px”，“填色”为“#4d4d4d”的圆角矩形，如图 3.56 所示。

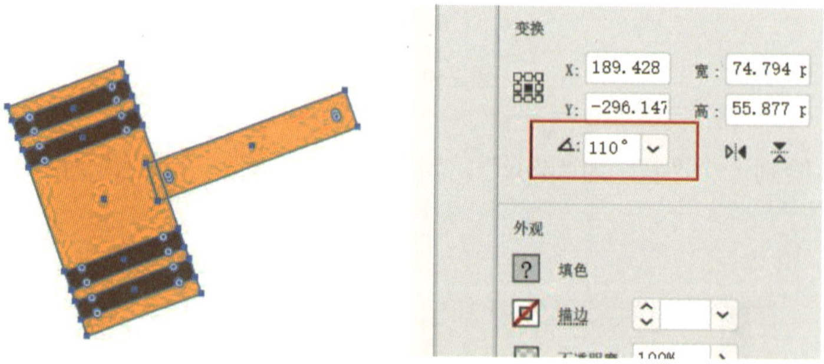

图 3.55　旋转

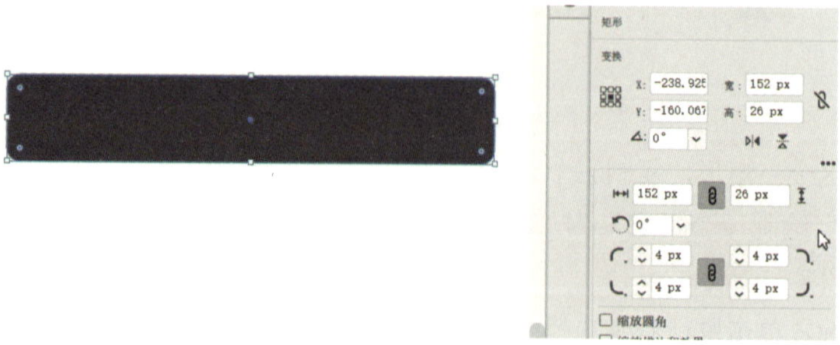

图 3.56　绘制圆角矩形

选择“矩形工具”绘制一个“宽”为“124 px”，“高”为“14 px”，“填色”为“#999999”的矩形。

在工具栏选择“直接选择工具”，单独选中矩形左下角的端点，将键盘上的右箭头→点击两下；再单独选中矩形右下角的端点，将键盘上的左箭头←点击两下，这时我们可以得到一个上宽下窄的梯形，然后将其放置于深灰色圆角矩形的下面，完成竞拍桌的绘制，如图 3.57 所示。

然后将锤子置于桌子的上面，效果如图 3.58 所示。

图 3.57　完成竞拍桌

图 3.58　将锤子置于桌子上

（4）绘制香水瓶。

选择“矩形工具”绘制一个“宽”为“32 px”，“高”为“10 px”的矩形；再绘制一个“宽”为“16 px”，“高”为“6 px”的矩形，“填色”为“#ff8e84”，如图 3.59 所示。

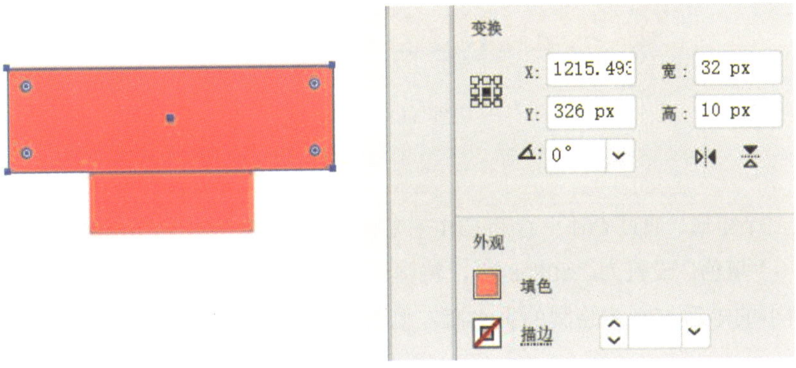

图 3.59　绘制矩形 8

选择“圆角矩形工具”，在下方绘制一个“宽”为“48 px”，“高”为“40 px”，“圆角”为“5 px”，“填色”为“#ff8e84”的圆角矩形，如图 3.60 所示。

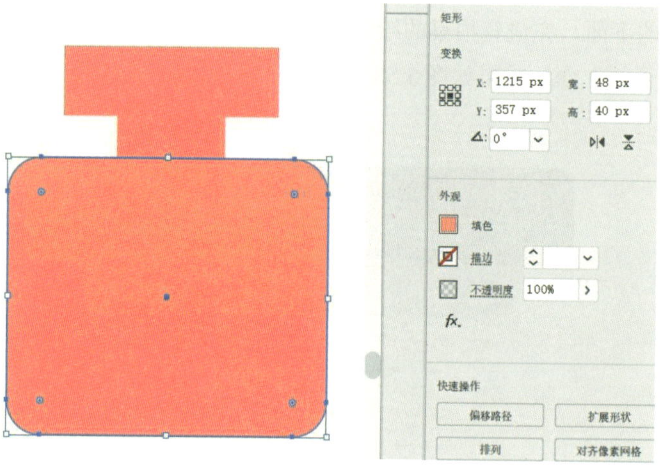

图 3.60　绘制圆角矩形 2

同时选中这三个矩形，在“属性”面板的“对齐”选项下选择“垂直居中对齐”按钮，形成香水瓶的图形，如图 3.61 所示。

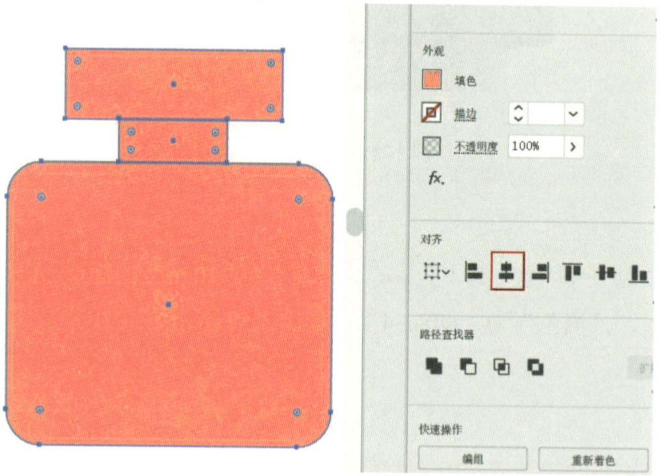

图 3.61　编辑对齐

然后选中这三个矩形，通过 Ctrl ＋ C 和 Ctrl ＋ V 组合键进行复制，再分别将它们的“宽”调整为“14 px、7.5 px、12 px”，“填色”设置为“#ff8e84”，将圆角矩形的右侧两边“圆角”设为“0”，如图 3.62 所示。

将这三个缩小的矩形与刚才绘制的香水瓶左侧对齐，将其“填色”改为“#ffb6b0”，效果如图 3.63 所示。

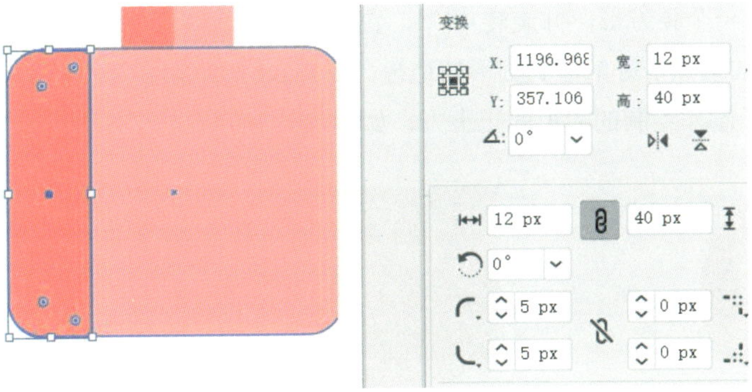

图 3.62　设置圆角矩形

图 3.63　将三个矩形与香水瓶左侧对齐

选择“圆角矩形工具”绘制一个“宽”为“40 px”，“高”为“32 px”，“圆角”为“5 px”，“填色”为“#ffd4d1”的圆角矩形，如图 3.64 所示。

选择“矩形工具”绘制一个“宽”为“36 px”，“高”为“1 px”，“填色”为“#ffb6b0”的矩形，再将这个矩形条复制一个，宽度缩短一点垂直移动置于其下方，效果如图 3.65 所示。

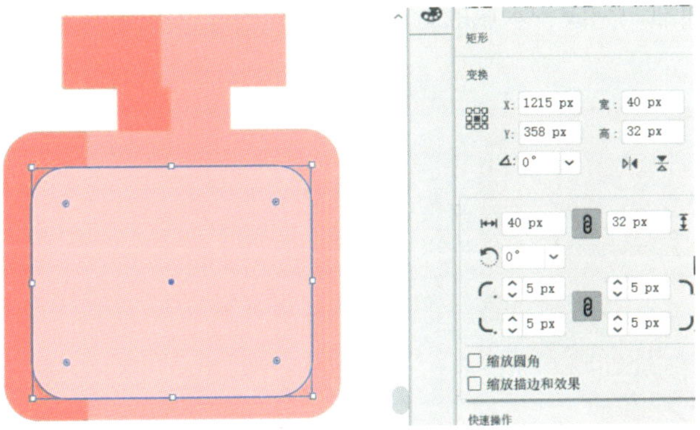

图 3.64　绘制圆角矩形 3

图 3.65　绘制香水瓶文字条

选择“椭圆工具”，按住 Shift 键绘制一个正圆形，再按 Ctrl + C 和 Ctrl + V 组合键复制一个，选中两个圆形，在“属性”面板的“对齐”选项下选择“水平居中对齐”按钮，“填色”设置为“#ed1c24”，将它们交叠放置，如图 3.66 所示。

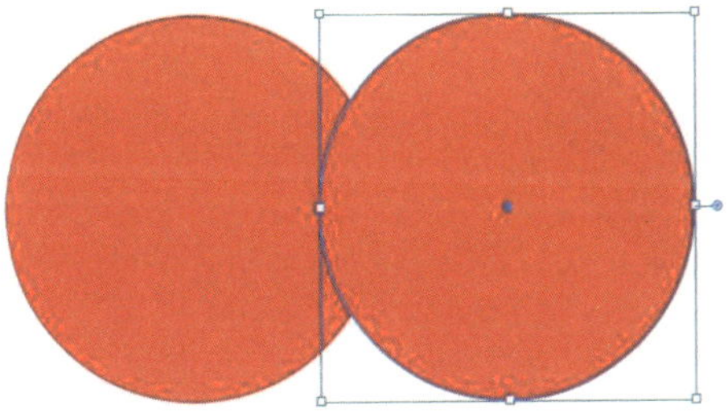

图 3.66　绘制两个圆形并对齐

选择“矩形工具”，按住 Shift 键绘制一个正方形，并旋转 45°，置于刚才绘制的两个圆形的正下方，按住 Shift 键进行等比缩放，使其左右两边的端点恰好触碰到圆形的边缘，如图 3.67 所示。

选择“矩形工具”绘制一个矩形，置于刚才绘制的菱形的正上方，如图 3.68 所示。

图 3.67　绘制菱形

图 3.68　绘制矩形 9

同时选中这两个图形，在“路径查找器”选项下点击“减去顶层”按钮，如图 3.69 所示，可得到一个爱心图形，如图 3.70 所示。

调整爱心图形的大小，将它置于香水瓶顶部，完成香水瓶的绘制，效果如图 3.71 所示。

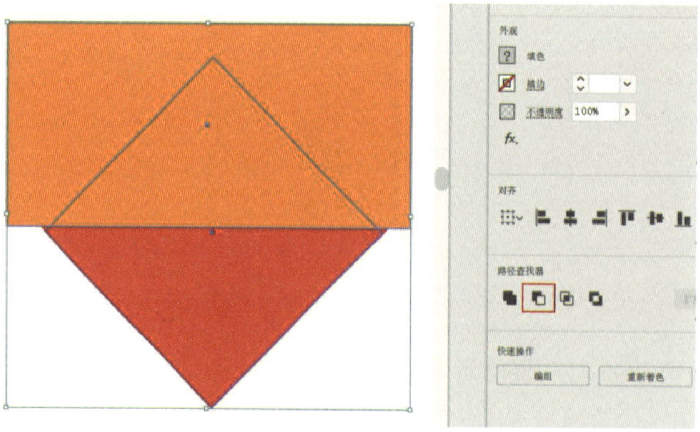

图 3.69　减去顶层

图 3.70　爱心图形

图 3.71　香水瓶完成效果

（5）绘制现金和银行卡。

现金和银行卡的绘制方法与前文绘制其他图形的方法一致，具体过程如图 3.72、图 3.73 所示。

最后，将以上绘制的这些图形进行摆放和调整，放到黑色背景中，效果如图 3.74 所示。

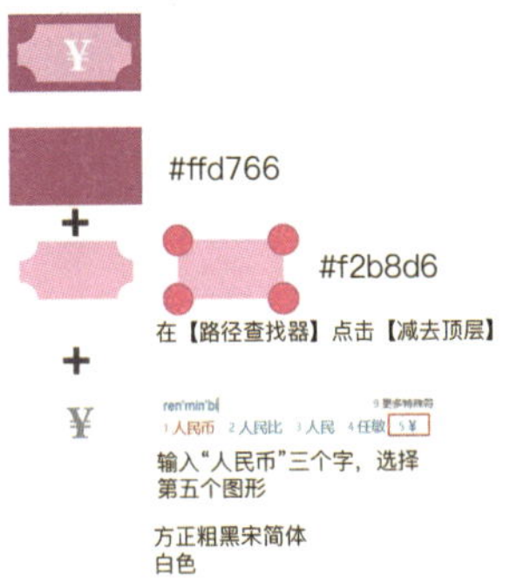

图 3.72　现金的绘制方法

图 3.73　银行卡的绘制方法

图 3.74　图形排列与放置

活动 3　添加标题文字

选择“文字工具”输入主标题文字，设置“字体”为“造字工房力黑”，“字号”为“64”，“填色”为“白色”，将其置于 banner 中间，如图 3.75 所示。

复制标题文字，将下面这组标题的“填色”改为“#f4bd5b”，执行“效果—模糊—高斯模糊”命令，如图 3.76 所示。

图 3.75　输入主标题文字

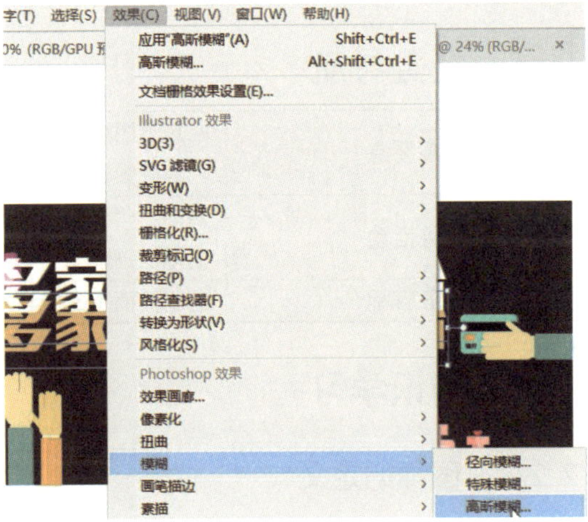

图 3.76　执行“高斯模糊”命令

在弹出的“高斯模糊”对话框中，设置“半径”为“5.4”，如图 3.77 所示，并将“不透明度”调整为“60%”。

将上部白色标题文字往下移动，覆盖在模糊文字的上层，效果如图 3.78 所示，完成标题投影制作。

最后选择“文字工具”输入副标题文字，设置“字体”为“苹方中等体”，“字号”为“32”，“填色”为“白色”，将其置于主标题上面，完成整个 banner 的制作，效果如图 3.79 所示。

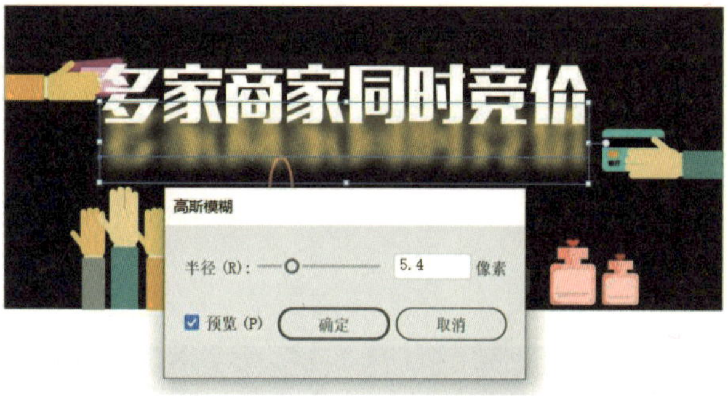

图 3.77 “高斯模糊”对话框

图 3.78 标题投影效果

图 3.79 输入副标题文字

3.2 任务 2 线性图标的绘制

3.2.1 任务导航

任务要点	• 熟悉图标的概念和作用； • 掌握图标的类型和设计风格
任务活动	活动1 “竞拍流程”区图标绘制； 活动2 底部导航栏图标绘制
任务目标	绘制页面中的线性图标

3.2.2 知识学习

3.2.2.1 图标的定义

图标，即图形化标识，是一种具有高度概括性、明确指向性和识别性的图形符号。清晰易懂的图标可以传达出比文字描述更高效的信息，并能提升界面的美观程度。在网页设计中图标是需要设计师专门设计的重要内容。

3.2.2.2 图标的作用

图标在界面中的具体作用可概括为 3 点：传达信息、塑造品牌、装饰美化界面。

（1）传达信息。

相对于文字而言，图标能够更加清晰、直观地表达某个具体内容，当一个图标出现时，用户往往也能够在非常短的时间内读懂，所谓“一图胜千言”。如图 3.80 所示，当我们看到各种垃圾分类标志的时候，一眼就能读懂应该放入什么类型的垃圾，比复杂的文字更易理解；“文件发送”使用图标显示不仅能够表达文字信息，而且还能让用户感受到发送的动态。

在传递信息的过程中，用户来自不同的国家、地区、民族，有着各自不同的语言体系、文字体系和文化背景，如果使用文字和语言来传递信息是有一定困难的，但是如果使用图标就能一目了然，迅速理解。另外，有的时候很多事物使用文字表达容易产生歧义，如“笔记本”到底是指写字用的笔记本还是电脑笔记本，而使用图标就能够轻易分辨出来，如图 3.81 所示。

图 3.80　图标传达速度快

图 3.81　使用图标区分笔记本类型

（2）塑造品牌。

界面中的图标与企业品牌识别系统保持统一风格、统一色调，不仅可以提升界面的独特性、象征性和记忆性，加深用户记忆，还可以起到塑造和宣传品牌的作用，如图 3.82 所示。

图 3.82　图标塑造品牌

（3）装饰美化界面。

试想如果一个网页界面只有文字而无配图，那么这个界面一定是单调乏味的。在界面中加入图标不仅能够起到提炼功能内容的作用，还能够起到装饰美化的作用，让用户的眼睛感受界面的视觉之美，从文字的阅读中得到片刻休息，如图 3.83 所示。另外，图标的设计风格也彰显着网页的气质特征，从图标中就能感受到网页的独特性。

图 3.83　有图标和无图标的界面

3.2.2.3　图标的类型及设计风格

在界面中图标的种类非常多，按照实际的用途大体可以分为启动图标、工具图标和装饰图标；根据设计风格可以分为线性风格、面性风格、渐变风格、剪影风格、长投影风格、卡通风格、轻质感风格、拟物风格、2.5D 风格等。

（1）启动图标。

当我们打开网页或手机里的各种程序和 App 时，需要点击一个图标，这个图标就是启动图标。启动图标就像一个 App 的脸面，决定了用户对它的第一印象，直接影响到用户对它的感兴趣程度，继而影响下载量和使用率。很多产品的启动图标会直接使用企业 Logo，也有一些会在企业 Logo 的基础上进行微变形，或质感的变化，或更新设计风格。还有许多产品会重新设计网页和 App 图标，特别是一些新产品。启动图标按照设计风格主要分为文字类型、图标类型、图形类型和拟物类型，如图 3.84 所示。

图 3.84　启动图标

（2）工具图标。

工具图标是界面中使用最广泛的图标类型，它以简单的小图标代替某些功能文字，节省用户理解和操作的时间，同时也能起到一些装饰作用。工具图标以线性、面性和线面结合的设计风格为主。

① 线性风格。

线性风格的图标以线条为主要表现手法，使用线条去勾勒图标的外形，这样的图标简约、概括、视觉识别度良好。线条看似表现单一，但是也有着丰富的表现技巧，可以根据需要进行线条粗细、倒角、断点、颜色、方头或圆头等内容的设计，在很多图标中还会结合一些断点去凸显图标的个性，如图 3.85 所示。

② 面性风格。

面性图标也就是使用色块填充的图标样式，这一类型的图标可以在颜色填充的基础上设计出许多不同的效果，如纯色填充、渐变填充、改变透明度等填充方式，如图 3.86 所示。

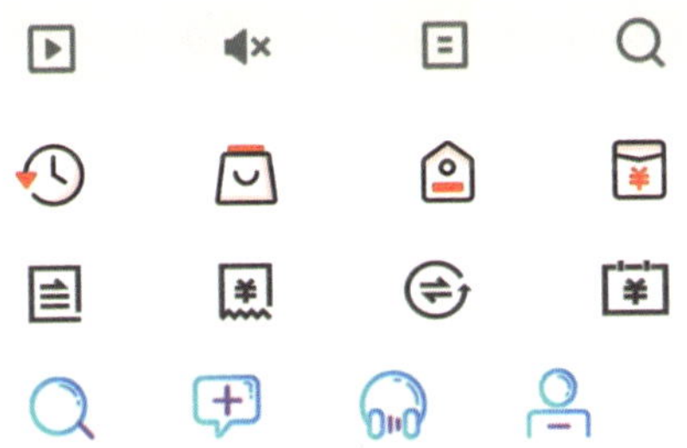

图 3.85　线性风格的图标

图 3.86　面性风格的图标

③ 线面结合风格。

线面结合风格的图标是既有线条又有色块填充的图标，这种图标的设计给了设计师更大的发挥空间，很多用户都很喜欢这种图标设计风格，如图 3.87 所示。

图 3.87　线面结合风格的图标

（3）装饰图标。

装饰图标在很多网页和手机界面的功能快速入口处经常使用。由于这些功能入口是界面中需要凸显的部位，所以图标的设计不仅要表意准确，更加需要丰富的设计表现技巧去凸显它的视觉层级。装饰图标的风格非常多，目前比较流行的有渐变风格、轻质感风格、2.5D 风格、MBE 风格等。

① 渐变风格。

渐变风格的图标多为单色渐变或同类色渐变，颜色过渡清新自然，是目前用得比较多的一种设计风格，如图 3.88 所示。

② 轻质感风格。

轻质感风格的图标是在扁平类图标的基础上丰富而来的，这种设计风格特别关注图标的细节，经常采用一些微投影、微渐变的设计带来图标的微立体效果，用色素雅干净，给人简洁而精致的感觉，如图 3.89 所示。

图 3.88　渐变风格的图标

图 3.89　轻质感风格的图标

③ 2.5D 风格。

2.5D 风格是介于 2D 和 3D 之间的一种伪 3D 风格，设计师需要绘制出物体的亮面、正面和暗面三个面，然后将它们拼合在一起调整光影以及整体的配色，如图 3.90 所示。

④ MBE 风格。

MBE 风格也是从扁平风格逐渐演变而来的，它主要以粗描边、断点、深浅色填充绘制阴影效果，以单色系为主，背景会添加一些浅色系小加号或者圆圈等小元素，如图 3.91 所示。

图 3.90　2.5D 风格的图标

图 3.91　MBE 风格的图标

3.2.3　任务实施

■ 活动 1　“竞拍流程”区图标绘制

选择“圆角矩形工具”绘制一个“宽”为“712 px”，“高”为“480 px”，“圆角”为“10 px”，“填色”为“白色”的圆角矩形，并将其置于界面 banner 栏下方，如图 3.92 所示。

（1）绘制“在线发布”图标。

选择“矩形工具”绘制一个“宽”为“46 px”，“高”为“46 px”的正方形，并设置“填色”为“无”，“描边”为“#1b1b1b”，“描边粗细”为“4 px”，如图 3.93 所示。

图 3.92　绘制圆角矩形 4

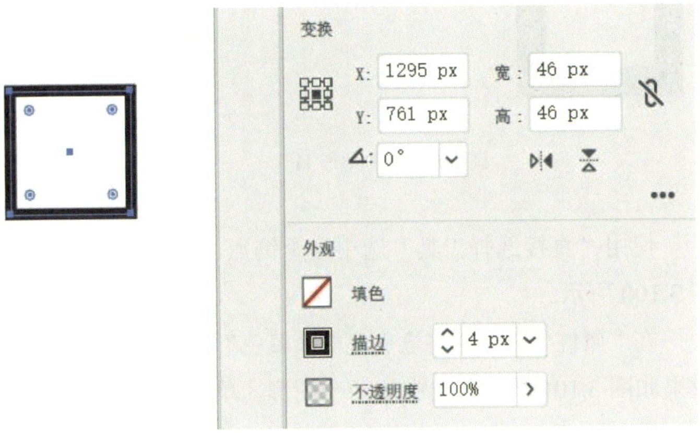

图 3.93　绘制矩形 10

复制这个正方形，旋转 45°，并放在前一个正方形的右上角，如图 3.94 所示。

同时选中这两个图形，在“路径查找器”选项中点击“减去顶层”按钮，如图 3.95 所示，可得到一个有缺角的正方形，如图 3.96 所示。

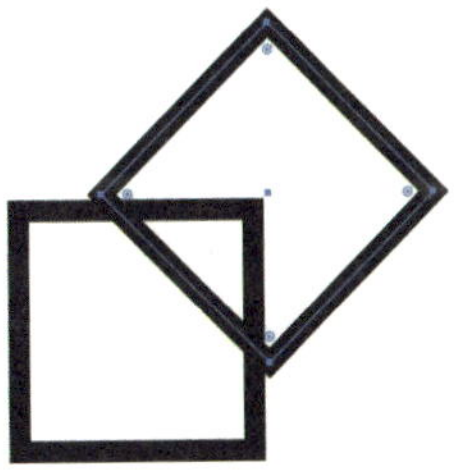

图 3.94　复制矩形并旋转

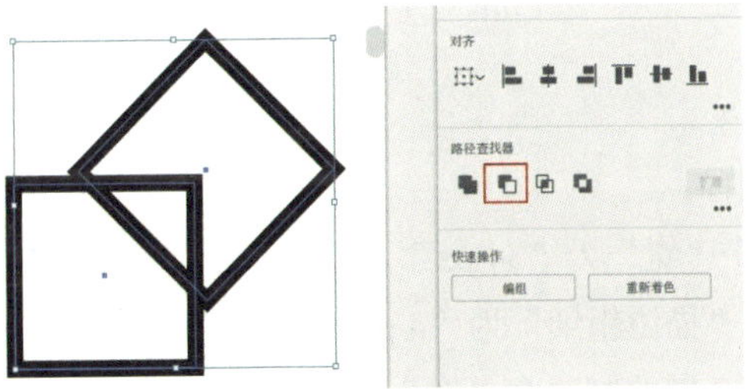

图 3.95　减去顶层

图 3.96　有缺角的正方形

选择“矩形工具”绘制一个“宽”为“18 px”，“高”为“40 px”的矩形，并设置“填色”为“无”，“描边”为“#1b1b1b”，“描边粗细”为“4 px”，如图 3.97 所示。

在工具栏选择“添加锚点工具”，在矩形下面一条边的中点单击，添加一个锚点，如图 3.98、图 3.99 所示。

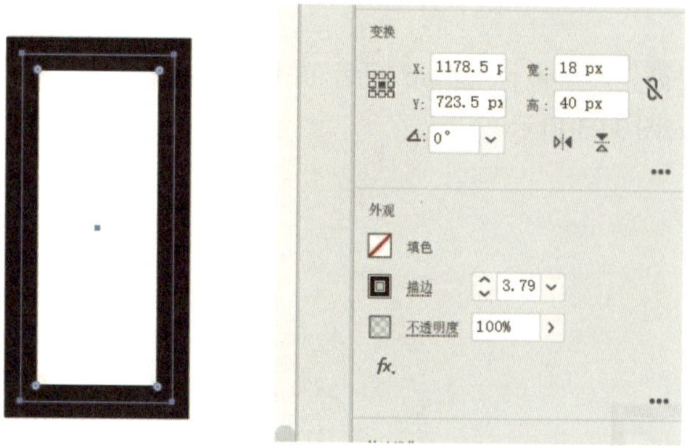

图 3.97　绘制矩形 11

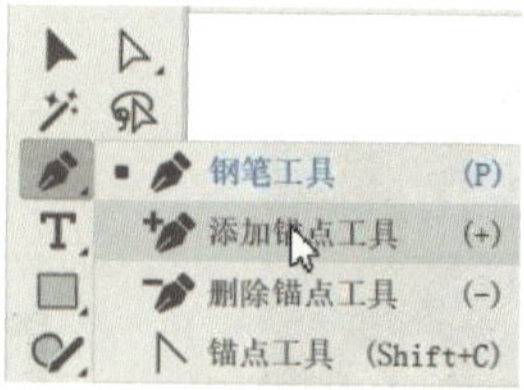

图 3.98　调出钢笔工具列表

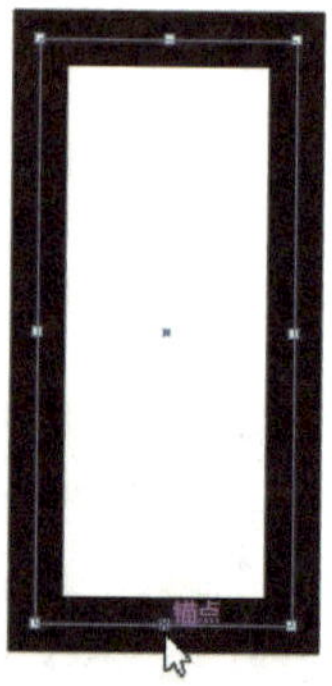

图 3.99　用钢笔工具添加锚点

使用“直接选择工具”选中这个锚点，将键盘上的下箭头↓点击四下，这时我们可以得到笔的图形，如图 3.100 所示。

在“属性”面板中将这支笔的“填色”设置为“#f7bd23”，“旋转”为“－45°”，然后放在正方形上面，效果如图 3.101 所示，选中这两个图形，单击鼠标右键选择“编组”。

最后选择“文字工具”输入“在线发布”，设置“字体”为“苹方粗体”，“字号”为“26”，“填色”为“#333333”，将其置于图标正下方。选中文字和图标，在“属性”面板的“对齐”选项下选择“垂直居中对齐”按钮，完成图标的绘制，效果如图 3.102 所示。

图 3.100　调整锚点

图 3.101　完成图标绘制

图 3.102　增加注释文字

（2）绘制“商户竞价”图标。

选择“矩形工具”绘制一个“宽”为“34 px”，“高”为“20 px”的矩形，并设置“填色”为“无”，“描边颜色”为“#1b1b1b”，“描边粗细”为“4 px”，如图 3.103 所示。

选择“矩形工具”按住 Shift 键绘制一个“宽”为“30 px”，“高”为“30 px”的矩形，并旋转 45°，放在前一个矩形的右上角，如图 3.104 所示。

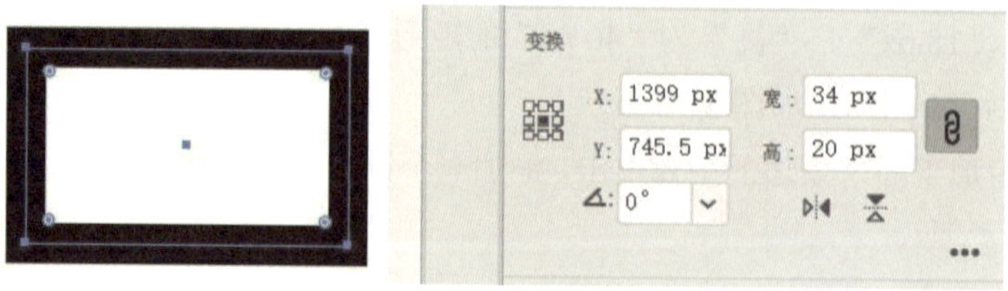

图 3.103　绘制矩形 12

图 3.104　复制矩形并旋转

同时选中这两个图形，在“路径查找器”选项下点击“减去顶层”按钮，得到一个人物身体的图形，如图 3.105 所示。

选择“矩形工具”绘制一个“宽”为“8 px”，“高”为“42 px”的矩形。选择“直接选择工具”选中矩形右上角的锚点，将键盘上的左箭头←点击一下，在“属性”面板中将“旋转”设置为“20°”，形成手臂，并放在人物身体的左边，如图 3.106 所示。

运用“直接选择工具”选中手臂右上角的锚点，将键盘上的下箭头↓点击一下，将手臂上部调平整，如图 3.107 所示。

图 3.105　人物身体图形

图 3.106　人物手臂图形

图 3.107　调整手臂上部

选中这两个图形，在右侧的“路径查找器”选项中选择“联集”按钮，并在“属性”面板中将“填色”设置为“#f7bd23”，效果如图 3.108 所示。

选择“椭圆工具”，按住 Shift 键绘制一个“宽”为“18 px”，“高”为“18 px”的圆形，并放在人物身体图形的上方，如图 3.109 所示。

选择“矩形工具”绘制一个“宽”为“22 px”，“高”为“10 px”的矩形，设置“填色”为“无”，“描边颜色”为“#1b1b1b”，“描边粗细”为“4 px”，并放在手臂上方，如图 3.110 所示。选中所有图形，单击鼠标右键选择“编组”。

选择“文字工具”输入“商家竞价”，并设置“字体”为“苹方粗体”，“字号”为“26”，“填色”为“#333333”，将其置于图标正下方。选中文字和图标，在“属性”面板的“对齐”选项下选择“垂直居中对齐”按钮，绘制效果如图 3.111 所示。

最后，使用同样的方法绘制第三个“在线交易 / 上门交易”的图标，效果如图 3.112 所示。

图 3.108　执行联集

图 3.109　绘制圆形

图 3.110　绘制矩形 13

图 3.111　增加文字

图 3.112　在线交易图标

（3）绘制按钮和板块标题。

选择“矩形工具”绘制一个“宽”为“100 px”，“高”为“50 px”的矩形，设置“填色”为“#333333”，“描边”为“无”，然后将它复制一个，设置“填色”为“#f7f7f7”，将它们水平排列，如图 3.113 所示。选中这两个矩形，单击鼠标右键选择“编组”。

选择“文字工具”输入“回收流程”，设置“字体”为“苹方粗体”，“字号”为“32”，“填色”为“白色”和“#333333”，将其置于刚才绘制的黑白标题背景上，效果如图 3.114 所示。

图 3.113　绘制两个矩形

图 3.114　添加文字

选择“圆角矩形工具”绘制一个“宽”为“640 px”，“高”为“110 px”，“圆角”为“50 px”的圆角矩形，选择“渐变工具”将其设置为“#333333”到“#1b1b1b”，如图 3.115 所示。

选择“文字工具”输入“立即出售竞拍”，设置“字体”为“苹方粗体”，“字号”为“30”，“填色”为“白色”，将其置于按钮上，选中文字和按钮，在“属性”面板的“对齐”选项下选择“垂直居中对齐”和“水平居中对齐”按钮，效果如图 3.116 所示。

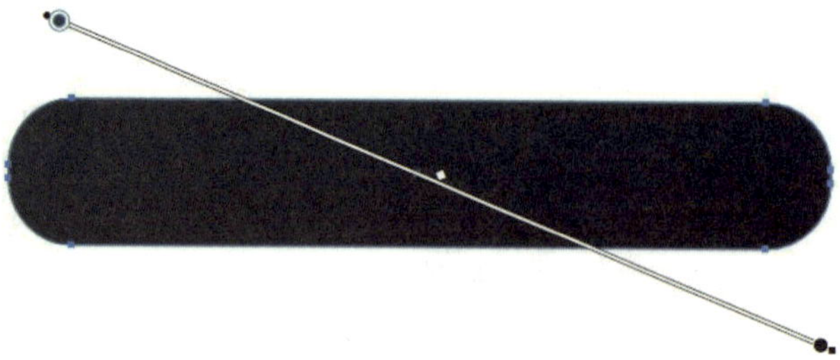

图 3.115　渐变填充

图 3.116　增加按钮文字

复制矩形框按钮，执行“效果—模糊—高斯模糊”命令。在弹出的“高斯模糊”对话框中，设置“半径”为“20”，如图 3.117 所示，并将“不透明度”调整为“60%”。将这个投影置于按钮下面，效果如图 3.118 所示。

将所绘制的图标、按钮和标题进行排版，效果如图 3.119 所示。

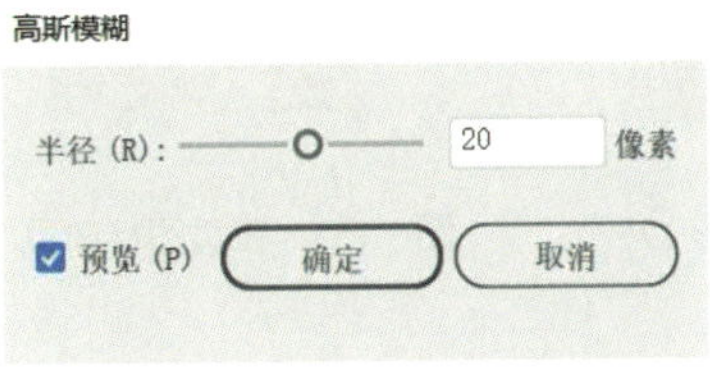

图 3.117　“高斯模糊”对话框

图 3.118　按钮效果

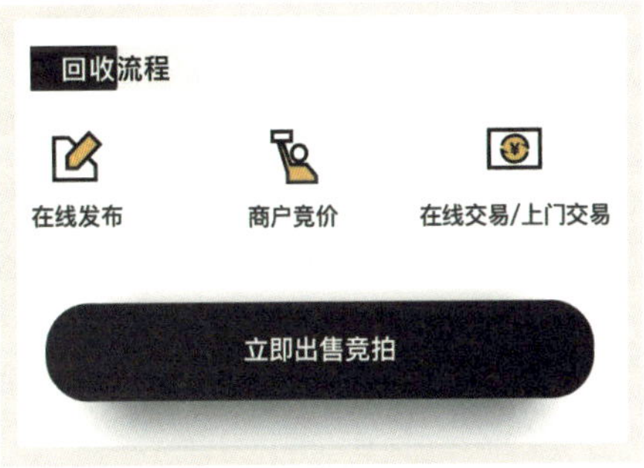

图 3.119　板块整体排版

活动 2　底部导航栏图标绘制

选择“矩形工具”绘制一个“宽”为“30 px”，“高”为“30 px”的正方形，设置“填色”为“无”，“描边”为“#f7bd23”，“描边粗细”为“2 px”，“旋转”为“45° ”，如图 3.120 所示。

再次选择“矩形工具”绘制一个“宽”为“48 px”，“高”为“24 px”的矩形，设置“填色”为“黄色”，置于菱形的上面，如图 3.121 所示。

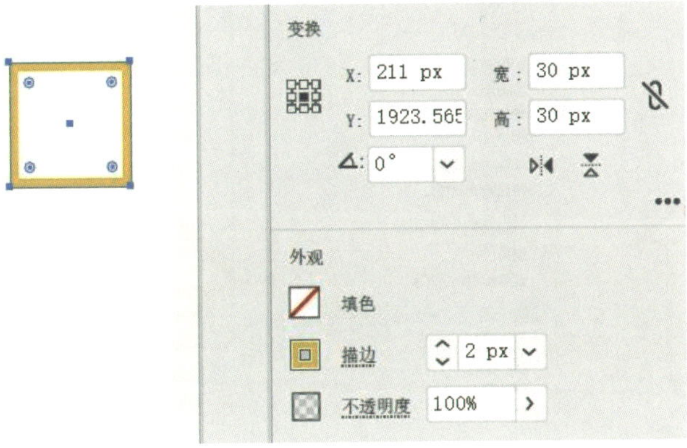

图 3.120　绘制矩形 14

图 3.121　绘制矩形 15

同时选中这两个图形，在“路径查找器”选项下点击“减去顶层”按钮，得到一个三角形，如图 3.122 所示。

选择“矩形工具”绘制一个“宽”为“30 px”，“高”为“20 px”的矩形，设置“填色”为“无”，“描边”为“#f7bd23”，“描边粗细”2 px，使其顶部与三角形底部相接，如图 3.123 所示。

选择“矩形工具”绘制一个“宽”为 8 px，“高”为 10 px 的矩形，设置“填色”为“#f7bd23”，“描边”为“#f7bd23”，“描边粗细”为“2 px”，放在刚才的房子图标上，完成门的绘制，如图 3.124 所示，选中这几个图形，单击鼠标右键选择“编组”。

选择“文字工具”输入文字“首页”，设置“字体”为“苹方中等体”，“字号”为“20”，“填色”为“#f7bd23”，将其置于图标正下方。选中文字和图标，在“属性”面板的“对齐”选项下选择“垂直居中对齐”按钮，完成“首页”图标的绘制，效果如图 3.125 所示。

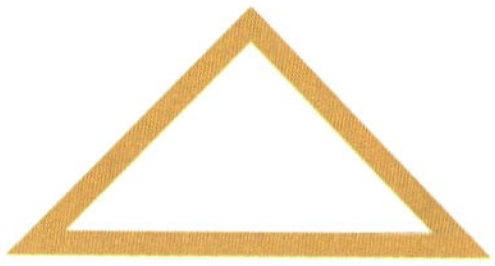

图 3.122　绘制三角形

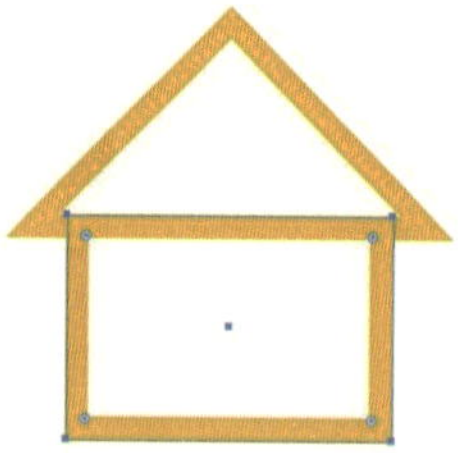

图 3.123　绘制矩形 16

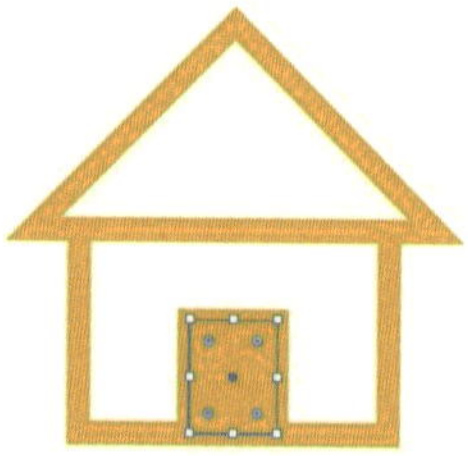

图 3.124　绘制矩形 17

图 3.125　首页图标效果

最后，为了防止线性图标由于后期放大缩小而改变图形效果，如图 3.126 所示，这里我们选中图标中的三角形和矩形，在菜单栏执行“对象—路径—轮廓化描边”命令，如图 3.127 所示，将图标的描边转为填充图形，这样无论放大还是缩小都不会改变图形效果。

图 3.126　放大缩小图标效果会被破坏

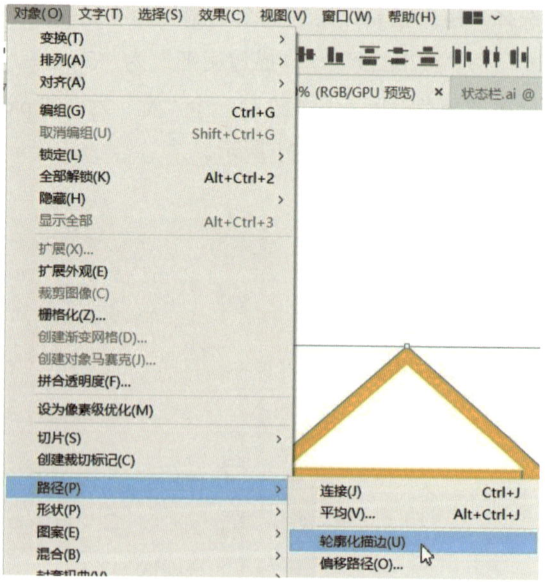

图 3.127　将图标进行轮廓化描边

另外一个“我的”图标也用同样的方法绘制，完成后的效果如图 3.128 所示。

选择“矩形工具”绘制一个“宽”为“750 px”，“高”为“90 px”的矩形，设置“填色”为“白色”，“圆角”为“10 px”，置于刚才整个页面的最下面，并将“首页”和“我的”两个图标居中置于矩形上，如图 3.129 所示。

图 3.128　“我的”图标效果

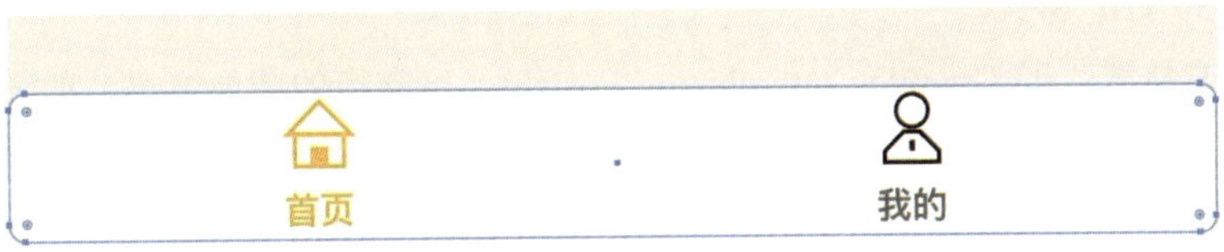

图 3.129　底部导航栏排版

3.3　任务 3　整个页面的排版与配图

3.3.1　任务导航

任务要点	● 掌握网页的图片常用格式及它们的优缺点； ● 理解JPG格式和GIF的区别，能够熟练选择图片输出的格式
任务活动	活动1　制作标题及背景； 活动2　编排图片
任务目标	完成整个页面的排版与配图

3.3.2　知识学习

配图是网页设计中比较烦琐的一项工作，需要前期搜集大量相关的产品图片内容，进行分门别类的整理。在整理图片的过程中还需要注意图片的大小，图片太大会导致加载速度较慢，影响用户观看和阅读，所以前期需要将过大的图片进行压缩处理。网页中的配图主要有静态图和小动画，静态图包含矢量图形和位图图形两大类，常用格式有 GIF、JPG、PNG，动画图一般使用 GIF、SVG 格式。

3.3.2.1　网页中常用的图片格式

（1）JPG 格式。

JPG 格式，文件后缀名为 .jpg 或 .jpeg，是网页配图常用的一种格式。这种格式采用了有损压缩的方式，去除了冗余的图像和彩色数据，它能够将图像的储存空间压缩得很小，用较小的储存空间得到较好的图像品质，非常适合在网页配图上使用。JPG 格式支持 1670 万种颜色，能够很好地还原图像的色彩，展现丰富生动的图像效果，所以像摄影作品这类图像基本是采用这一格式。当网页上需要使用全彩图像（如高清照片）时，选择 JPG 格式是最好不过的。除此之外，JPG 图像格式还支持渐进交错显示的模式，这种模式可以缓解因为网速慢导致加载卡顿的现象，当网速较慢时，它可以让图片由模糊到清晰慢慢下载，直至显示完整的图片。但是，这种格式不支持透明度和动画的修改功能。

（2）PNG 格式。

PNG 是 Portable Network Graphics（可移植网络图形）的英文缩写，它采用了无损压缩的方式，这样就不会像 JPG 格式那样以牺牲图像品质换取较小储存空间，它可以将图像储存空间压缩得很小，但是却不影响图像的显示品质。同时 PNG 格式还吸取了 JPG 格式和 GIF 格式的优点，储存形式丰富且兼有它们的色彩模式。PNG 格式在储存的时候还可以保留图像的原始图层、颜色、矢量和图层效果等内容，方便后期编辑。

（3）GIF 格式。

GIF 格式，即 Graphics Interchange Format（可交换的图像格式）的英文缩写，扩展名为 .gif。它最多可以支持 256 种颜色，在显示色彩较为丰富的摄影类图像时不如 JPG 格式清晰流畅，但是它的压缩能力却很强，在显示大面积单一颜色的图像，特别是矢量图形（如图标、Logo、按钮、矢量插画等内容）时，它可以使用比 JPG 格式小得多的储存空间进行储存，并且图片色彩没有差距。此外，GIF 格式还可以支持透明背景、动画和交错显示。

（4）SVG 格式。

Scalable Vector Graphics（可缩放的矢量图片），简称 SVG 格式。这种格式是基于 XML 由 W3C 联盟开发的，准确来说，它应该算是一种开放标准的矢量图形语言。通过这种语言，用户可以直接使用代码来描绘图形、编辑交互，并且这种格式在任何文字处理工具中都可以打开，也可以插入到 HTML 中使用浏览器查看。

（5）BMP 格式。

BMP 是 Bitmap 的英文缩写，它是网站中程序自动生成小图片的一种格式。网页中的登录注册页面弹出来的“验证码”便是这种格式。这种格式通常不会进行压缩，所以它会比同尺寸的压缩图像要大很多。因此这种格式不太适合在 Internet 和其他低速或者有容量限制的媒介上传输。

3.3.2.2 GIF格式和JPG格式的选择

GIF 格式和 JPG 格式是网页设计中最常用的图像格式。如果图片色彩单一、由色块或文字组成，较少渐变色，一般会采用 GIF 格式，这样可以减少过大的储存空间。当图片色彩丰富，过渡色较多时建议采用 JPG 格式。在此用两个例子进行介绍。

第一组图是几个矢量图标，他们的尺寸相同，保存成 GIF 格式要比 JPG 格式小很多，如图 3.130 所示，把图片放大会发现 JPG 格式会产生噪点，质量还不如 GIF 格式，如图 3.131、图 3.132 所示，这是因为这组矢量图标色彩非常单一，选择储存为 GIF 格式要比 JPG 格式好。

图 3.130　相同尺寸的 JPG 和 GIF 格式图像的储存空间不同

图 3.131　JPG 格式的图片

图 3.132　GIF 格式的图片

第二组图是一组摄影作品，左边是 JPG 格式，右边是 GIF 格式。从图片的属性可知，JPG 格式大小为 10.5 MB，GIF 格式大小为 6.79 MB，如图 3.133 所示。从清晰度上可以看出，JPG 格式要比 GIF 清晰很多，它很好地再现了摄影图像，而 GIF 格式自动把相似色彩改变成一种色彩，这也是上个例子中 GIF 格式不产生噪点的原因，如图 3.134 所示。

图 3.133　相同尺寸的 JPG 和 GIF 格式的图像

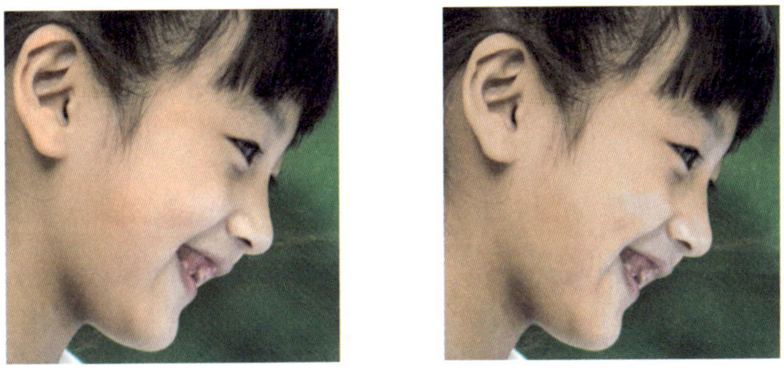

JPG 格式　　GIF 格式

图 3.134　JPG 和 GIF 格式图像的清晰度

在本案例中，涉及标签、按钮、图标等矢量图形时可以尽量转化为 GIF 格式，这样可以减小加载压力，其他的摄影图像可以储存为 JPG 格式，以保证良好的清晰度和色彩过渡效果。

3.3.3 任务实施

■ 活动 1 制作标题及背景

选择“矩形工具”绘制一个“宽”为“220 px”，“高”为“46 px”，“填色”为“#f7bd23”的矩形，如图 3.135 所示。

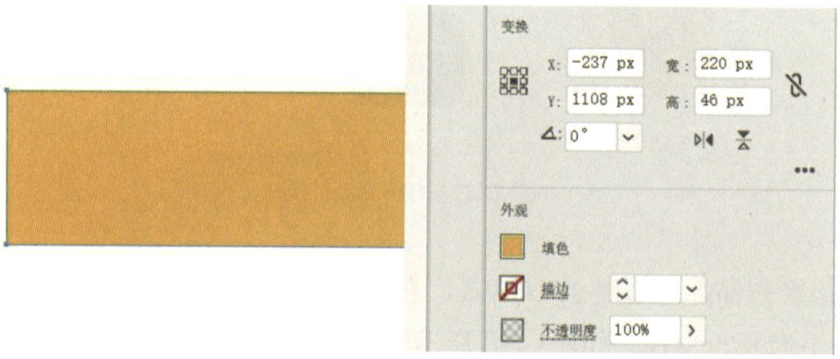

图 3.135 绘制矩形 18

选择“文字工具”输入文字“本周优质商户”，设置“字体”为“苹方粗体”，“字号”为“30”，“填色”为“白色”，将其置于矩形上，选中文字和按钮，在“属性”面板中的“对齐”选项下选择“垂直居中对齐”“水平居中对齐”按钮，效果如图 3.136 所示。

复制标题矩形框，执行“效果—模糊—高斯模糊”命令。在弹出的“高斯模糊”对话框中，设置“半径”为“20”，并将“不透明度”调整为“60%”。将这个投影置于标题下面，效果如图 3.137 所示，完成板块标题的制作。

图 3.136 输入文字

图 3.137 制作标题投影

■ 活动 2 编排图片

选择“椭圆工具”绘制一个“宽”为“140 px”，“高”为“140 px”的圆。然后将素材图片直接拖曳进来，单击“属性”面板的“嵌入”按钮，如图 3.138 所示。

调小图片，选中圆形放在图片上面，此时可通过鼠标右键选择“排列—置于顶层”，如图 3.139 所示，将圆形置于图片上层。

同时选中圆形和图片，单击鼠标右键选择“建立剪切蒙版”，如图 3.140 所示，将图片置于圆形中。

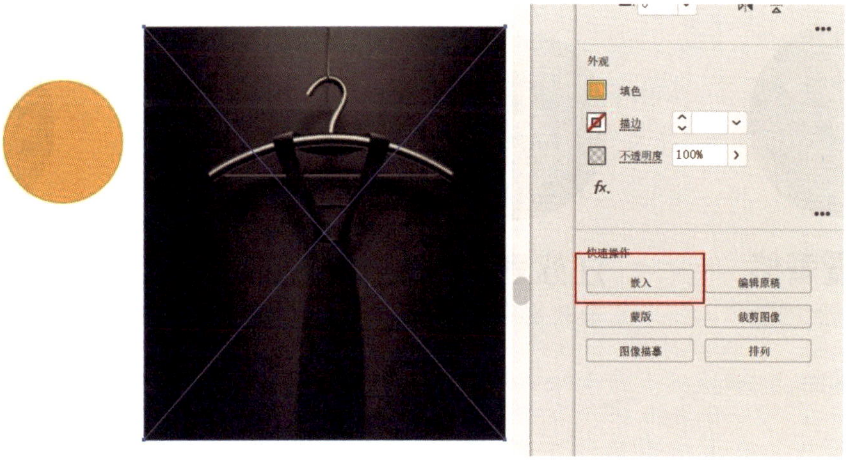

图 3.138　嵌入图片

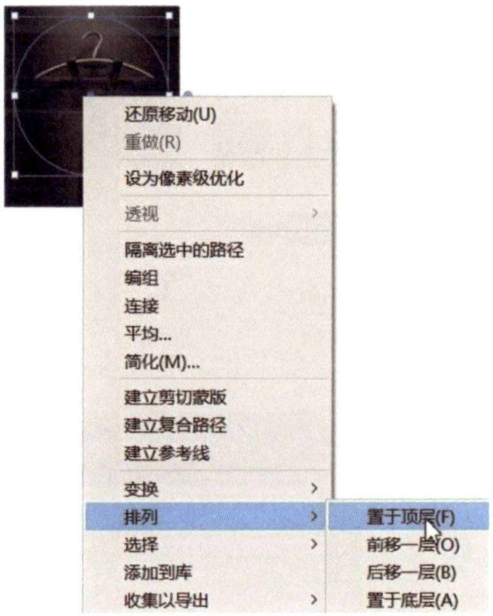

图 3.139　调整排列顺序

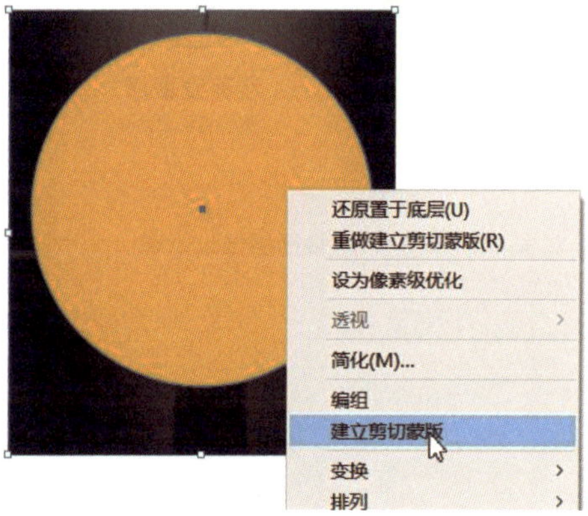

图 3.140　建立剪切蒙版

选择“文字工具”输入文字“江苏爱奢侈”，设置“字体”为“苹方粗体”，“字号”为“27”，“填色”为“#1b1b1b”。输入文字“参与竞价 23 笔”，设置“字体”为“苹方粗体”，“字号”为“21”，“填色”为“#9b988e”，选中文字和图片，在“属性”面板中的“对齐”选项下选择“垂直居中对齐”按钮，效果如图 3.141 所示。

使用同样的方法制作剩下的两个商户图像和文字，效果如图 3.142 所示。

然后将标题和这些图片进行排版，并在下层增加一个圆角矩形白色背景，效果如图 3.143 所示。

“竞价指南”板块与“本周优质商户”板块的制作方法一致，最终排版效果如图 3.144 所示。

最后进行整理和微调，完成整个界面制作，效果如图 3.145 所示。

图 3.141 设置文字效果

图 3.142 制作其他商户图像效果

图 3.143 “本周优质商户”板块最终排版效果

图 3.144 “竞价指南”板块最终排版效果

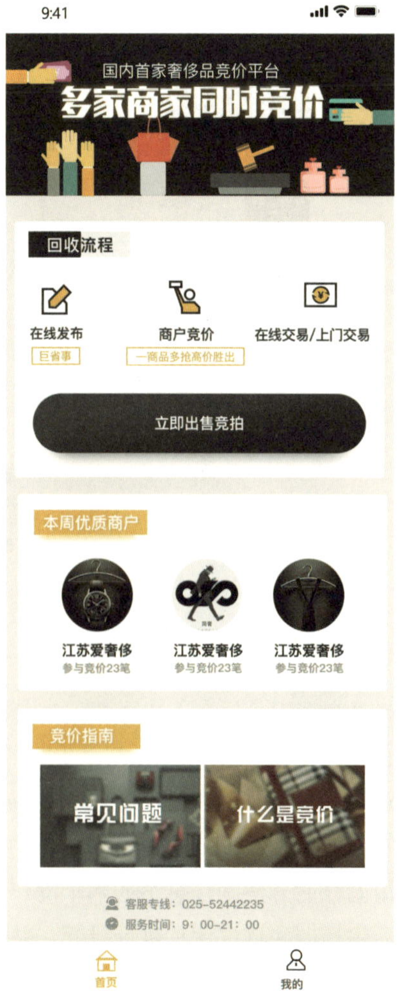

图 3.145 整个页面效果图

3.4 任务 4 切图和输出

3.4.1 任务导航

任务要点	● 了解切图的作用和原理； ● 掌握页面标注的内容； ● 掌握切图命名的规则； ● 能够使用软件进行具体元素的切图操作
任务活动	活动1　储存和导出界面设计图； 活动2　具体元素切图
任务目标	完成整个页面的切图与输出

3.4.2 知识学习

3.4.2.1 切图

设计稿完成之后，还需要进行切图输出，也就是将一张设计图上的各种小元素，按照需求切成一张张小图，便于后面完成 HTML + CSS 布局的静态页面布局图。目前使用较多的切图软件有 Adobe Photoshop、Adobe Dreamweaver、Adobe Illustrator、Sketch、Firework 等。

并不是所有的图片都需要切图的，文字、卡片背景、线条等内容是不需要切图的，原来的设计元素基础上添加设计参数即可完成，如某一段文字标题，只需要在标注中表明字体、字号、颜色等内容就可以，后期工程师可以通过代码直接实现这些效果。但是，有一些比较特殊的文字，涉及特殊字体、设计字体等，系统不好编辑，就需要将它们像图形一样切图输出了。

3.4.2.2 页面需标注的内容

页面标注就是指对页面上所有元素的属性逐一标注，无论元素是否需要切图，页面标注都需要仔细说明。

（1）文字：字体、大小、颜色。

（2）布局控件属性：控件的宽高、背景颜色、透明度、描边、圆角大小。

（3）列表：列表高宽、颜色、内容上下间距。

（4）间距：控件之间的距离、左右边距。

（5）段落文字：字体、大小、颜色、行距。

（6）全部属性：导航栏文字大小、颜色、左右边距、默认间距。

（7）横向布局：解释元素左右的内外间距和横向宽度。

（8）纵向布局：解释元素的上下间距和高度。

（9）视觉样式：字体、字号、行高、颜色、透明度、圆角等。

具体到页面的栏目需要标注的地方如下。

（1）标题栏：背景色、透明度，标题栏文字大小、颜色。

（2）Banner：所有撑满横屏的大图，不需要横向尺寸，把高度标出即可。

（3）菜单图标。

（4）模块间隔。

（5）内容显示区域的背景色。

3.4.2.3 切图命名规则

规范的网页切图命名虽然在前期命名时会感觉烦琐复杂，但是对后期团队的协作、程序的开发、设计师改图将会提供极大的便捷。对于设计师而言，规范的切图命名能够给文件的整理和修改提供很多方便，如果一个图片有修改的地方，可以沿用之前的命名直接储存，并且规范的命名也彰显着一个设计师的专业性；对团队而言，规范的命名可以减少工作交接时对项目的学习时间，能够让团队成员形成一种文件理解默契，促进团队成员之间的良好协作；对后期的程序开发而言，规范的切图命名会为开发带来许多便利，程序工程师只需按照设计师的切图进行文件命名，在后期如果有部分图形需要更换，无须改变切图名称，替换图片即可。

在切图命名的过程中，所有切图的名称均会采用小写的英文字母，并且命名中还不能有空格，一般的命名格式为：组件_类别_功能_状态_@png，或者模块_类别_功能_状态_@png。例如，tabbar_icon_home_defalt@png，意思是标签栏_图标_首页_默认@png。

2倍图和3倍图的命名格式规则也差不多，只需要在“@”后面备注几倍图就可以了。nav_icon_search_normal@2x.png，即导航栏_图标_搜索_默认@2x.png，在iPhone 4/4s/5/5s/6/6s/7中适用。nav_icon_search_normal@3x.png，即导航栏_图标_搜索_默认@3x.png，在iPhone 11/12/13中适用。

在命名的过程中也会出现同一个类型有多个元素的情况，这时可以用编号加以区别，例如有多个图标，可以命名为icon1、icon2、icon3等，这样就不会出现重复的命名了。

在命名的过程中很多英文字母比较长，书写也不方便，所以经常会采用缩写。一般在项目开始之前团队就会达成一致的缩写清单，便于后期开展工作，如表3.1所示。

表3.1 切图命名常用英文缩写列表

模块					
中文	**英文**	**中文**	**英文**	**中文**	**英文**
导航栏	nav	菜单栏	tab	背景	bg
左侧导航	leftbar	启动页面	default	工具栏	tool
主页面	home	列表	list	个人资料	profile
登录	login	注册	register	标题	title
类别					
中文	**英文**	**中文**	**英文**	**中文**	**英文**
标志	logo	图标	icon	按钮	btn
图片	img	默认图片	def	分隔图片	seg
菜单	menu	输入框	input	广告	ad
提示信息	msg	评论	comment	弹出	pop
功能					
中文	**英文**	**中文**	**英文**	**中文**	**英文**
搜索	search	收藏	collect	时间	time
音频	audio	视频	video	用户	user
排名	ranked	关闭	close	返回	back

续表

功能					
中文	英文	中文	英文	中文	英文
编辑	edit	删除	del	链接	link
下载	download	注释	note	刷新	refresh
取消	cancel	设置	set	—	—
状态					
中文	英文	中文	英文	中文	英文
选中	selected	不可点击	disabled	默认	normal
按下	pressed	突出显示	highlighted	—	—

3.4.3　任务实施

活动 1　储存和导出界面设计图

打开刚才绘制的界面源文件，在菜单栏中执行“文件—存储为”命令，弹出“存储为”对话框，如图3.146、图3.147所示，选择存储位置，设置文件名，保存类型为Adobe Illustrator，即可在电脑存储位置中查看AI源文件。

执行“文件—导出—存储为Web所用格式”命令，弹出“存储为Web所用格式”对话框，如图3.148、图3.149所示，选择存储格式为PNG，点击“存储”按钮，弹出“将优化结果存储为”对话框，选择存储位置，设置文件名，如图3.150所示，即可存储界面的PNG设计图。

图3.146　执行“存储为”命令

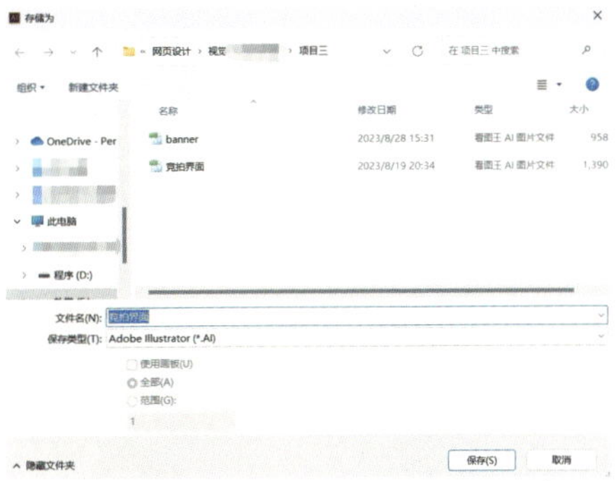

图3.147　“存储为”对话框

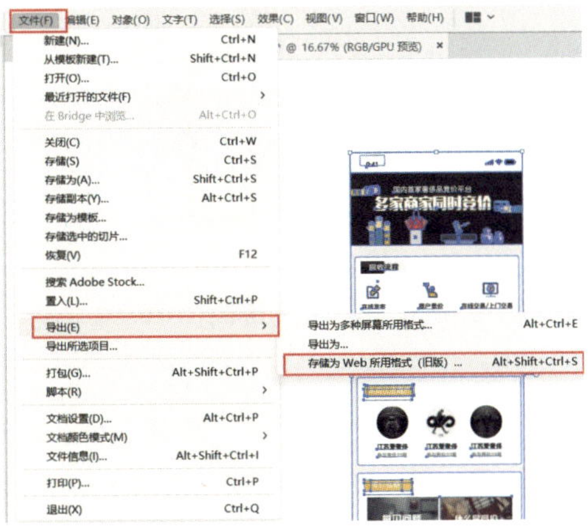

图3.148　执行“存储为Web所用格式”命令

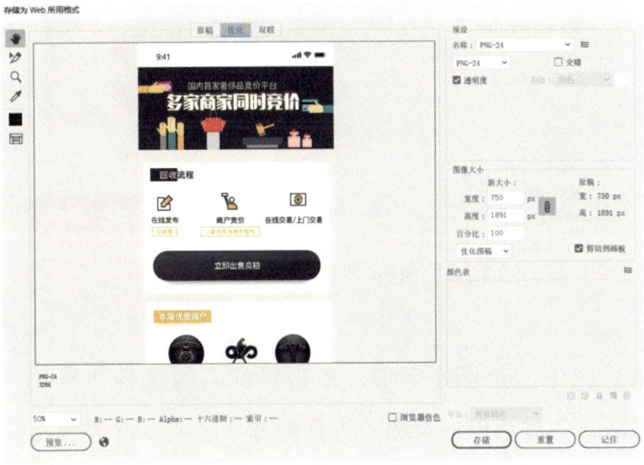

图3.149　“存储为Web所用格式”对话框

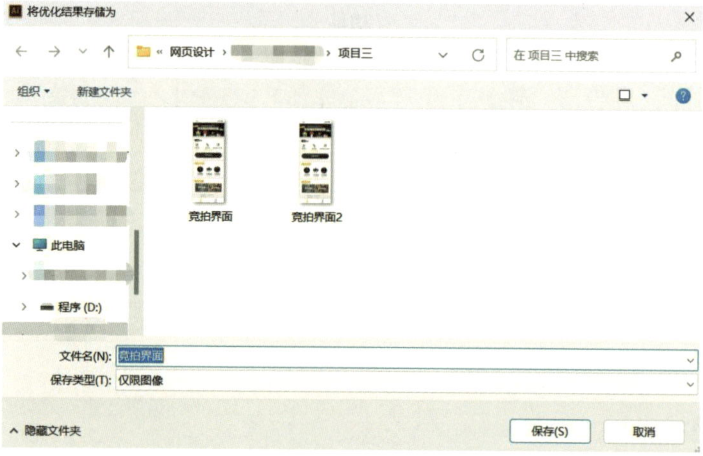

图 3.150 “将优化结果存储为”对话框

■ 活动 2 具体元素切图

界面的元素比较多，这里我们以底部导航栏的首页图标为例进行切图，其他界面元素均可采用同样的方法进行切图。

按 Ctrl ＋＋组合键放大界面图片，按住空格键不动调出“抓手工具”，移动界面至“首页”图标处。执行“对象—切片—从所选对象创建”命令，会发现这个图标的四周创建了精准的切图尺寸，如图 3.151、图 3.152 所示。

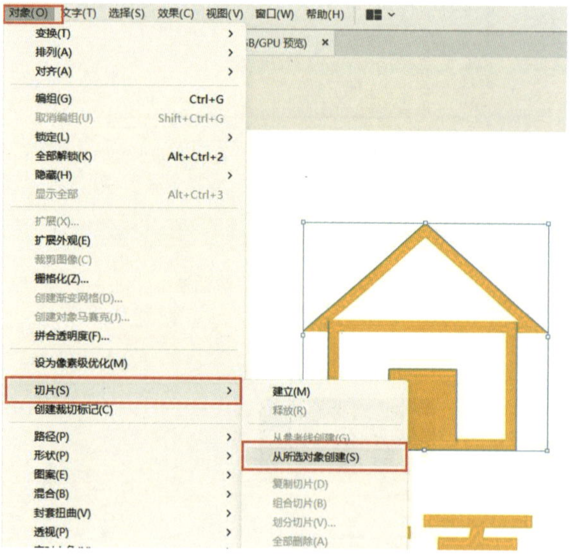

图 3.151 执行“从所选对象创建”命令

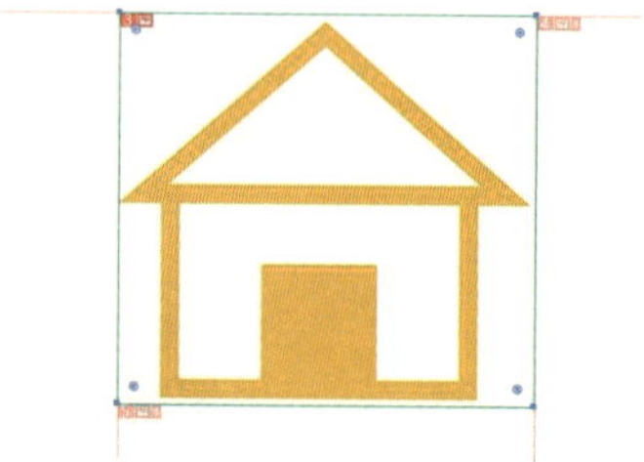

图 3.152 图标四周精准的切图尺寸

然后选中这个图标图形，单击鼠标右键选择“导出所选项目”，如图 3.153 所示，弹出“导出为多种屏幕所用格式”对话框，勾选“所有资源”选项，设置导出文件夹的位置，在“格式”选项下勾选 3 个倍率的图，即可输出 3 种倍率的图（如果只需要某一种，根据需要选择即可），在“前缀”后的框输入切图命名“tabbar_ icon_home_defalt”，如图 3.154 所示。点击“导出资源”按钮，即可在电脑指定文件夹中生成 3 种倍率的图标切图，如图 3.155 所示。

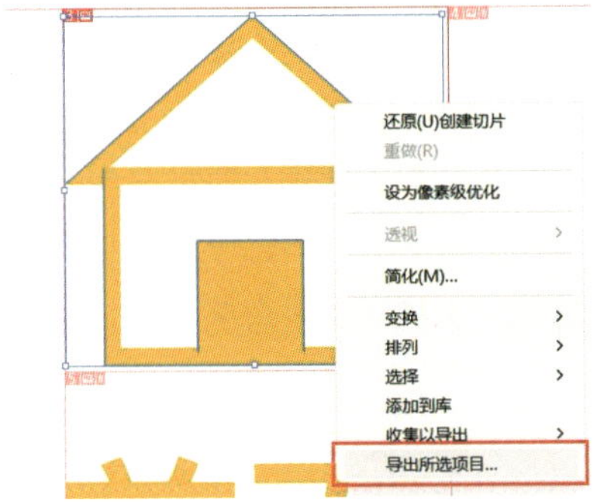

图 3.153　选择“导出所选项目”

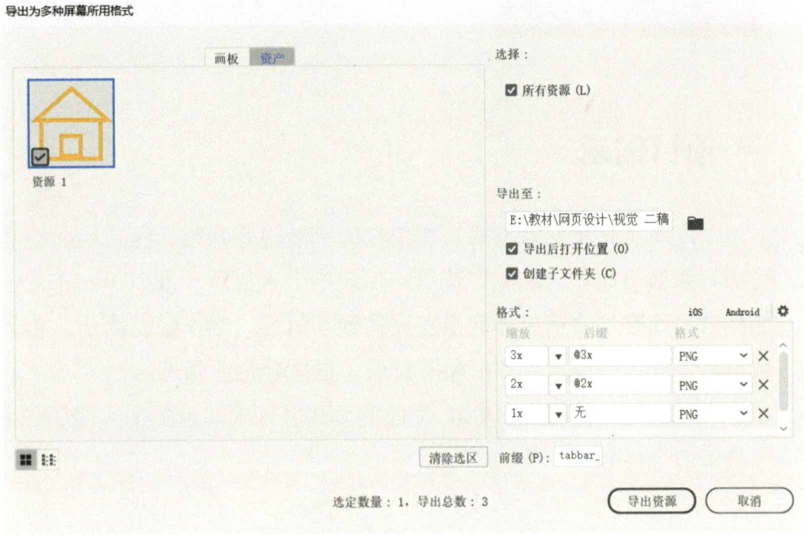

图 3.154　“导出为多种屏幕所用格式”对话框

图 3.155　导出 3 种倍率的图标切图

项目4 个人简历网站制作（HTML基础）

项目需求

个人简历是求职者发给招聘单位的一份简要介绍。包含自己的基本信息、自我评价、学习经历、工作经历、荣誉与成就、求职愿望等。传统的个人简历一般以 Word 文档的方式呈现，以简洁且突出重点为最佳标准；而在如今信息化高度发展的数字时代，制作网站简历，相较于传统简历来说，具有信息量大、内容丰富、展示效果更生动形象等特点，更适合企业筛选。

本项目网站需要用 HTML 页面的方式展现求职者的个人简历，主要包括：首页、关于自己、自荐书、作品集四个栏目。

项目目标

学会用 HBuilder 网页编辑软件创建项目和页面，并能用 HTML 代码编写页面文字、段落、表格、图像、表单、超链接等内容。个人简历网站最终页面效果如图 4.1 所示。整个页面及部分图像都是自适应宽度的。

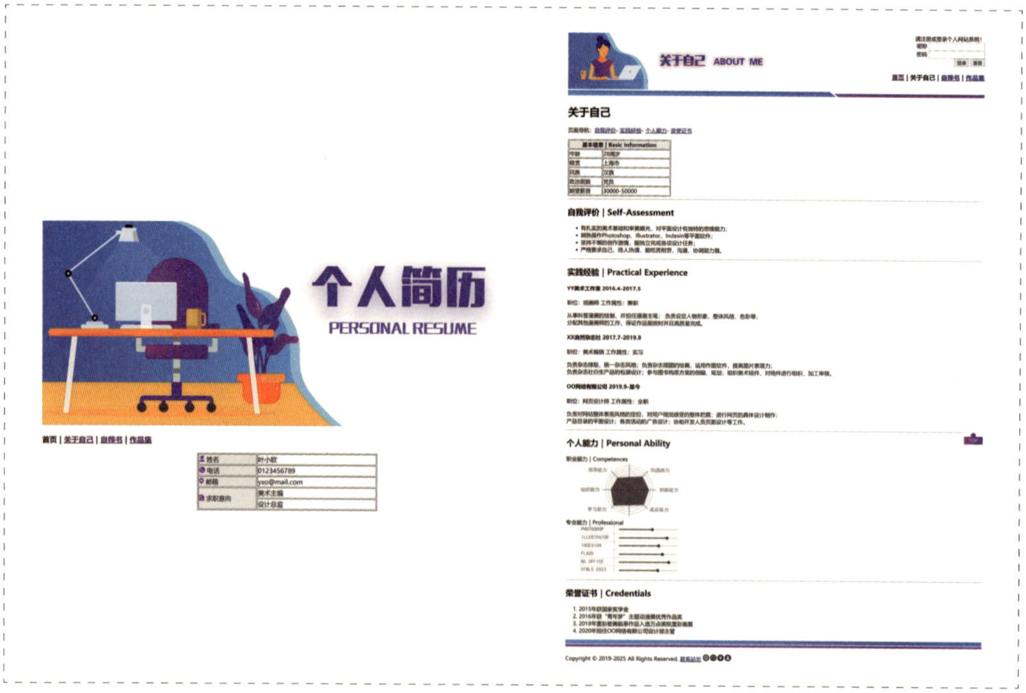

图 4.1　页面效果图

项目分析

（1）页面结构。

对于个人简历网站，需要做到页面简洁、格式统一、条理清晰和布局合理。如图 4.2 所示，可以为网站设定几个栏目，本项目以制作首页和关于自己栏目为例进行介绍。

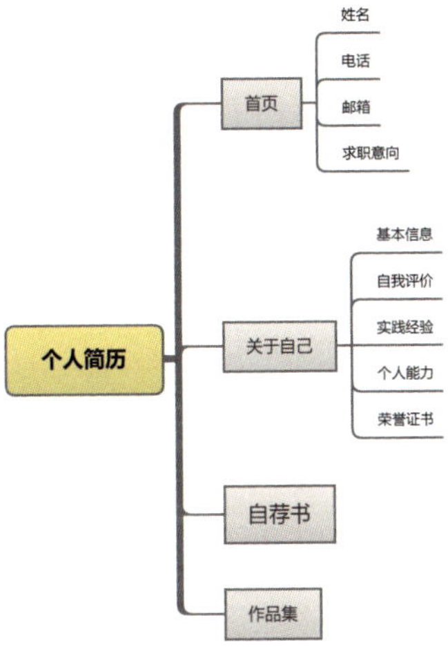

图 4.2 个人简历页面结构

（2）页面布局。

为了让页面阅读更流畅，浏览层次分明，采用条形图像分隔的方式划分出上中下区域，其中内容区的不同栏目用水平线划分（图 4.3）。

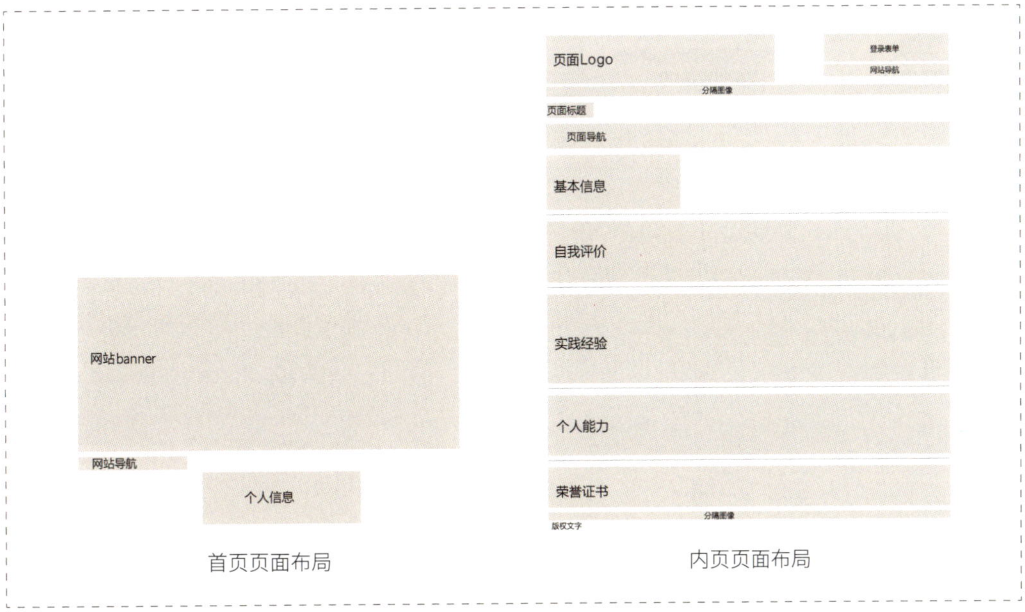

图 4.3 页面布局草图

（3）色彩搭配。

个人简历选用了代表个性、能量和冷静色彩语义的蓝紫色系作为主色调，这样的色彩语义正好与职场人士的特点不谋而合，同时为了增加页面色彩的丰富性，还增加了小面积的黄色系色彩作为点缀，使得整个页面和谐统一，色彩富有变化。

（4）制作素材。

制作个人简历网站，需要先收集或制作相关的文字内容以及页面元素的图像素材（图 4.4），再进行版面的设计制作。

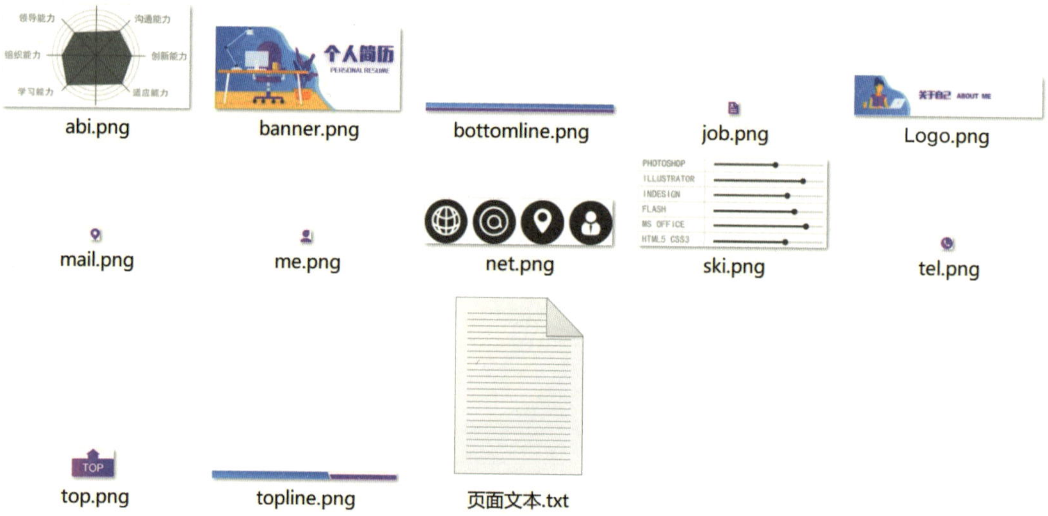

图 4.4　网站素材

4.1 任务1 新建项目和页面

4.1.1 任务导航

任务要点	● 学会用HBuilder创建项目； ● 理解HTML标签及元素； ● 掌握HTML页面的基本结构； ● 掌握HMTL文件路径
任务活动	活动1 新建项目“resume”； 活动2 新建内页“about.html”
任务目标	创建“个人简历”项目“resume”（包含index.html和css、js、img目录），并新建内页“about.html”

4.1.2 知识学习

4.1.2.1 HTML简介

HTML 指的是超文本标记语言（Hyper Text Markup Language），它是用标记标签来描述网页的。事实上，每一个 HTML 文档都是一种静态的纯文本网页文件（文件扩展名为 .htm 或 .html），这个文件里面包含了 HTML 指令代码，这些指令代码并不是一种程序语言，只是通过标记式的指令（Tag），将声音、图像、文字、动画、影视等内容显示出来。

我们可以使用 HTML 来建立自己的 Web 站点，Web 浏览器的作用是读取 HTML 文档，并以网页的形式显示出它们。浏览器不会显示 HTML 标签（也称为 HTML 标记或 HTML 元素），而是使用标签来解释页面的内容，如图 4.5 所示。

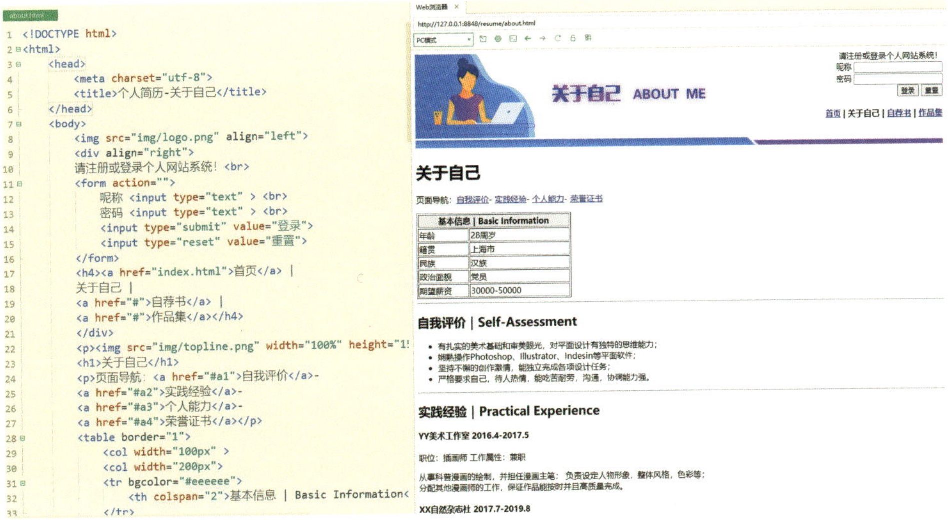

图 4.5 网页内容在浏览器中的显示效果

4.1.2.2 HTML标签及元素

在 HTML 页面中，标签就是放在“< >”符号中表示某个功能的编码命令。

（1）标签类别。

通常将 HTML 标签分为两大类，分别是双标签与单标签。

① 双标签。

双标签是指由开始和结束两个标签符号组成的标签。

语法：< 标签名 > 内容 </ 标签名 >

其中“< 标签名 >”表示标签作用开始，一般称为“开始标签”；“</ 标签名 >”表示标签作用结束，一般称为“结束标签”。

例如：<h1> 关于自己 </h1> 为双标签，即文本“关于自己”被设为标题 1 的格式。

② 单标签。

单标签也被称为空标签，是指用一个标签符号即可完整地描述某个功能的标签。

语法：< 标签名 />

例如：
 为单标签，作用是实现换行（
 在所有浏览器中都是有效的）。

在 XHTML、XML 以及未来版本的 HTML 中，所有元素都必须被关闭。在开始标签中添加斜杠，使用
 其实是更长远的保障。

（2）注释标签。

注释标签是指当需要在HTML文档中添加一些便于阅读和理解，但又不需要显示在页面中的注释文字时，就需要使用注释标签。

语法：<!-- 注释内容 -->

注释内容不会显示在浏览器窗口中，但是会作为 HTML 文档的一部分，被下载到用户的计算机上，用户通过浏览器查看源代码时才能看到注释标签。

（3）标签的属性。

使用 HTML 制作网页时，如果想让 HTML 标签提供更多的信息，可以使用 HTML 标签的属性来实现。例如，设置图像大小、段落对齐方式、文本格式等。

语法：< 标签名 属性 1=" 属性 1" 属性 2=" 属性 2"…> 内容 </ 标签名 >

一个标签可以拥有多个属性，必须写在开始标签中，位于标签名的后面。属性之间不分先后顺序，标签名与属性、属性与属性之间均以空格隔开。任何标签属性都有默认值，省略该属性则为默认值。

例如：<table width="100%" border="0" >…</table> 就是定义表格的宽度为 100%，边框为 0 的属性。

（4）HTML 元素。

“HTML 标签”和“HTML 元素”通常都是描述同样的意思，但严格来讲，一个 HTML 元素包含了开始标签与结束标签，结构如表 4.1 所示。

表 4.1 HTML 元素内容

开始标签	元素内容	结束标签
<p>	这里是元素内容	</p>

4.1.2.3　HTML页面的基本结构

一个 HTML 页面的基本结构，如图 4.6 所示，它主要包括 <!DOCTYPE> 文档类型声明、<html> 基本结构标签、<head> 头部标签和 <body> 主体内容标签。

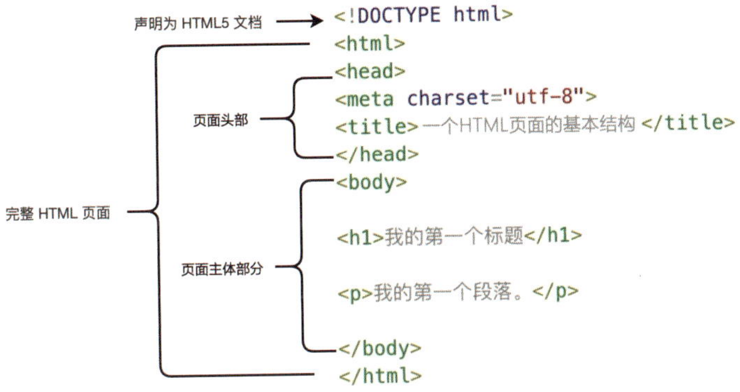

图 4.6　HTML 页面的基本结构

（1）文档类型声明 <!DOCTYPE>。

<!DOCTYPE> 声明必须是 HTML 文档的第一行，它是指示 Web 浏览器解析页面使用哪个 HTML 版本进行编写的指令。

<!DOCTYPE html> 的作用是让浏览器默认使用最新版本的 HTML5 进行页面解析。

（2）基本结构标签 <html>…</html>。

html 是一切标签的父标签，它是一切内容的开始，所有的 html 代码都在其中。

（3）页面头部标签 <head>…</head>。

head 标签用于定义 HTML 文档的头部，它是用来封装所有头部标签的容器。任何在页面具体内容进行展示之前需要运行的代码都放在 head 标签下。

这些头部标签可以引导脚本、指示浏览器在哪里找到样式表、提供元信息等。其中包括：

• meta 标签：用于定义页面的元信息，可重复出现在 <head> 头部标签中，它是一个单标签。<meta/> 标签本身不包含任何内容，而是通过使用 name/content 等属性定义页面的相关参数，如为搜索引擎提供网页的搜索关键字、作者姓名、内容描述等，还能定义网页的刷新时间等。

例如：<meta charset="utf-8"> 是告知浏览器此页面代码采用 utf-8 这种国际化字符集编码格式。

<meta http-equiv="refresh" content="10"; url="http://www.baidu.com"/> 是告知浏览器在 10 秒钟后跳转到目标页面（百度）网站。

• title 标签：用于定义 HTML 页面的标题，即给网页取一个名字，使其显示在浏览器的标题栏中。

语法：<title> 网页标题名称 </title>

例如：<title> 个人简历 </title> 表示此页面标题为“个人简历”。

• style 标签：用于为 HTML 文档定义内嵌的 CSS 样式信息。

语法：<style 属性 =" 属性值 "> 样式内容 </script>

例如：<style type="text/css">p { color:blue; } </style> 表示给该文档内容添加了段落文字颜色为蓝色的样式。

• script 标签：用于定义客户端脚本，它既可以包含脚本语句，也可以通过 src 属性指向外部的脚本文件。

例如：<script language="javascript" src="menu.js"></script> 表示链接了外部脚本文件 menu.js。

<script type="text/javascript"> document.write("Hello World!")；</script> 表示使页面输出“Hello world!”的 JavaScript 脚本。

• link 标签：用于定义文档与外部资源的关系，最常见的用途是链接外部样式表。

语法：<link 属性 =" 属性值 "/>

例如：<link rel="stylesheet" type="text/css" href="style.css"/> 表示链接外部样式表文件 style.css。

（4）页面主体内容标签 <body>…</body>。

body 标签用于定义 HTML 文档所要显示的内容，也称为主体标签。浏览器中显示的所有文本、图像、表单和多媒体元素等信息都必须位于 <body> 标签内。

4.1.2.4 HTML文件路径

文件路径描述了网站文件夹结构中某个文件的位置。文件路径会在链接外部文件时被用到，如链接网页、图像、样式表或 JavaScript。

（1）绝对文件路径。

绝对文件路径是完整描述文件位置的路径，在网络中是指向一个因特网文件的完整 URL。

例如：<img src="https://www.OOWeb.com/img/logo.png"> 此处显示的图像地址是 OOWeb 站点中 img 目录内的 logo.png 文件。

（2）相对路径。

相对路径指向了相对于当前页面的文件。如表 4.2 所示为各种情况下相对路径的描述。

表 4.2　HTML 中相对路径的描述

路径	描述
<img src="logo.jpg">	logo.png位于与当前网页相同的文件夹
<img src="img/logo.png">	logo.png位于当前文件夹的img文件夹中
<img src="/img/logo.png">	logo.png位于当前站点根目录的img文件夹中
<img src="../logo.png">	logo.png位于当前文件夹的上一级文件夹中
<img src="../../logo.png">	logo.png位于当前文件夹的上上级文件夹中

4.1.3 任务实施

■ 活动 1　新建项目“resume”

（1）启动 HBuilder 软件，单击启动界面上的“新建项目”按钮，或选择“文件—新建—1. 项目”命令，创建新项目，如图 4.7 所示。

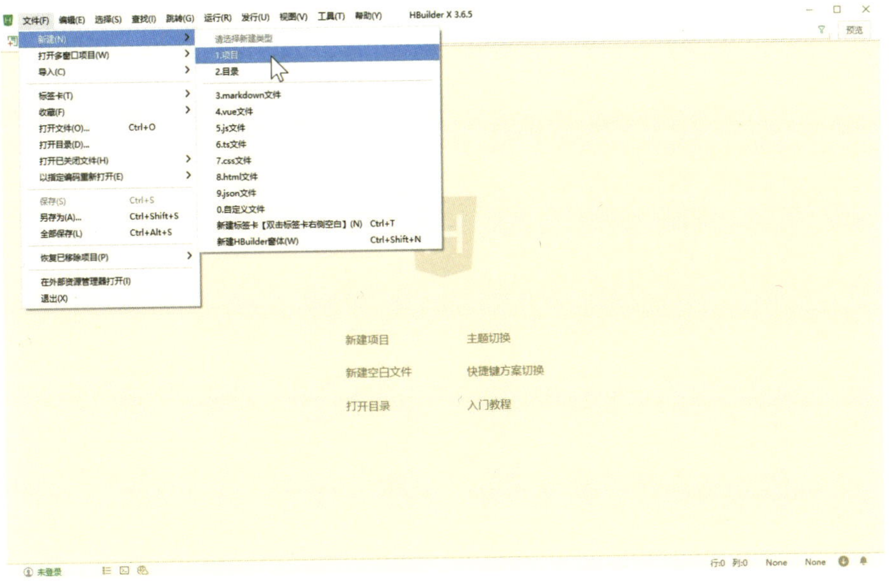

图 4.7　新建项目

（2）此时会弹出“新建项目”对话框，选择“普通项目”选项；项目名称为“resume”；单击“浏览”按钮，选择项目存放的路径，如“D:/”目录；勾选“基本 HTML 项目（包含 index.html 和 css、js、img 目录）”模板，单击“创建”按钮，如图 4.8 所示。

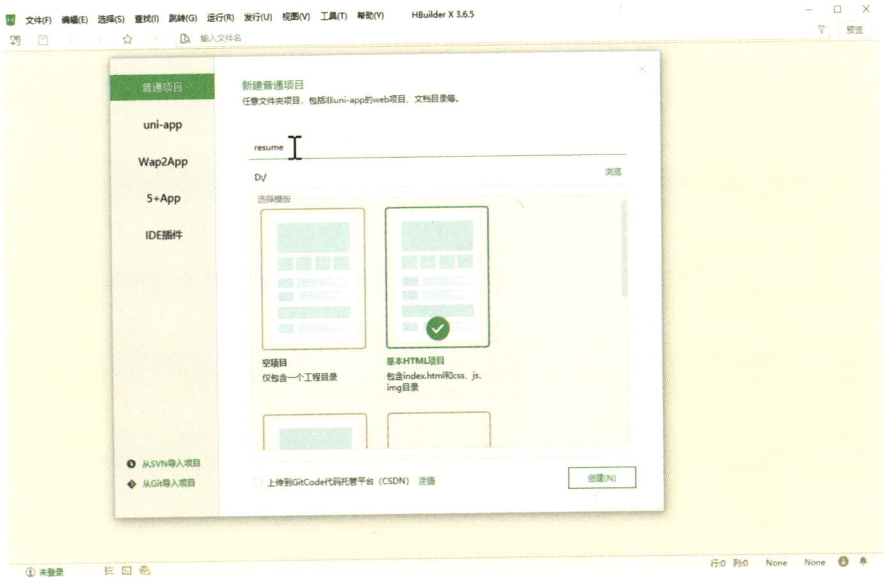

图 4.8　创建“resume”项目

（3）返回 HBuilder 的主界面，单击右下角“项目 [resume] 创建成功”提示对话框的“确定”按钮，创建好的项目目录会显示在软件的左侧，如图 4.9 所示。

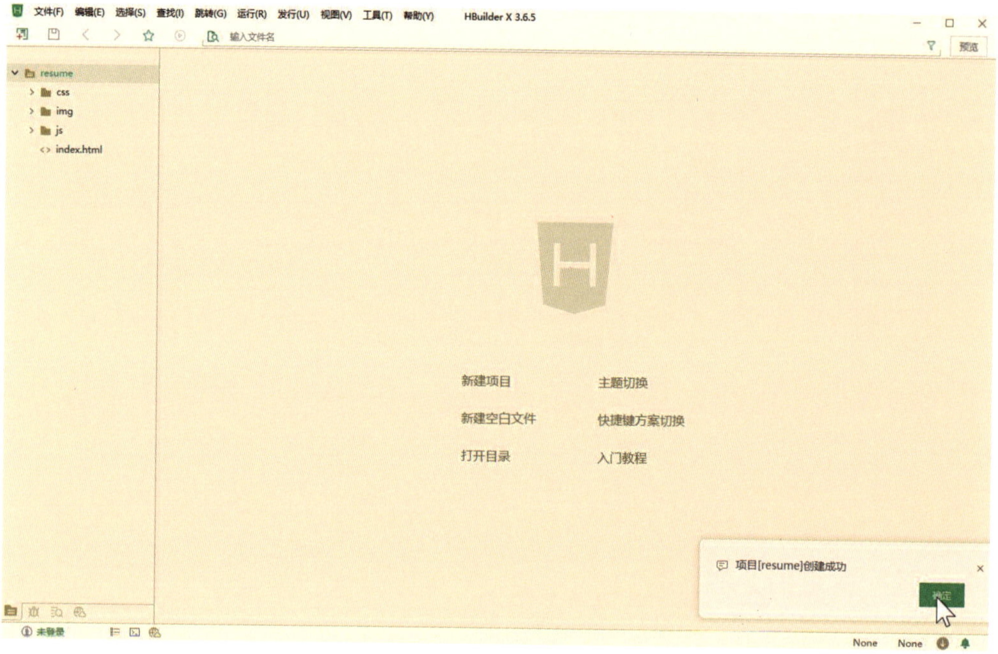

图 4.9　项目创建成功

■ 活动 2　新建内页“about. html”

（1）拷贝案例素材“图像”目录下的全部图像文件，粘贴到项目“resume”的“img”目录下。然后在 HBuilder 左侧视图“resume”目录上单击鼠标右键，选择“新建—8.html 文件”命令，如图 4.10 所示。

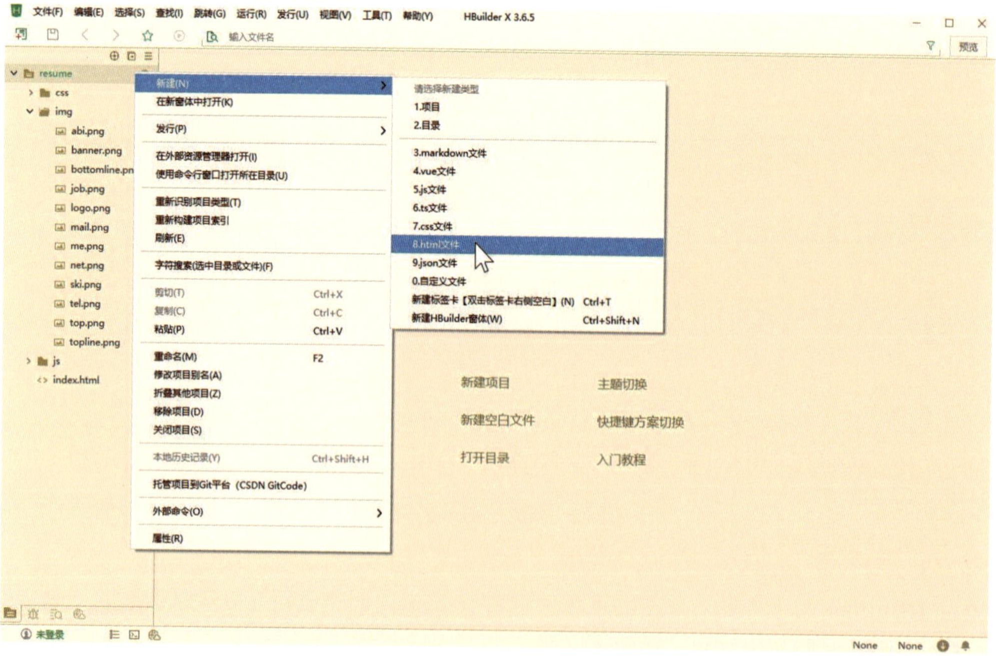

图 4.10　新建 HTML 页面

（2）在弹出的“新建 html 文件”对话框中修改文件名为内页“about.html”，默认项目目录路径和 default 模板，单击“创建”按钮，创建一个新的页面“about.html”，如图 4.11 所示。

图 4.11　新建“about.html”页面

（3）此时新页面“about.html”自动在 HBuilder 中打开并显示 HTML 网页基本结构代码，如图 4.12 所示，它包含了很多标签和属性。在其中的 <title> 和 </title> 标签之间添加网页标题“个人简历 - 关于自己”，单击软件工具栏的“保存”按钮或按快捷键 Ctrl ＋ S 保存文档。

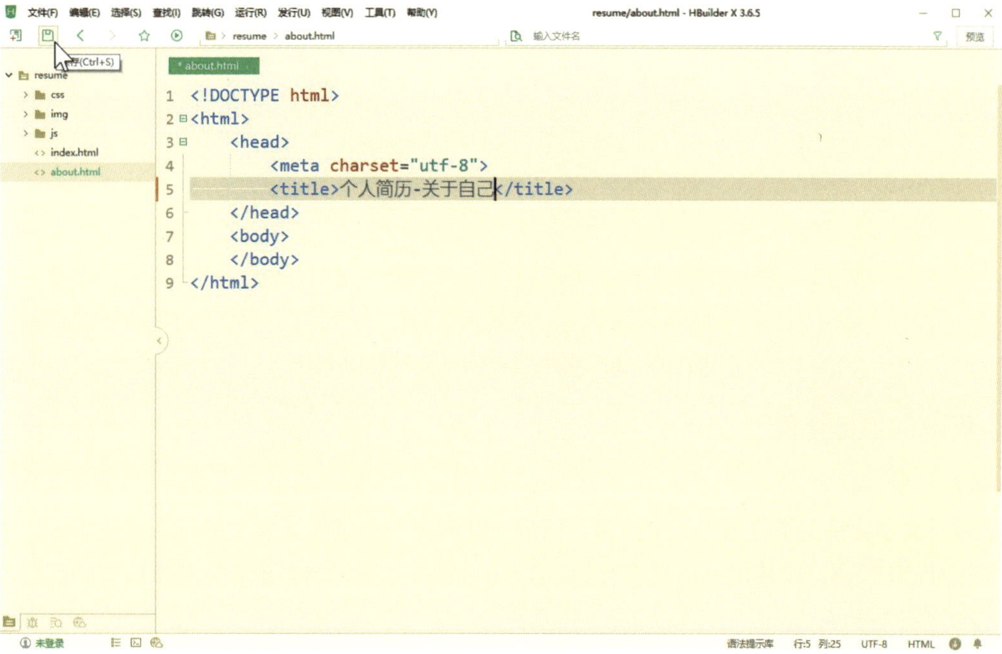

图 4.12　“about.html”页面基本结构代码

4.2 任务 2 添加文本

4.2.1 任务导航

任务要点	• 掌握HTML的文字相关元素：标题h1～h6；分段p和换行br；水平线hr；列表ul/ol/dl
任务活动	活动1　添加页面内容； 活动2　设置文本标题； 活动3　为文本设置分段和换行； 活动4　添加水平线； 活动5　制作列表
任务目标	添加内页about.html的页面文字

4.2.2 知识学习

一篇结构清晰的文章通常都有标题和段落，HTML 网页也不例外。为了使网页中的文本有条理地显示出来，HTML 提供了一系列包括文本标题、段落、换行、水平线等的相关标签。

4.2.2.1 标题元素

为了使网页结构更具有语义化，页面内会使用标题元素加以标记，HTML 是通过 <h1>~<h6> 标签进行定义的，默认情况下标题文本是加粗左对齐的，<h1> 定义最大的标题，<h6> 定义最小的标题。

语法：<hn> 标题内容 </hn>

其中 n 的取值为 1 ～ 6，浏览器会自动在标题的前后添加空行。如图 4.13 所示为不同级别的标题元素代码在浏览器中的显示效果。

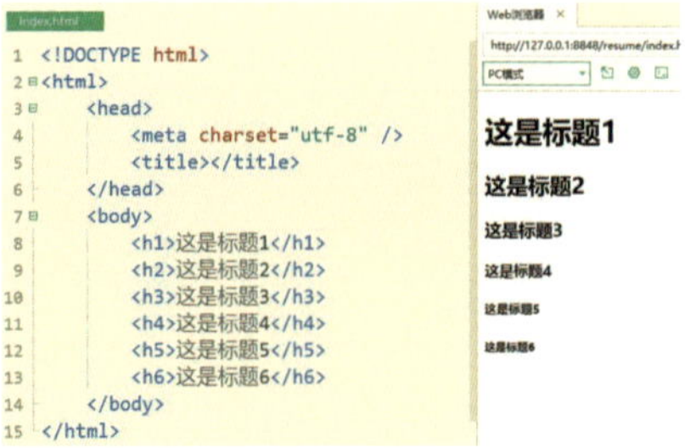

图 4.13　标题元素代码在浏览器中的显示效果

4.2.2.2 段落和换行元素

（1）段落元素。

我们平时写文章会将文章分为若干个段落，同理，在网页中为了使页面文字有条理地显示，也可以将页面上的文字分为若干段落。段落由 <p> 标签开始，由 </p> 标签结束。浏览器会自动在段落的前后添加空行。

语法：<p> 段落内容 </p>

（2）换行元素。

在 HTML 中一个段落的文字会从左到右依次排列，直到浏览器窗口的右端，然后自动换行。由于在显示页面时，浏览器会移除源代码中多余的空格和空行，所以在 HTML 代码中的所有连续的空格或空行（换行）都会被显示为一个空格。如果希望在不产生一个新段落的情况下进行换行（新行），就需要使用
（或
）标签，
 元素是一个空的 HTML 元素，它没有结束标签。

4.2.2.3　水平线元素

<hr> 标签定义 HTML 页面中的主题变化，用于分隔内容，显示为一条水平线。<hr>（或 <hr />）是一个空元素，没有结束标签。

4.2.2.4　列表元素

HTML 支持无序、有序和自定义列表。这些列表项内部均可以使用段落、换行符、图像、链接以及其他列表等。

（1）无序列表：无序列表是一个项目列表，此列项目使用粗体圆点（典型的小黑圆圈）进行标记。

```
语法：
<ul>
    <li> 第 1 项 </li>
    <li> 第 n 项 </li>
</ul>
```

如图 4.14 所示，无序列表始于 <ul> 标签，每个列表项始于 <li> 标签。

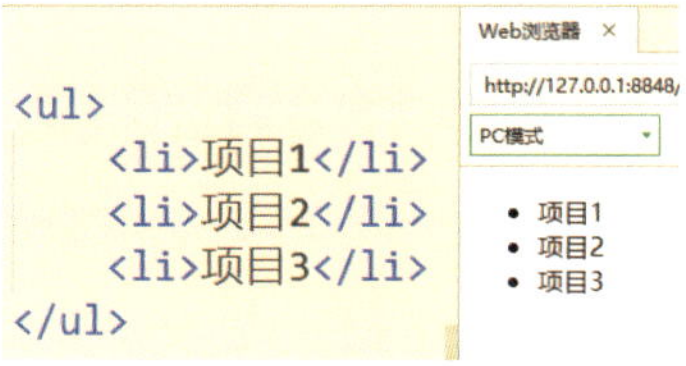

图 4.14　无序列表

（2）有序列表：有序列表也是一个项目列表，列表项目使用数字进行标记。

```
语法：
<ol>
    <li> 第 1 项 </li>
    <li> 第 n 项 </li>
</ol>
```

如图 4.15 所示，有序列表始于 <ol> 标签，每个列表项始于 <li> 标签。

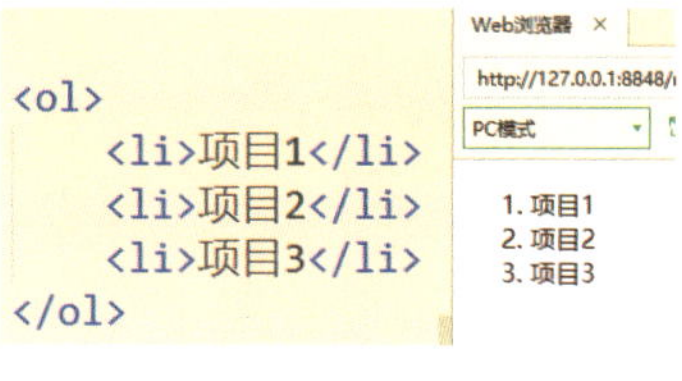

图 4.15　有序列表

（3）自定义列表：自定义列表不仅仅是一个项目列表，而是项目及其注释的组合。

语法：

<dl>

<dt> 第 1 项 </dt><dd> 注释 1</dd>

……

<dt> 第 n 项 </dt><dd> 注释 n</dd>

</dl>

如图 4.16 所示，自定义列表以 <dl> 标签开始，每个自定义列表项以 <dt> 开始，每个自定义列表项的定义以 <dd> 结束。

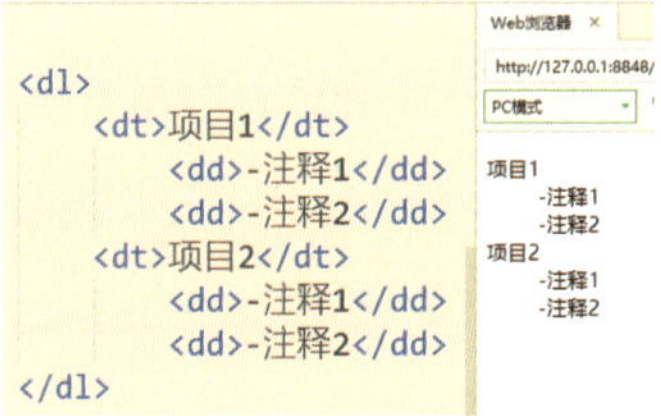

图 4.16　自定义列表

4.2.3　任务实施

活动 1　添加页面内容

（1）打开素材目录下的“页面文本 .txt”文档，复制相关文字，然后粘贴到“about.html”代码中的 <body> 标签和 </body> 标签之间，如图 4.17 所示。

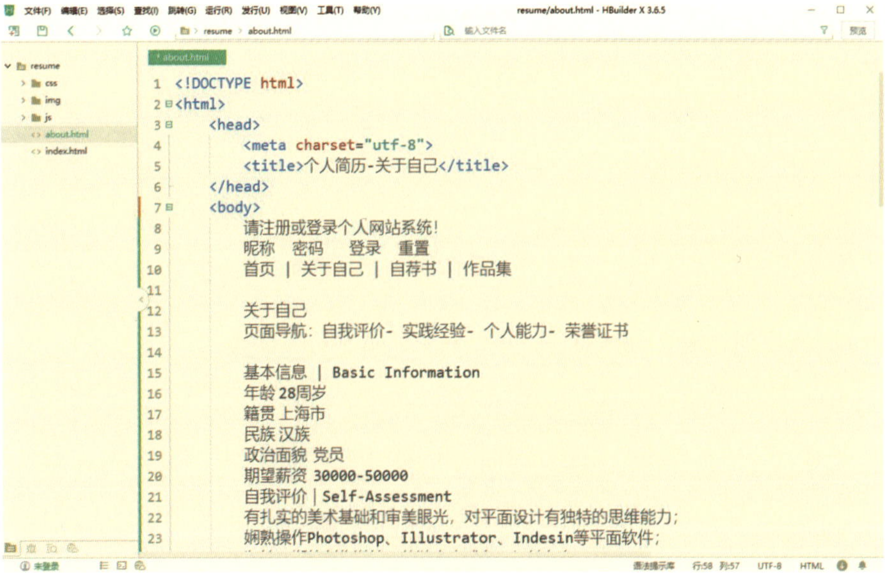

图 4.17　粘贴页面文字内容

（2）保存文档，单击 HBuilder 软件工具栏的“浏览器运行（Ctrl ＋ R）”按钮，选择下拉菜单中合适的浏览器选项，预览页面。如图 4.18 所示，此时浏览器窗口中的页面仅显示文字而无排版。

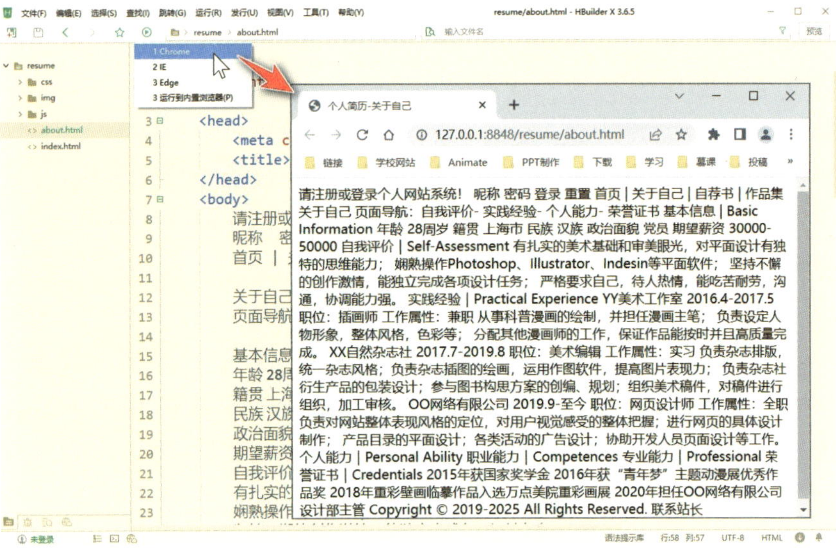

图 4.18　在浏览器中预览页面

■ 活动 2　设置文本标题

（1）“about.html”页面标题文字的最终效果如图 4.19 所示，观察并为此页面设置标题元素。

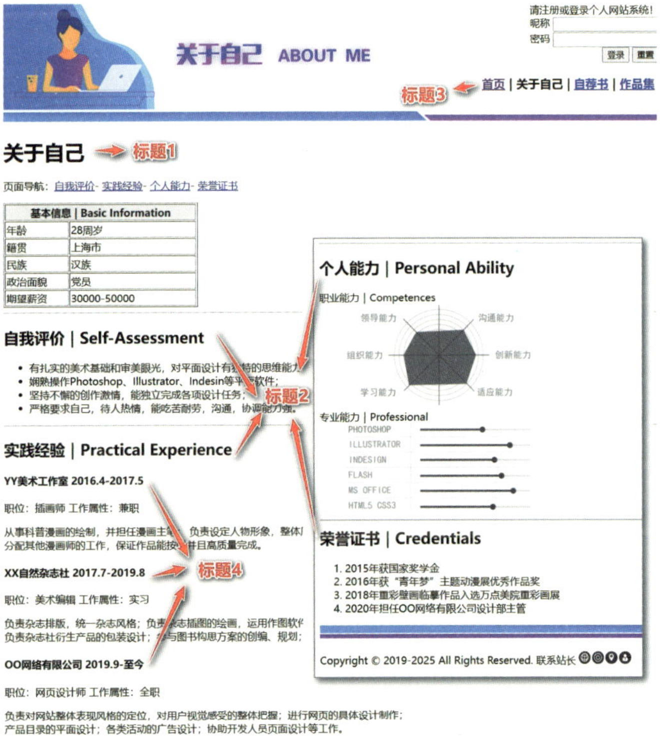

图 4.19　页面标题文字的最终效果

（2）关闭浏览器窗口，返回“about.html”代码窗口。在“关于自己”之前输入“h”，如图 4.20 所示，这时系统会自动出现代码提示的快捷菜单。此时可以按照菜单下方提示按 Alt ＋数字键入对应的项目操作，也可以直接输入“h1”按 Enter 键或者按 Tab 键，均能自动出现标题 1 元素的起始和结束标签“<h1></h1>”。

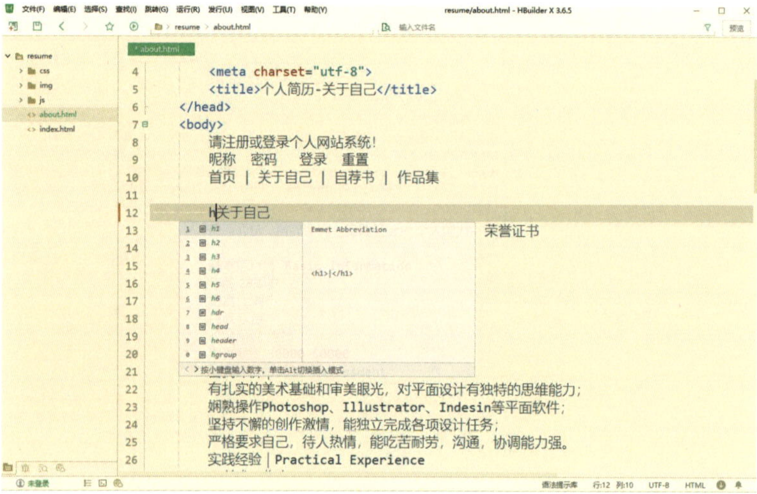

图 4.20　输入标题代码 1

（3）将“关于自己”文字放入起始标签 <h1> 和结束标签 </h1> 之间，保存并单击“浏览器运行”按钮中的“运行到内部浏览器”命令预览页面效果，如图 4.21 所示，可以看到此时“关于自己”文字已变为标题 1 的格式。

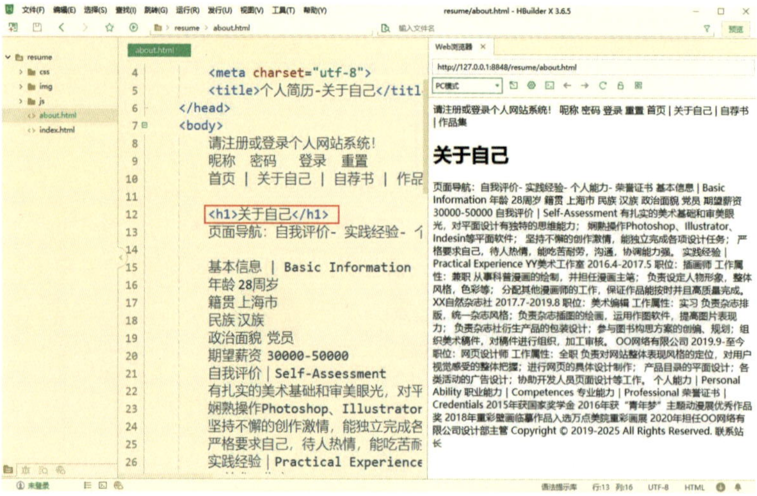

图 4.21　预览页面标题 1 效果

（4）用同样的方法给本页面所有需要调整为标题 2 的文字前后添加标签 <h2> 和 </h2>，标题 3 的文字前后添加标签 <h3> 和 </h3>，标题 4 的文字前后添加标签 <h4> 和 </h4>，如图 4.22 所示，保存并预览页面效果。

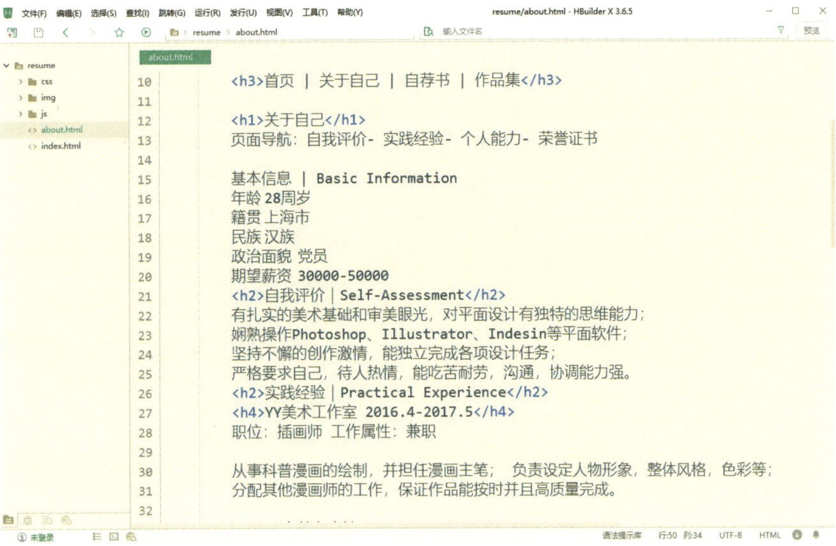

图 4.22　输入标题代码 2

■ 活动 3　为文本设置分段和换行

（1）“about.html”页面中分段和换行的最终效果如图 4.23 所示，观察并为此页面设置段落和换行元素。

（2）关闭浏览器窗口，返回“about.html”代码窗口。在“职位：插画师……”段落文字之前输入起始标签 <p>，“……工作属性：兼职”段落文字之后输入结束标签 </p>。用同样的方法给本页面所有修改为段落格式的文字前后添加标签 <p> 和 </p>。保存文档，如图 4.24 所示，在内部浏览器中可以预览添加了段落元素后的样式。

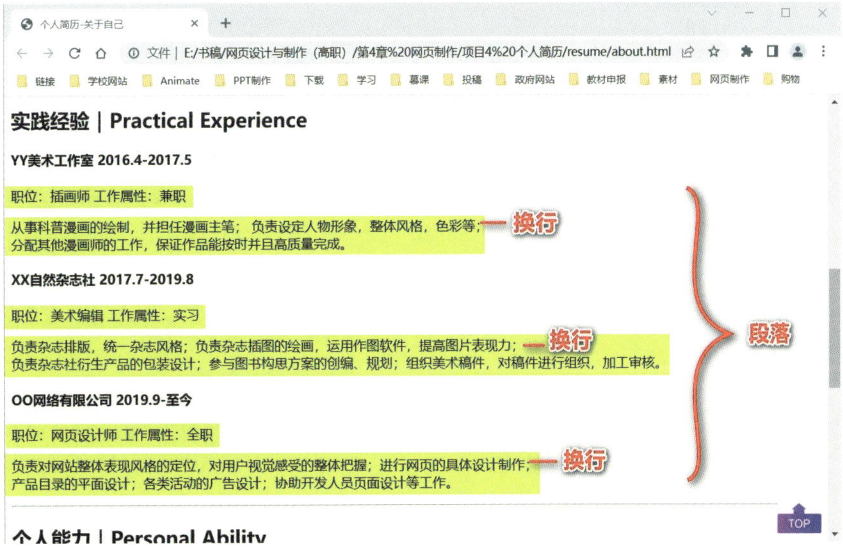

图 4.23　页面分段和换行效果

图 4.24　添加段落元素

（3）将段落文字“从事科普漫画的绘制……高质量完成。”分为两行显示。在第一行文字“……整体风格，色彩等；”后输入换行的单标签
；用同样的方法在段落“负责杂志排版……提高图片表现力；”后输入换行的单标签
；在段落“负责对网站……具体设计制作；”后输入换行的单标签
。保存文档并预览，如图 4.25 所示，这些段落都分成了两行显示。

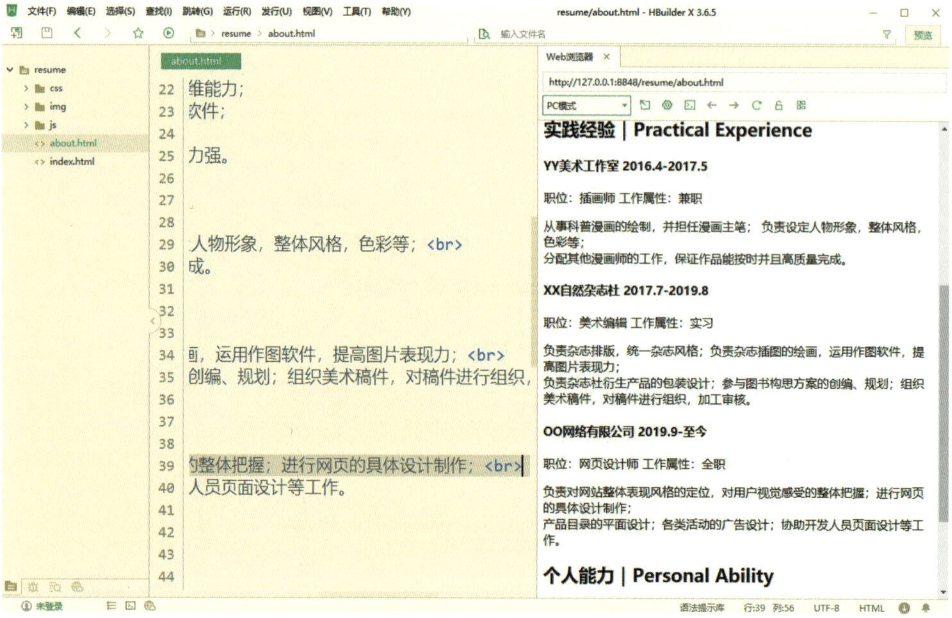

图 4.25　添加换行元素

活动 4 添加水平线

（1）“about.html”页面中的水平分隔线的最终效果如图 4.26 所示，观察并为此页面添加水平线元素。

（2）关闭浏览器窗口，返回“about.html”代码窗口。在“自我评价｜ Self-Assessment”文字标题 2 标签前输入水平线标签 <hr>。保存文档并预览，如图 4.27 所示，此处会插入一条水平分割线。用同样的方法在每个标题 2 标签前均插入 <hr> 标签。

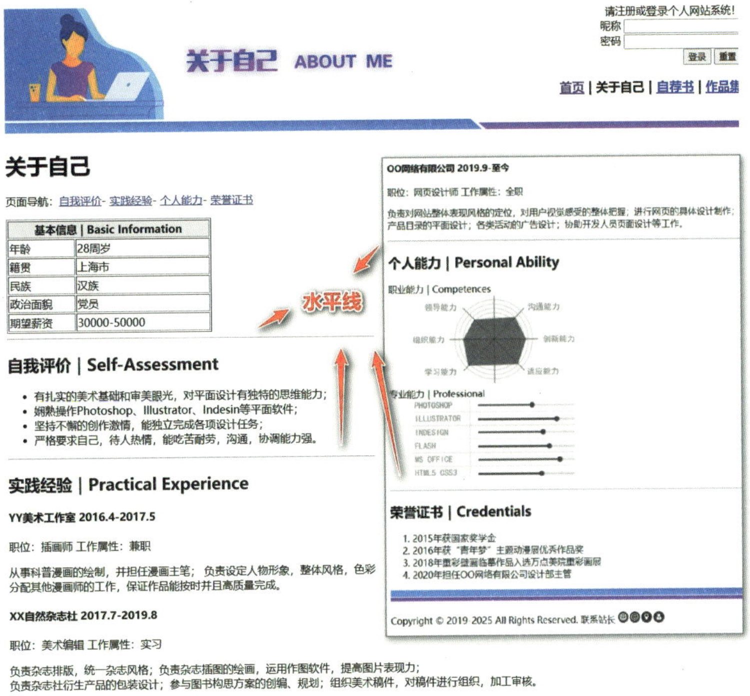

图 4.26 页面水平分隔线效果

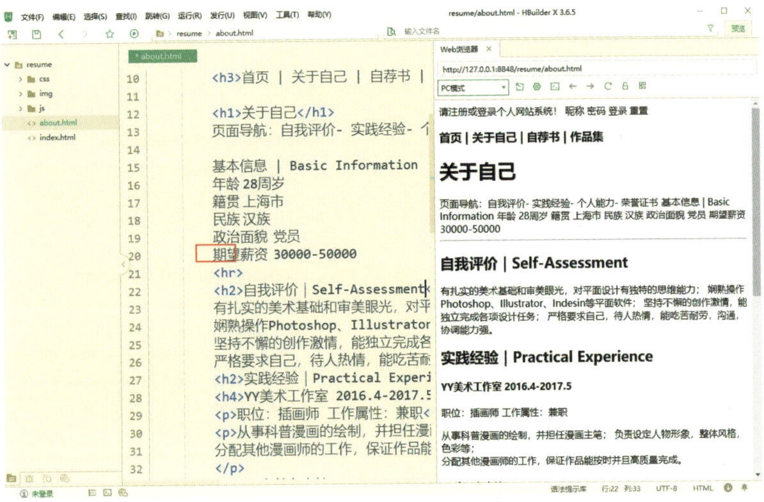

图 4.27 输入水平线标签

活动 5　制作列表

（1）“about.html”页面中列表的最终效果如图 4.28 所示，观察并为此页面添加列表元素。

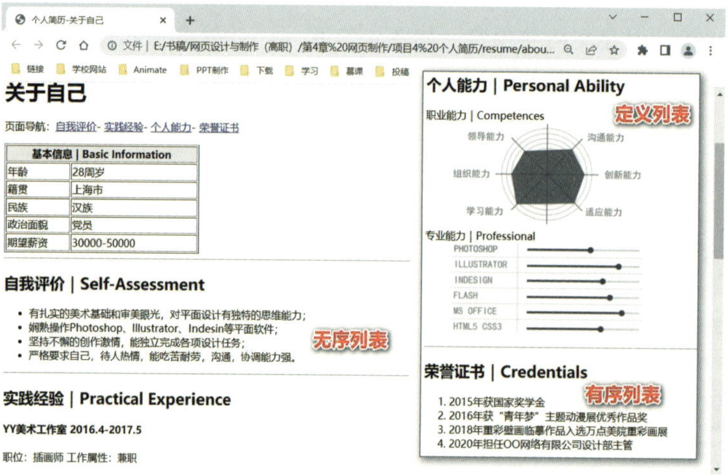

图 4.28　页面列表效果

（2）关闭浏览器窗口，返回“about.html”代码窗口。在“有扎实的美术基础……”段落文字前输入无序列表起始标签“<ul>”，在“……协调能力强。”段落文字之后输入列表结束标签 </ul>，如图 4.29 所示。

（3）在四段需要添加项目符号的列表文字段落前后分别添加 <li> 和 </li> 列表项标签，如图 4.30 所示，完成无序列表的制作。

```
<h2>自我评价 | Self-Assessment</h2>
<ul>
    有扎实的美术基础和审美眼光，对平面设计有独特的思维能力；
    娴熟操作Photoshop、Illustrator、Indesin等平面软件；
    坚持不懈的创作激情，能独立完成各项设计任务；
    严格要求自己，待人热情，能吃苦耐劳，沟通，协调能力强。
</ul>
<hr>
<h2>实践经验 | Practical Experience</h2>
```

图 4.29　输入无序列表标签

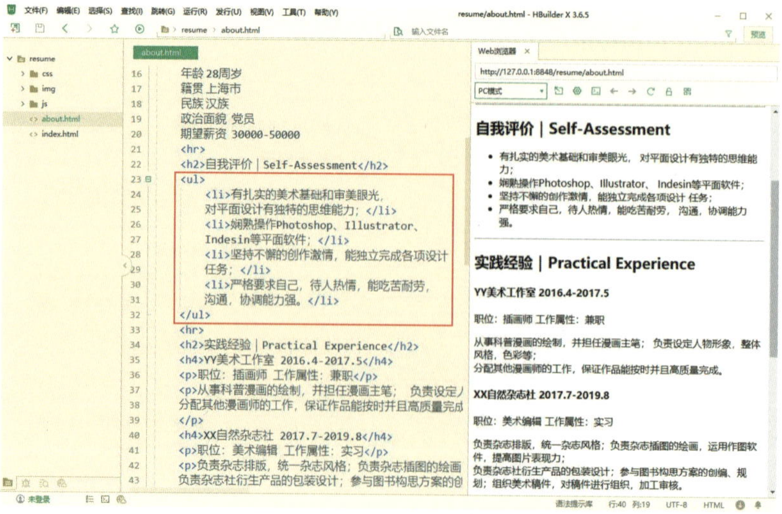

图 4.30　完成无序列表

（4）在“2015 年获国家……”段落文字前输入有序列表标签 <ol>，四段文字结束处“……设计部主管”文字后输入结束标签 </ol>，分别给四段文字前后添加 <li> 和 </li> 列表项标签，如图 4.31 所示，项目符号为数字的有序列表就制作完成了。

（5）最后在“个人能力丨 Personal Ability”段落文字后面输入自定义列表标签 <dl>，“荣誉证书丨 Credentials”上方水平线标签 <hr> 前面输入自定义列表结束标签 </dl>；“职业能力丨 Competences”和“专业能力丨 Professional”段落文字前后添加 <dt> 和 </dt> 列表项标签；并且分别在这两段文字的后面添加无内容的自定义标签 <dd> 和 </dd>，后面会在此处插入相应的图像。如图 4.32 所示，定义列表就制作完成了。

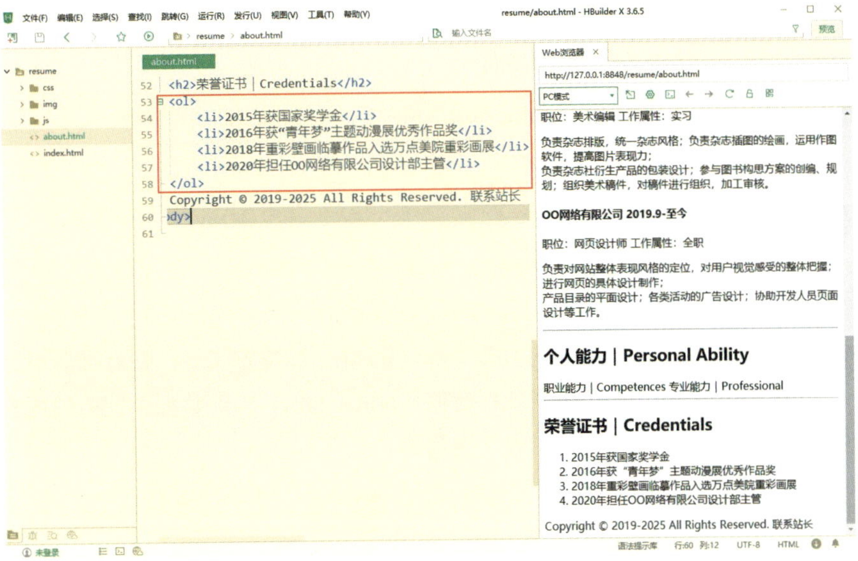

图 4.31　完成有序列表

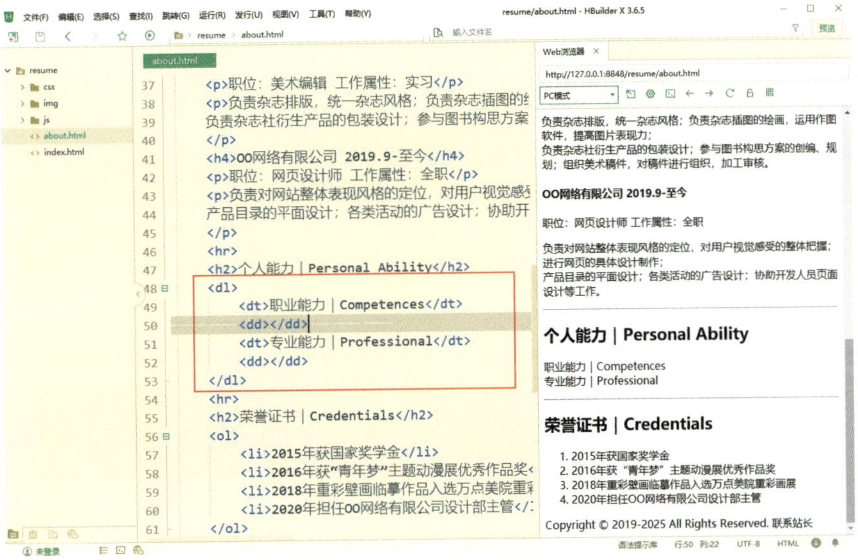

图 4.32　完成定义列表

4.3 任务 3 制作表格

4.3.1 任务导航

任务要点	• 理解HTML的表格元素：table/tr/th/td/col； • 能够设置表格的相关属性：border/width/bgcolor； • 掌握合并单元格的方法
任务活动	活动1　创建表格； 活动2　设置表格属性； 活动3　合并单元格
任务目标	制作首页“index.html”和内页“about.html”中的表格

4.3.2 知识学习

4.3.2.1 表格元素

表格由 <table> 标签来定义，每个表格均有若干行（由 <tr> 标签定义），每行被分割为若干单元格（由 <td> 标签定义），如图 4.33 所示。字母 td 指表格数据（table data），即数据单元格的内容。数据单元格可以包含文本、图像、列表、段落、表单、水平线、表格等。

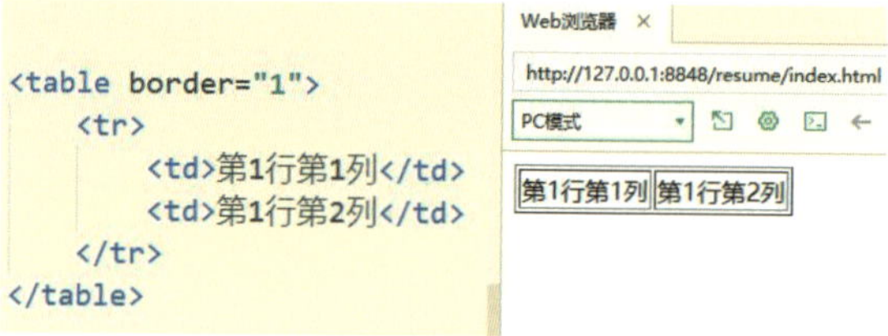

图 4.33　基本的表格结构

表 4.3 列出了表格中常用的元素及具体说明。

表 4.3　表格中常用元素说明表

元素名称	说明
<table>	定义表格
<th>	定义表格的表头（大多数浏览器默认表头显示为粗体居中的文本）
<tr>	定义表格的行
<td>	定义表格单元格
<caption>	定义表格标题
<colgroup>	定义表格列的组
<col>	定义表格列的属性值
<thead>	定义表格的页眉
<tbody>	定义表格的主体
<tfoot>	定义表格的页脚

4.3.2.2　表格的相关属性

（1）常用属性。

有时表格需要使用一些属性来修饰，但在HTML5中很多的属性都会被CSS样式取而代之。如表4.4所示，列举几个常用的属性。

表4.4　表格的常用属性表

元素名称	说明
cellspacing	单元格之间的距离（间距）
cellpadding	文字与单元格之间的距离（填充）
width	宽度（在HTML5中该属性被CSS样式取而代之）
height	高度（在HTML5中该属性被CSS样式取而代之）
border	规定表格边框的宽度
align	单元格内水平对齐方式（包括left、right、center、justify、char）
valign	单元格内垂直对齐方式（包括top、middle、bottom、baseline）
bgcolor	单元格的背景颜色（在HTML5中该属性被CSS样式取而代之）

（2）合并单元格。

在表格的基本操作中有时需要进行单元格的合并，如图4.34所示为原始的3行3列表格，可以对它进行列内合并单元格或行内合并单元格。

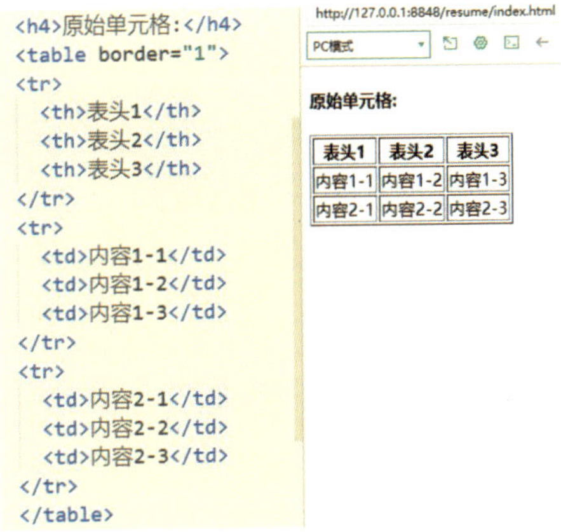

图4.34　原始3行3列的表格

colspan属性规定单元格可横跨的列数。如图4.35所示，用colspan=“3”将表格第3行3个单元格进行列合并，保留第1个单元格，删除后面两个单元格。

rowspan属性规定单元格可横跨的行数。如图4.36所示，用rowspan=“2”将表格第2行和第3行的第1个单元格进行行合并，保留第2行第1个单元格，删除第3行第1个单元格。

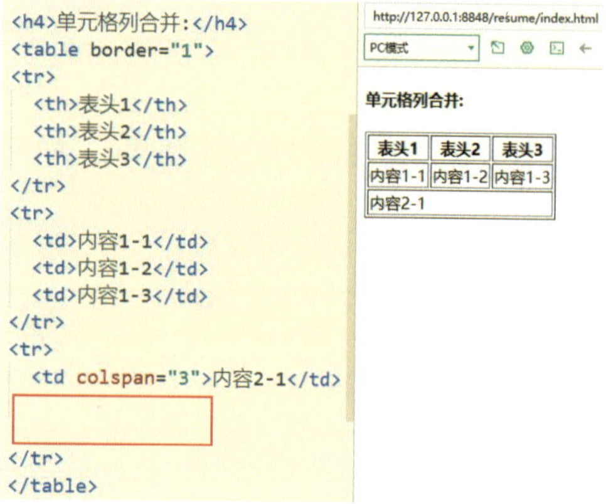

图 4.35　合并单元格列数

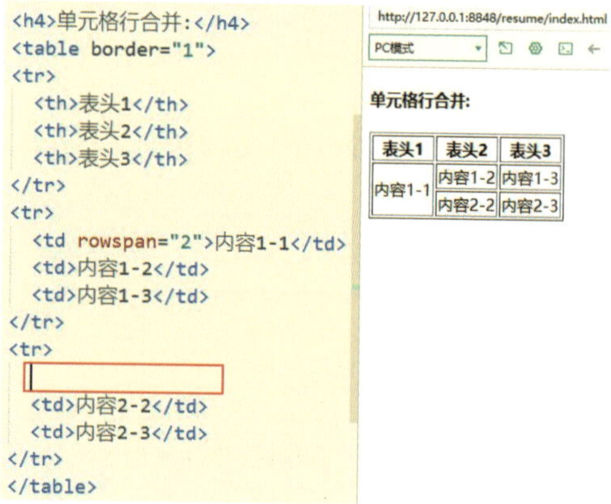

图 4.36　合并单元格行数

4.3.3　任务实施

活动 1　创建表格

（1）“index.html”和“about.html”页面中表格的最终效果如图 4.37 所示，观察并为这两个页面创建基本表格。

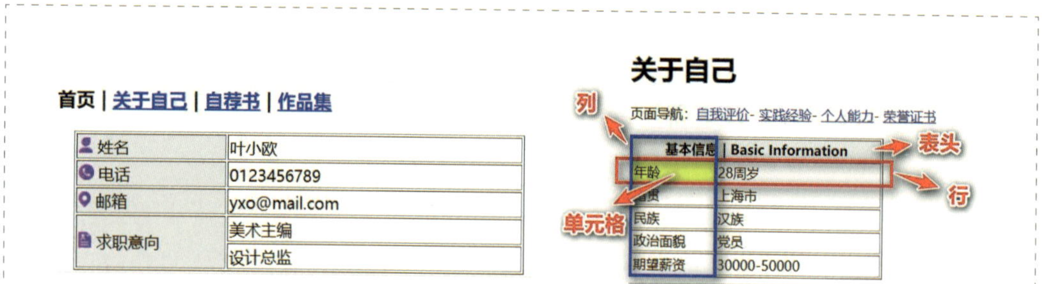

首页（index.html）中的表格　　内页（about.html）中的表格

图 4.37　页面表格的最终效果

（2）在代码窗口中打开首页“index.html”页面，先在 <title> 和 </title> 标签之间添加网页标题“个人简历 - 首页”；然后复制素材目录下“页面文本 .txt”文档中的相关文字，粘贴到 <body> 标签和 </body> 标签之间，如图 4.38 所示。

（3）在第 1 行文字前后添加 <h3> 和 </h3> 标签设置为标题 3，将其余文字全部放入表格标签 <table> 和 </table> 之间，如图 4.39 所示。

（4）给每行文字前后添加行标签 <tr> 和 </tr>，然后将行内两段文字前后分别加上普通单元格标签 <td> 和 </td>，预览页面效果如图 4.40 所示，可以看到无框线的 5 行 2 列的表格。

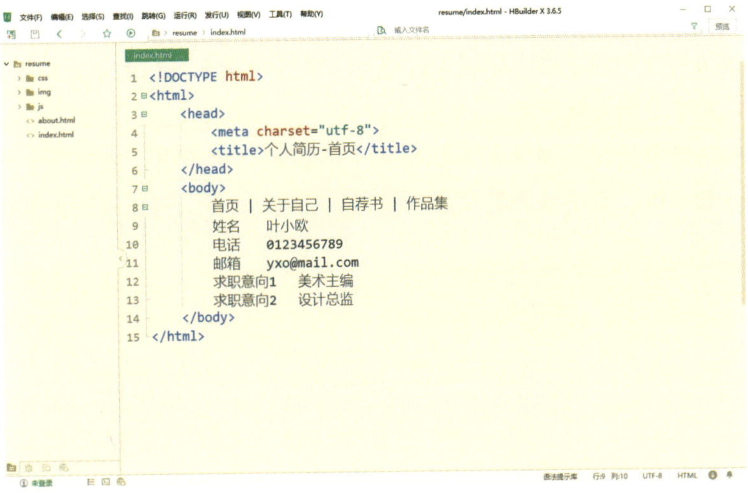

图 4.38　添加首页“index.html”文本内容

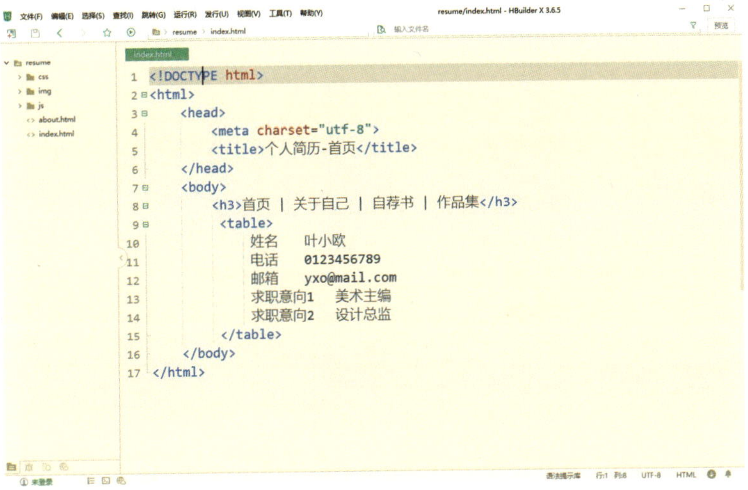

图 4.39　添加表格标签

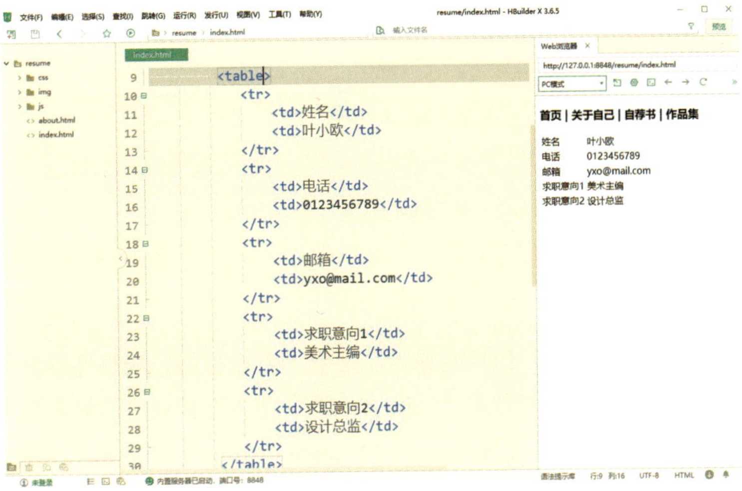

图 4.40　添加行和单元格标签后的预览效果

（5）在代码窗口中打开内页“about.html”，将段落文本“基本信息 | Basic Information”到“期望薪资 30 000 ～ 50 000”制作成 6 行 2 列的表格，如图 4.41 所示，将文字放入各自的单元格中，其中第 1 行的文字只放入第 1 个单元格中，第 2 个单元格为空。

（6）由于第 1 行单元格中的文字要显示为加粗居中的标题文字效果，故将第 1 行的两对单元格标签 <td> 和 </td> 修改为 <th> 和 </th>，保存并预览页面效果，如图 4.42 所示，可以看到无框线的 6 行 2 列的表格。

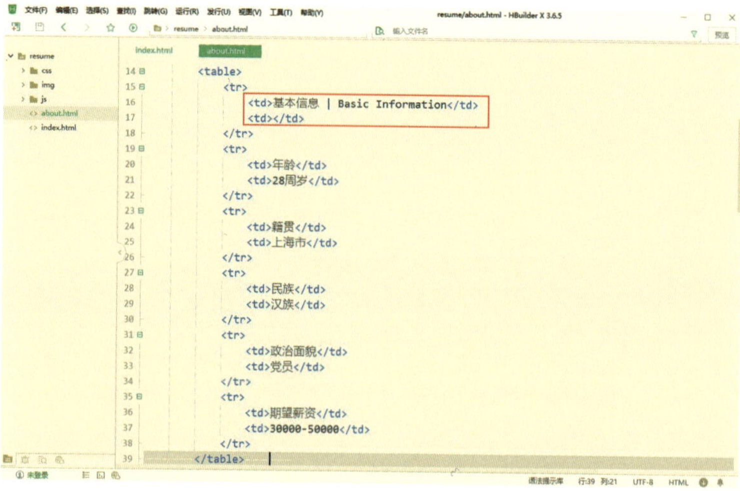

图 4.41　为内页“about.html”制作表格

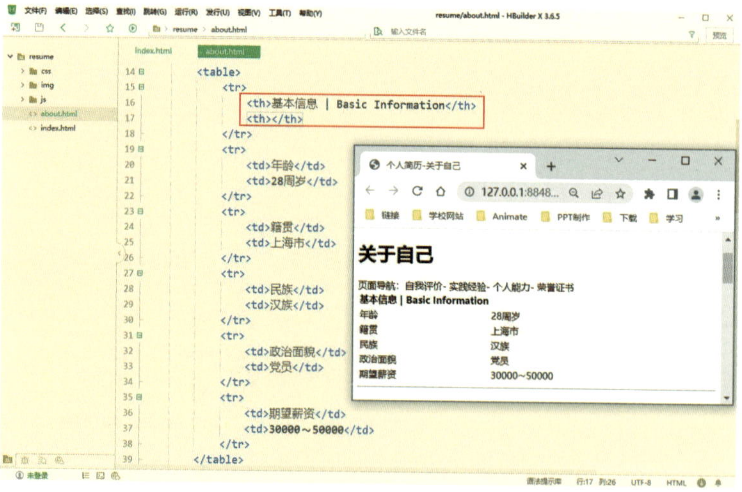

图 4.42　单元格标签转换为表头标签

活动 2　设置表格属性

（1）此时的表格虽然已经制作好了，但还是原始状态看不到边框线、表格宽度和背景颜色等效果，这就需要设置表格的属性。在代码窗口中打开首页“index.html”，在表格标签内添加属性 <table border="1" >，显示表格的边框为 1 像素，然后添加属性 <table border="1" align="center"> 使表格水平居中对齐，保存并预览页面的表格效果，如图 4.43 所示。

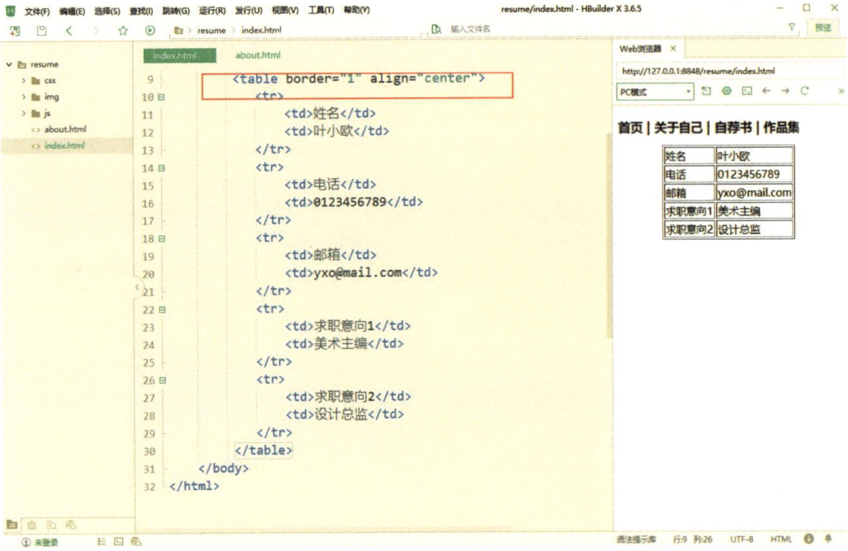

图 4.43　设置边框属性

（2）在表格的 <table> 标签后，第一个 <tr> 标签前，设置表格列属性，添加 <col width="150 px">，设置第 1 列宽度为 150 像素；添加 <col width="300 px">，设置第 2 列宽度为 300 像素，如图 4.44 所示。

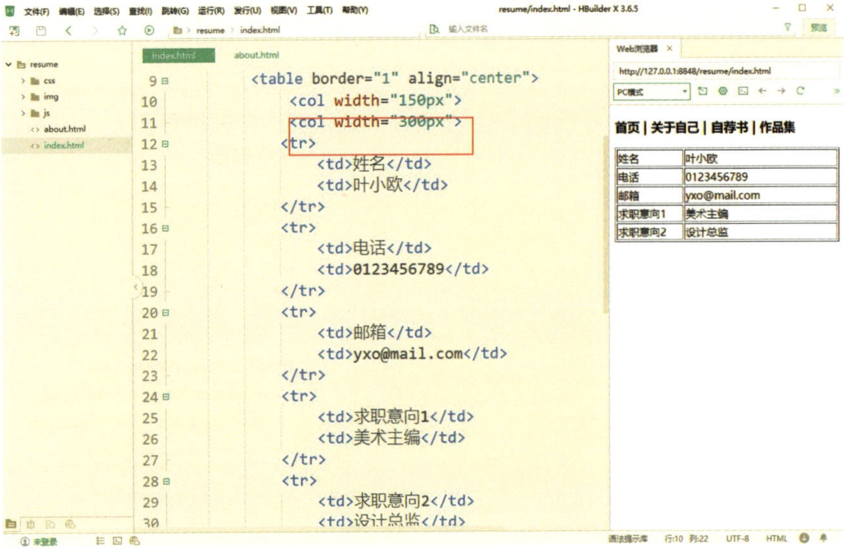

图 4.44　设置表格列宽

（3）最后给表格的第 1 列添加背景颜色，在第一个列属性标签内添加 <col width="150 px" bgcolor="#eeeeee">，保存并预览页面效果，如图 4.45 所示，表头第 1 列的背景色变为浅灰色。

（4）在代码窗口中打开内页“about.html”，首先添加 <table border="1"> 显示表格边框；然后在第 1 行代码前设置表格列属性，添加 <col width="100 px"> 设置第 1 列宽度为 100 像素，添加 <col width="200 px">

设置第 2 列宽度为 200 像素；最后为第 1 行添加背景颜色 <tr bgcolor="#eeeeee">。保存并预览内页的表格效果，如图 4.46 所示。

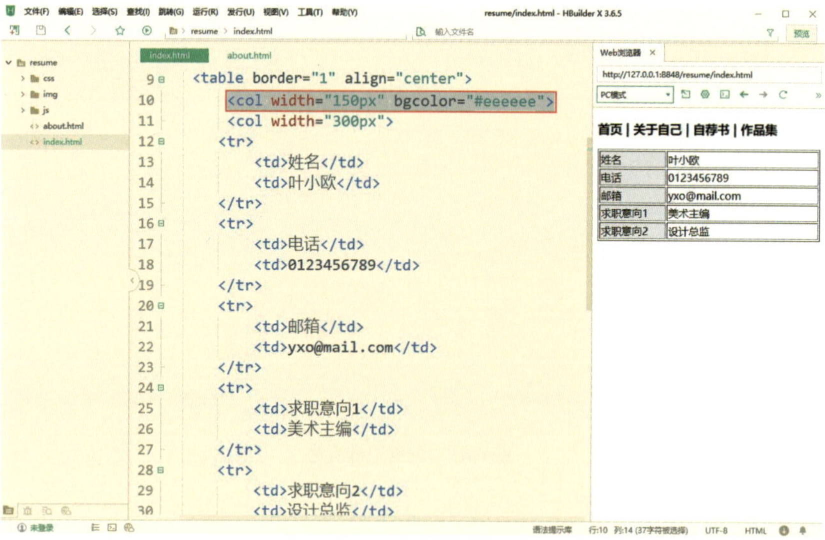

图 4.45　设置表格第 1 列背景色

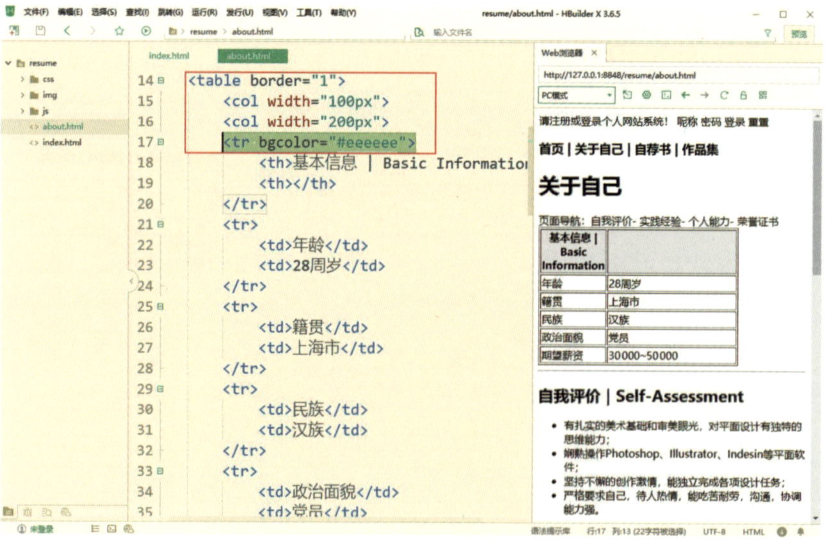

图 4.46　内页“about.html”表格添加属性效果

活动 3　合并单元格

（1）再次观察图 4.47 所示表格的最终效果，可以发现首页“index.html”中的表格，“求职意向 1”和“求职意向 2”这两个单元格合并为了一个单元格“求职意向”；内页“about.html”第 1 行两个单元格也合并为一个单元格了，这就需要对表格中的单元格分别进行行和列的合并。

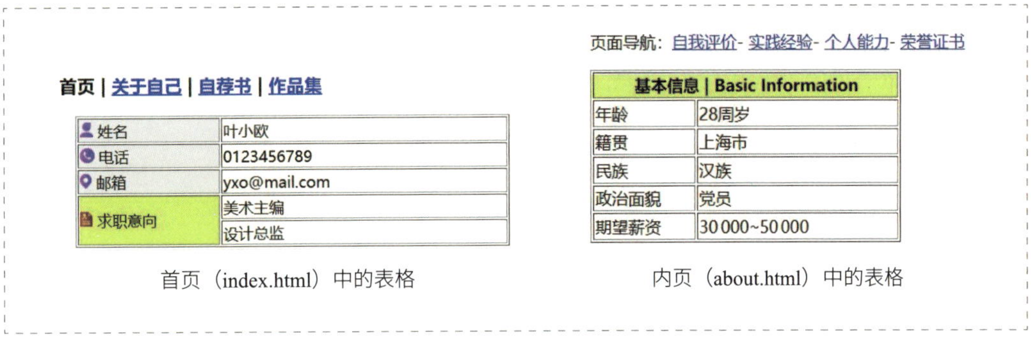

首页（index.html）中的表格　　　　内页（about.html）中的表格

图 4.47　单元格合并效果

（2）在代码窗口中打开首页“index.html”，在“求职意向 1”单元格 <td> 标签内添加单元格应该横跨的行数属性 rowspan=“2”，将单元格内文字修改为“求职意向”，如图 4.48 所示。

（3）删除下一行“求职意向 2”的单元格代码，保存并预览页面，如图 4.49 所示，这两行的两个单元格即可合并为一个单元格。

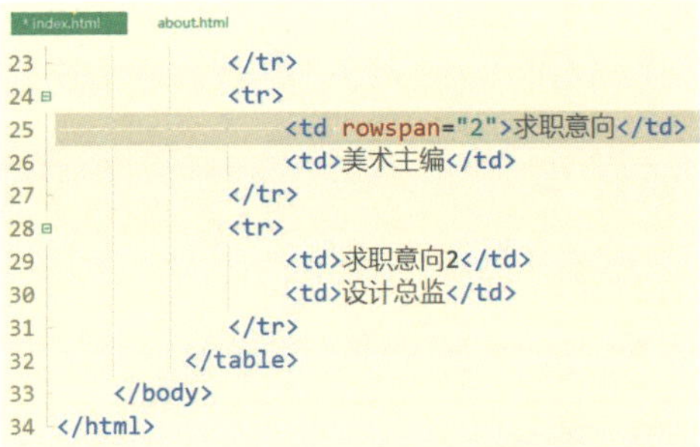

图 4.48　添加单元格应该横跨的行数属性

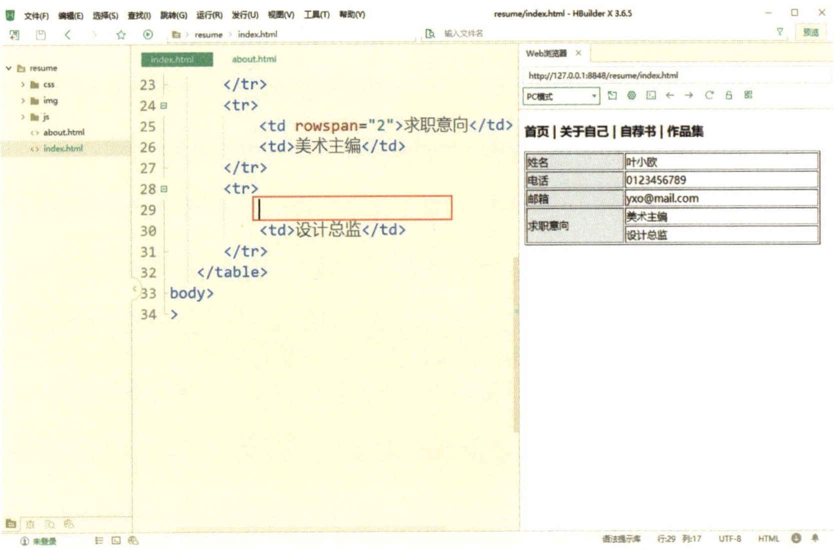

图 4.49　行合并的效果

（4）在代码窗口中打开内页“about.html”，在表格第 1 行“基本信息 | Basic Information”表头标签 <th> 中，添加单元格应该横跨的列数属性 colspan =“2”；然后将此行第 2 个表头单元标签 <th> 和 </th> 删除，保存并预览页面，如图 4.50 所示，这一行的两个单元格即可合并为一个单元格。

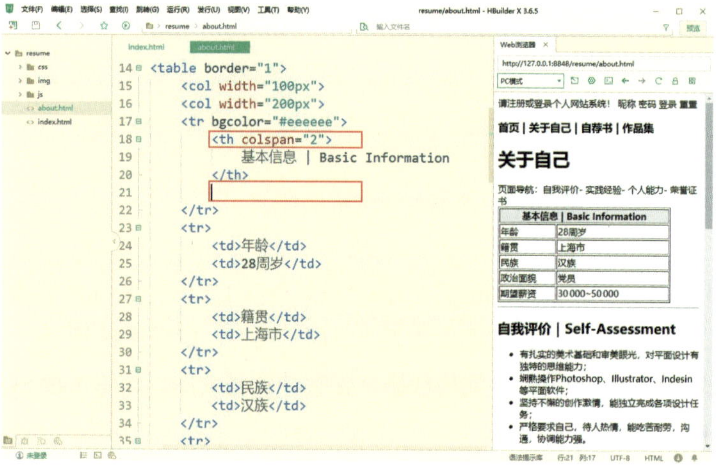

图 4.50　内页“about.html”中表格的单元格合并效果

4.4　任务 4　插入图像

4.4.1　任务导航

任务要点	● 掌握HTML的图像元素img； ● 学会设置图像的属性：替换文本alt，排列图像align，图像宽度和高度width/height
任务活动	活动1　插入图像； 活动2　设置图像的属性
任务目标	完成首页“index.html”和内页“about.html”图像的制作

4.4.2　知识学习

4.4.2.1　图像元素

在 HTML 中，图像由 <img> 标签定义，<img> 是单标记标签，要在页面上显示图像，需要使用源属性 src（source）。源属性的值是图像的 URL 地址（URL 指存储图像的位置），也就是引用该图像文件的绝对路径或相对路径。

语法：<img src="url" />

4.4.2.2　图像基本属性

（1）替换文本 alt。

alt 属性用来为图像定义一串预备的可替换的文本，替换文本属性的值是用户定义的。

例如：<img src="img/logo.png" alt="关于自己页面 logo"> 指当浏览器无法载入图像“logo.png”时，浏览器将显示这个替代性的文本“关于自己页面 logo”而不是图像。

（2）排列图像 align。

align 属性规定了图像相对于周围元素的对齐方式，HTML5 不支持 <img>align 属性，一般用 CSS 代替。align 属性值的描述如表 4.5 所示。

例如：<img src="img/top.png" align="right"> 设置“top.png”图像在文中的位置是图文右环绕。

表 4.5　align 属性值的描述

值	描述
left	把图像对齐到左边（图文左环绕）
right	把图像对齐到右边（图文右环绕）
middle	把图像与中央对齐（图文居中环绕）
top	把图像与文字顶部对齐
bottom	把图像与文字底部对齐

（3）设置图像的高度与宽度 width/height。

width（宽度）与 height（高度）属性用于设置图像的宽度与高度，属性值默认单位为像素。

例如：<img src="img/topline.png" width="100%" height="15 px"> 指定图像“topline.png”的宽度为 100%，高度为 15 像素。

如果图像不指定宽度和高度，页面加载时会显示图像默认的大小；如果指定了宽度和高度，页面加载时就会保留指定的尺寸；如果只指定了宽度或高度中的任意一项，则图像的另一项尺寸属性会等比例缩放。

4.4.3　任务实施

活动 1　插入图像

（1）“index.html”和“about.html”页面插入图像后的最终效果如图 4.51 所示，观察并为页面插入图像元素。

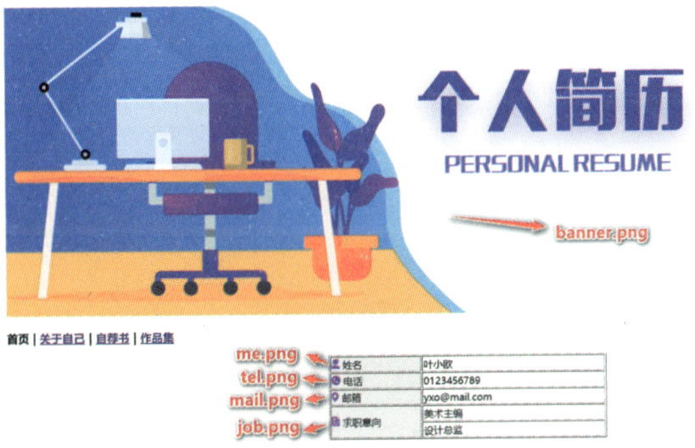

首页（index.html）中的图像

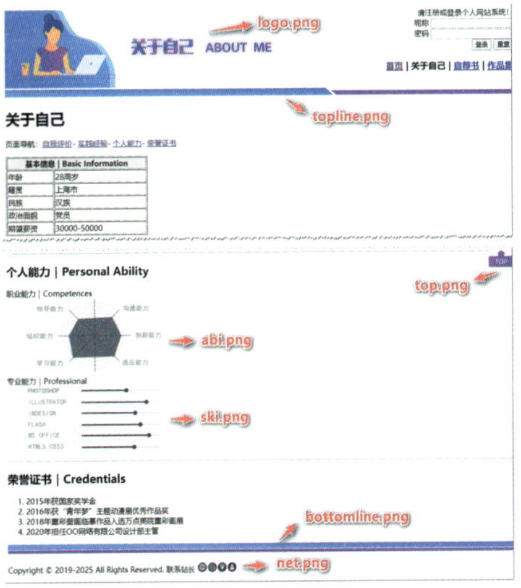

内页（about.html）中的图像

图 4.51　插入图像后的最终效果

（2）在代码窗口中打开首页“index.html”，在 <body> 标签下先添加段落元素 <p> 和 </p>，然后在段落元素中间添加图像元素 <img>，并在 src 后出现的图像下拉列表中选择“img/banner.png”，插入顶部的 banner 图像，如图 4.52 所示。

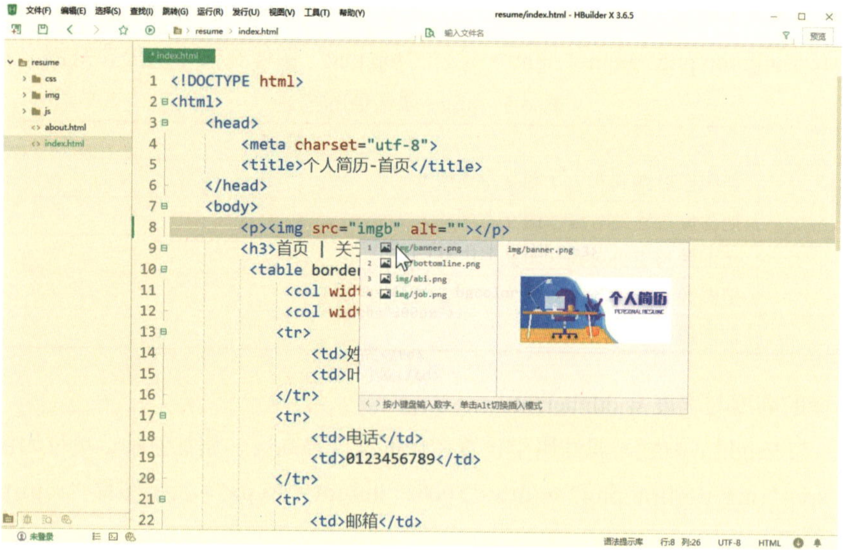

图 4.52　在首页“about.html”中插入顶部图像

（3）分别在下方表格每行第 1 列单元格文字前依次添加图像元素 <img src="img/me.png" ><img src="img/tel.png"><img src="img/mail.png"><img src="img/job.png">，如图 4.53 所示，保存并预览效果。

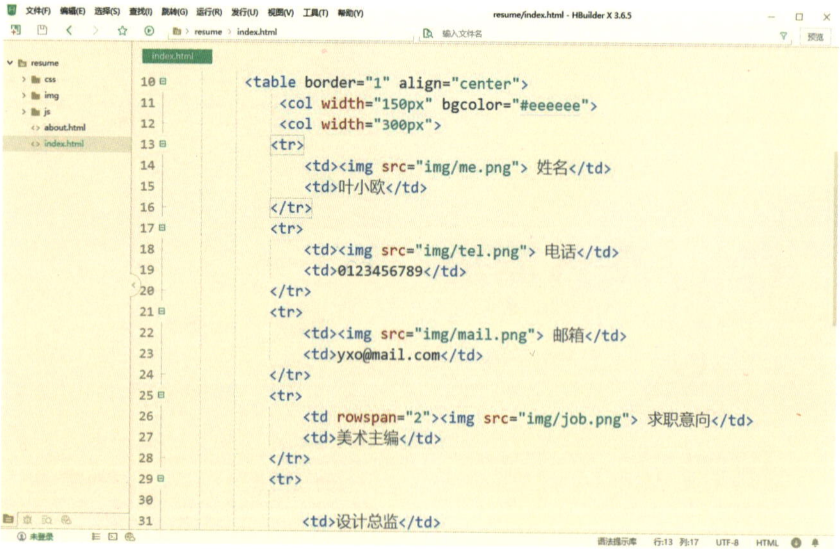

图 4.53　给单元格插入图像

（4）在代码窗口中打开内页“about.html”，先在 <body> 标签下添加图像元素 <img src="img/logo.png">；然后为标题 1“关于自己”文字添加图像元素 <img src="img/topline.png">，并将此图片放入段落元素 <p> 和 </p> 中，如图 4.54 所示。

（5）在标题 2“个人能力丨 Personal Ability”文字上方水平线元素 <hr> 之前添加图像元素 <img src="img/top.png">；然后在定义列表两个无内容的定义标签 <dd> 和 </dd> 中间依次添加两张图像元素 <img src="img/abi.png"> 和 <img src="img/ski.png">；最后在版权文字之前添加图像元素 <img src="img/bottomline.png"> 并放入段落元素中，版权文字之后添加图像元素 <img src="img/net.png">，如图 4.55 所示。

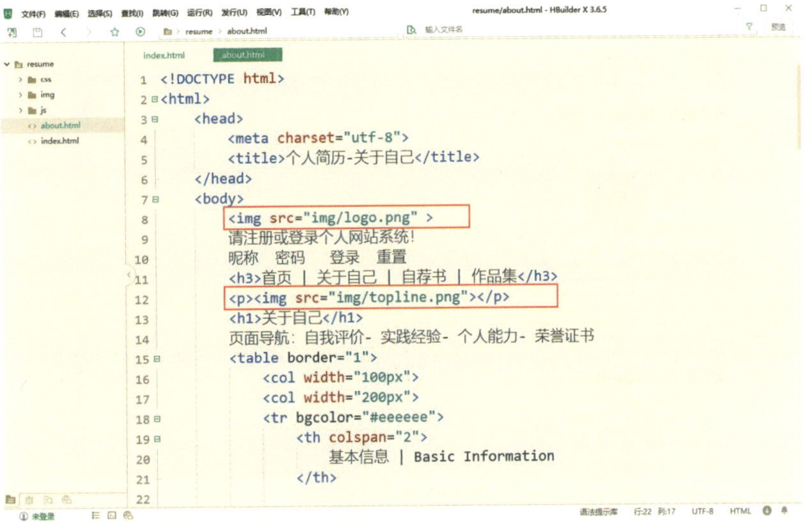

图 4.54　给内页“about.html”页面上半部分插入图像

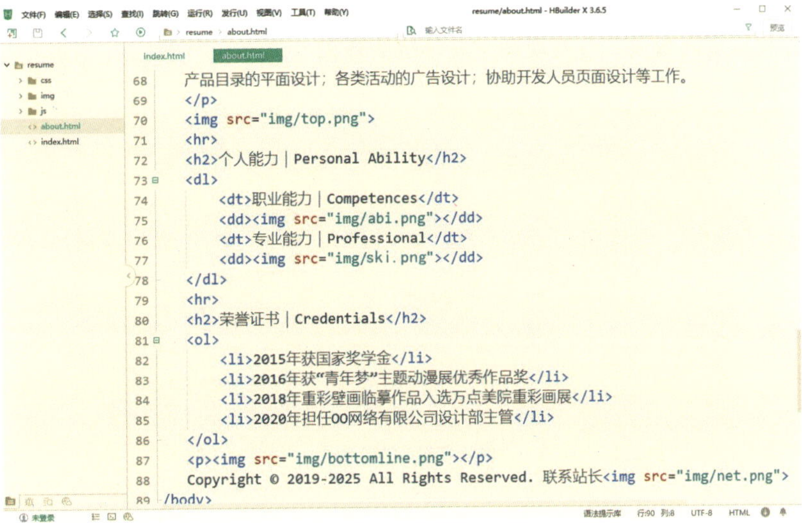

图 4.55　给页面下半部分插入图像

活动 2　设置图像的属性

（1）保存并预览两个页面与最终页面效果进行对比，可以发现内页“about.html”中图像的宽高以及对齐方式需要调整，观察图 4.56 并设置图像的相关属性。

图 4.56　最终页面图像属性

（2）首先在第 1 张“logo.png”图像 <img> 标签内部，按空格键选择代码提示中的替换文本属性“alt”，设置替换文本为“关于自己页面 logo”，然后按空格键继续输入图像左对齐的属性代码 align=“left”，如图 4.57 所示。此时保存预览页面效果，会发现图文左环绕的效果。

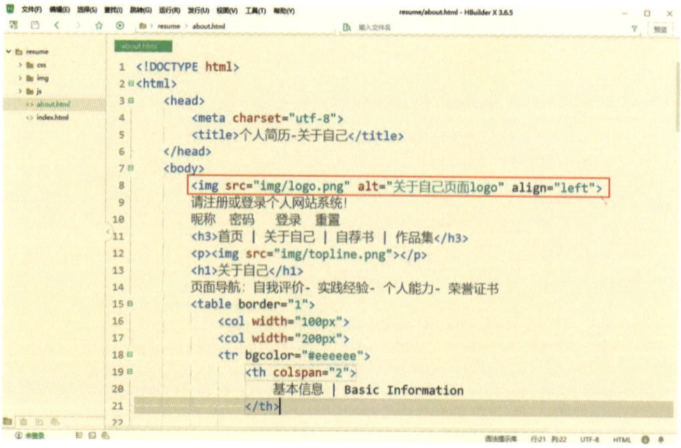

图 4.57　为“logo.png”图像设置属性

（3）然后为顶部“topline.png”分隔图像设置宽度和高度。如图 4.58 所示，在该图像标签内输入 <img src="img/topline.png" width="100%" height="15 px">，可以让图像的宽度自适应页面的宽度，高度设置为 15 像素；为页面底部“bottomline.png”分隔图像做同样的设置 <img src="img/bottomline.png" width="100%" height="20 px">，宽度自适应页面的宽度，高度设置为 20 像素。

（4）最后设置“top.png”图像的对齐方式为右对齐 <img src="img/top.png" align="right">；最下方的“net.png”图像的高度设置为 20 像素 <img src="img/net.png" height="20 px">，宽度等比例缩小，保存并预览页面效果，如图 4.59 所示。

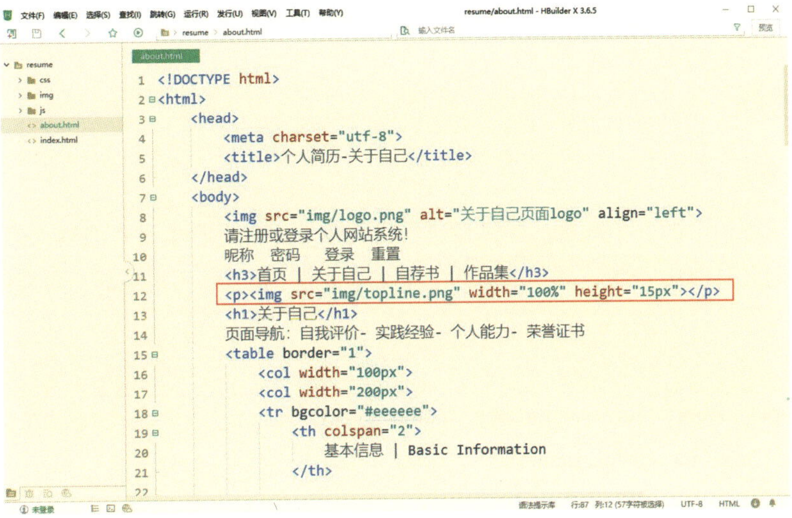

图 4.58　为两个分隔图像设置属性

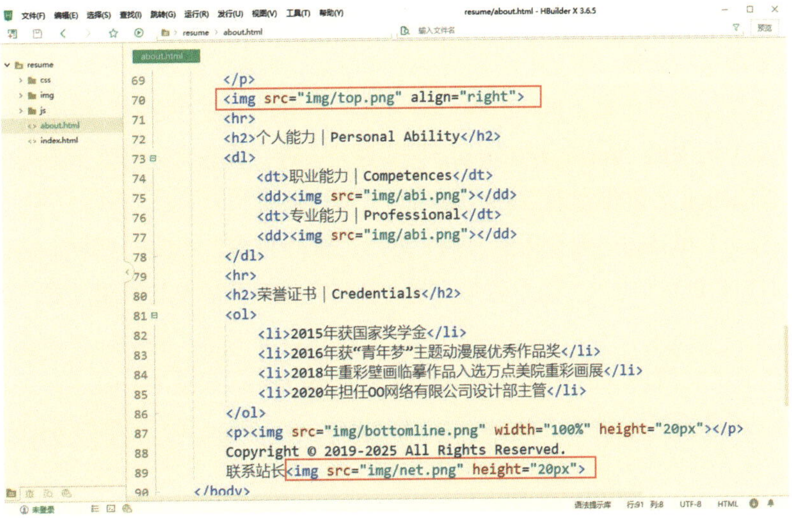

图 4.59　为最后两张图像设置属性

4.5 任务 5 创建表单

4.5.1 任务导航

任务要点	● 掌握HTML简单表单的创建； ● 学会使用div元素布局网页
任务活动	活动1 创建表单； 活动2 布局顶部
任务目标	完成内页about.html页面中顶部导航和表单的制作

4.5.2 知识学习

4.5.2.1 表单元素

HTML 表单表示文档中的一个区域，此区域包含交互控件，用于收集用户的输入信息并发送到 Web 服务器。<form> 元素定义 HTML 表单，其他的表单元素必须放在 <form> 元素内部，否则用户提交数据时会丢失参数。

例如：

```
<form name="input" action="form_action.php" method="get">
昵称 <input type="text" name="username">
<input type="submit" value=" 登录 ">
</form>
```

显示效果为：

，在“昵称”后的文本框内键入文本后，单击“登录”按钮，输入数据会传送到服务器“form_action.php”文件，该页面将显示出输入的结果。

（1）<form> 元素最常用属性。

• Action 属性：定义提交表单时要执行的操作。通常，当用户单击“提交”按钮时，表单数据将发送到服务器上的文件中（如上例中的“form_action.php”文件），该文件包含处理表单数据的服务器端脚本。如果省略 action 属性，则 action 会被设置为当前页面。

• Method 属性：提交表单数据时要使用的 HTTP 方法，包括 POST 和 GET 两种方法。

POST：指的是 HTTP POST 方法，表单数据会包含在表单体内然后发送给服务器，用于提交敏感数据，如用户名与密码等。

GET：默认值，指的是 HTTP GET 方法，表单数据会附加在 action 属性的 URL 中，并以“ ?”作为分隔符，一般用于不敏感信息，如分页等。例如：https://www.OOWeb.com/?page=1，这里的 page=1 就是 GET 方法提交的数据。

（2）表单控件元素 <input>。

<input> 元素是最重要的表单元素，它是一个空元素，没有结束标签。它允许用户在表单中输入内容，

输入类型由 type 属性定义。如表 4.6 所示，<input> 元素的输入类型包括单行输入字段、密码字段、复选框、单选按钮、提交按钮等。

表 4.6　<input> 元素的输入类型

输入类型	用途
<input type="text">	定义单行文本输入框，输入文本字段的默认宽度是20个字符
<input type="password">	定义密码输入框，但输入的密码字段字符不会明文显示，而是以星号或圆点替代
<input type="radio">	定义了表单的单选框选项，允许用户在有限数量的选项中选择其中之一，默认选中项标注checked
<input type="checkbox">	定义了复选框，可以选取一个或多个选项。默认选中项标注checked
<input type="submit">	定义了提交按钮，当用户单击确认按钮时，表单的内容会被传送到服务器端进行处理
<input type="reset">	定义了重置按钮，用以清除表单中的所有数据

<input> 元素最重要的两个属性：一个是 name，另一个是 value。这两个属性决定了表单提交时，对应的参数分别从这两个属性获取。其中，name 属性用于指定 <input> 元素的名称，value 属性规定输入字段的默认值。

4.5.2.2　布局元素

div 元素定义 HTML 文档中的一个分隔区块或者一个区域部分。它常用于组合块级元素，以便通过 CSS 对这些元素进行格式化来布局网页。本项目中仅用该元素的 align 属性定义区域对齐方式，而 HTML5 中不支持 align 属性。

4.5.3　任务实施

活动 1　创建表单

（1）“about.html”页面中登陆表单的最终效果如图 4.60 所示，观察并为页面创建表单元素。

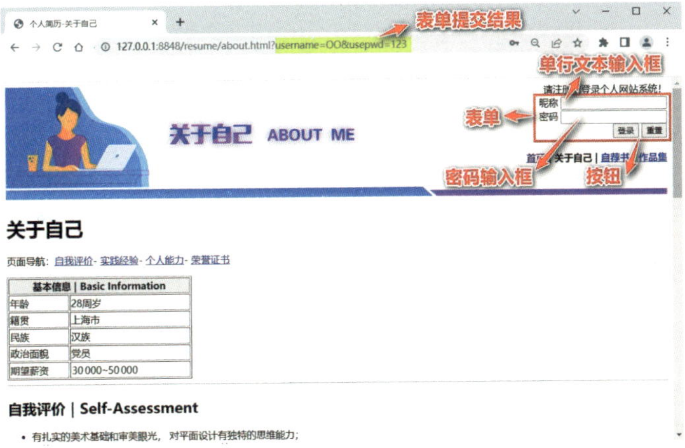

图 4.60　创建登录表单后的效果

（2）在代码窗口中打开内页“about.html”，先给“请注册或登录个人网站系统！”文字后加上换行元素
，然后在“昵称　密码　登录　重置”文字前后分别加上表单元素 <form> 和 </form>，如图 4.61 所示。

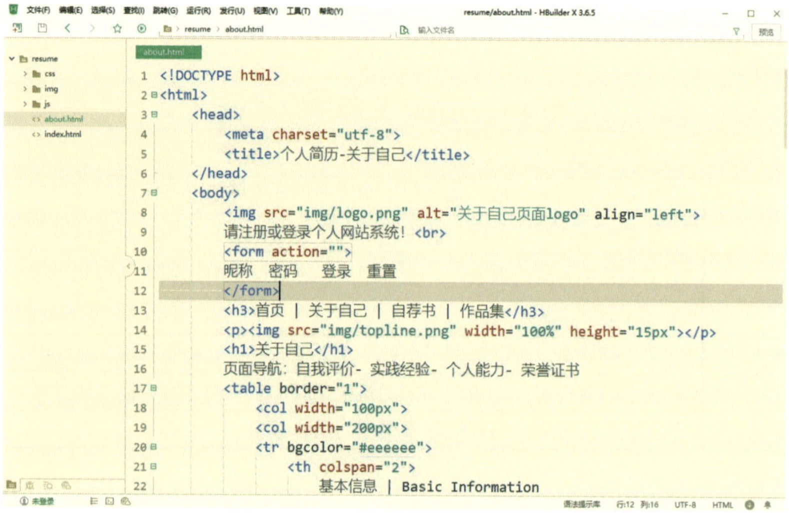

图 4.61　添加表单元素

（3）下面开始在表单元素内添加表单控件元素。如图 4.62 所示，在“昵称”文字后添加输入标签 input，type 类型选择单行文本框 text，然后给该文本框的 name 参数赋值 username，最后加上换行元素
。

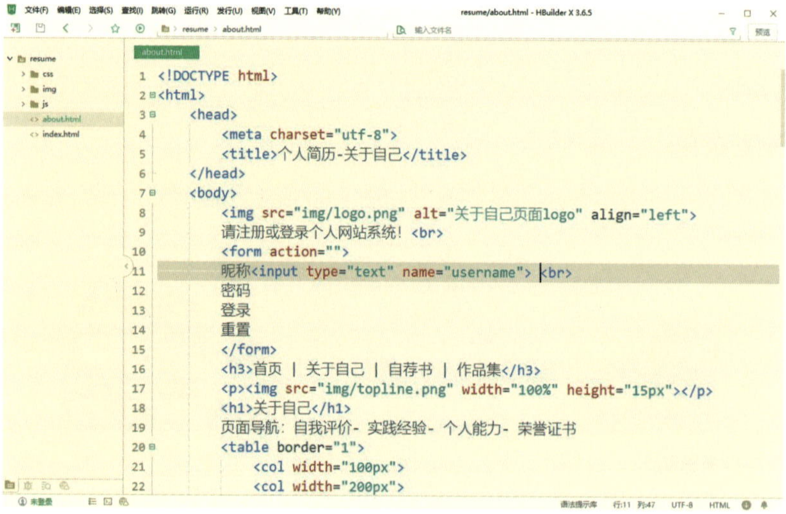

图 4.62　添加单行文本框

（4）继续在“密码”文字后添加输入标签 input，type 类型选择密码输入框 password，并为其 name 参数赋值 userpwd，最后加上换行元素
，如图 4.63 所示。

（5）最后将“登录”文字修改为提交按钮，且默认显示文字“登录” <input type="submit" value="登录">；同理，修改“重置”按钮默认显示文字“重置”，<input type="reset" value="重置">，如图 4.64 所示。

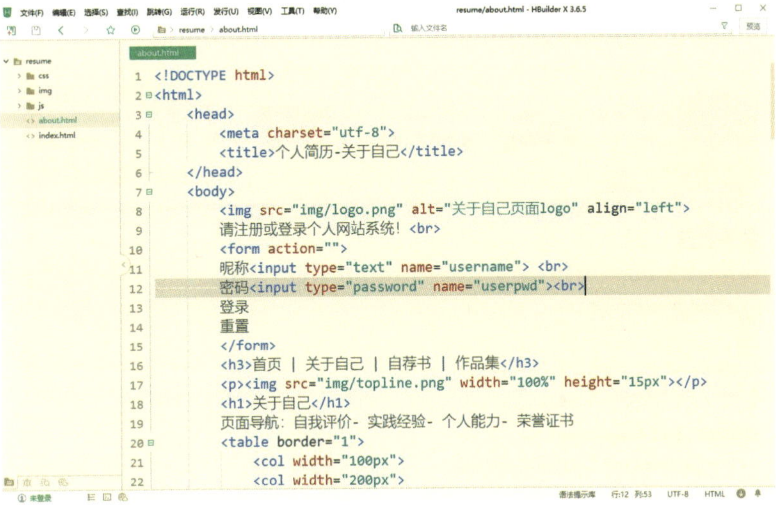

图 4.63　添加密码框

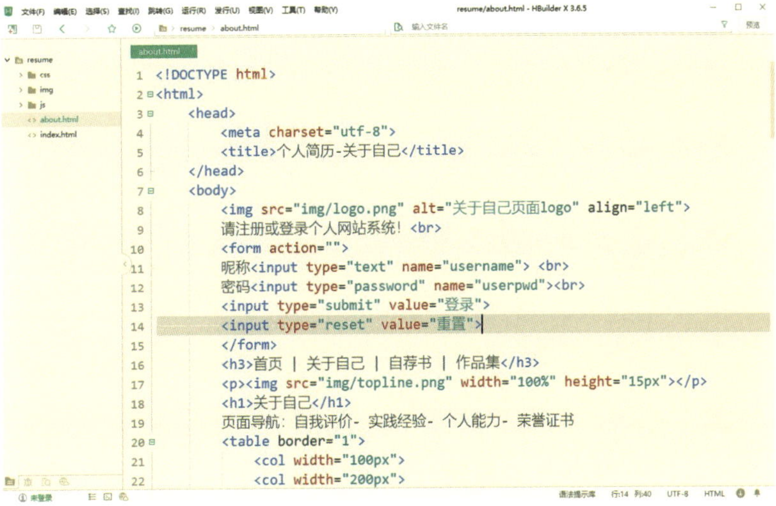

图 4.64　添加登录和重置按钮

活动 2　布局顶部

（1）保存并预览页面顶部的表单效果，在昵称后的文本框中输入用户名，密码框中输入密码，单击“登录”按钮，会刷新页面，且将参数发送到页面地址处。如图 4.65 所示，观察并为顶部添加布局元素设置表单和导航右对齐。

（2）先将顶部的表单文字和导航文字全部放入 div 元素中。如图 4.66 所示，在表单上方文字开始前添加 <div> 标签，在导航文字结束后添加 </div> 标签。

（3）最后为 <div> 标签添加 align 对齐方式属性，设置属性值为右对齐。保存并预览顶部的表单和布局效果，如图 4.67 所示。

图 4.65　页面顶部布局效果

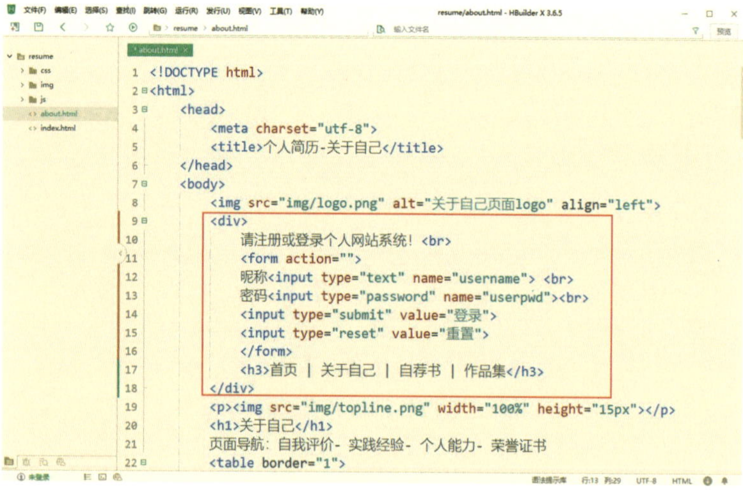

图 4.66　添加 div 元素

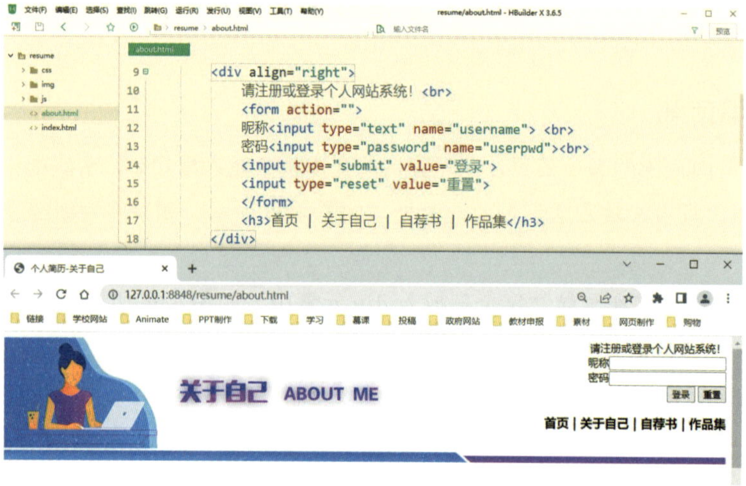

图 4.67　添加表单和导航文字右对齐

4.6 任务6 添加超链接

4.6.1 任务导航

任务要点	• 掌握HTML的超链接元素：内部链接、空链接、邮件链接、外部链接、锚点链接
任务活动	活动1　设置页面导航链接； 活动2　设置邮件链接和外链； 活动3　设置页面内跳转链接
任务目标	完成首页和内页之间的超链接； 完成内页“about.html”邮件链接和外链以及页面内部锚点链接

4.6.2 知识学习

4.6.2.1 认识超链接

HTML 使用超链接与网络上的另一个文档相连，几乎可以在所有的网页中找到链接，点击链接可以从一个页面跳转到另一个页面。当把鼠标指针移动到网页中的某个链接上时，箭头会变为一只小手图标。

超链接可以是一个字，一个词，或者一组词，也可以是一幅图像，超链接一般分为以下几种。

• 内部链接：这种链接的目标是本站点中的其他文档。利用这种链接，可以在本站点内的页面中相互跳转，网页导航栏就是典型的内部链接。

• 邮件链接：这种链接可以启动电子邮件程序书写邮件，并发送到指定地址。

• 外部链接：这种链接的目标是互联网中的某个页面。利用这种链接，可以跳转到其他网站上。

• 锚点链接：这种链接的目标是文档中的命令锚记。利用这种链接，可以跳转到当前文档或其他文档的某一指定位置。

默认情况下，链接将以以下形式出现在浏览器中。

• 一个未访问过的链接显示为蓝色字体并带有下划线。

• 访问过的链接显示为紫色并带有下划线。

• 点击链接时，链接显示为红色并带有下划线。

注意：如果为这些超链接设置了 CSS 样式，展示样式会根据 CSS 的设定而显示。

4.6.2.2 创建超链接

HTML 使用 <a> 元素创建超链接，它有两个比较重要的属性：href 和 target。

语法：<a href="url"> 链接文本 </a>

“链接文本”不必一定是文本，还可以是各种网页元素，如图片、表格、音频、视频。

（1）href 属性：描述了链接的目标，如表 4.7 所示。

表 4.7　链接目标

目标	说明	案例
内部链接	站内目标使用相对路径	<a href="index.html">首页</a>
外部链接	站外目标使用绝对路径	<a href="http://www.baidu.com">……</a>
邮件链接	启用系统默认邮箱程序，且填入指定电子邮件地址	<a href="mailto:oyjm@vip.qq.com">联系站长</a>
空链接	暂时为一个空链接（可刷新页面）	<a href="#">作品集</a>

（2）target 属性：可以定义被链接的文档在何处显示。

例如：<a href="http://www.baidu.com" target="_blank"> 链接文本 </a>，单击链接文本后，会在新窗口中打开百度网站。

target 的属性值如表 4.8 所示。

表 4.8　target 属性值

值	含义
_self	在超链接所在框架或者窗口中打开目标页面
_blank	在新浏览器窗口中打开目标页面
_parent	将目标页面载入含有该链接框架的父框架集或者父窗口中
_top	在当前的整个浏览器窗口中打开目标页面，因此会删除所有框架

（3）name 属性：规定锚点链接中锚（anchor）的名称。可以使用 name 属性创建 HTML 页面中的锚，锚不会以任何特殊方式显示，它对浏览者是不可见的。当使用命名锚（named anchors）时，可以创建直接跳至该命名锚（比如页面中某个小节）的链接，这样浏览者就无需不停地滚动页面来寻找需要的信息了。

语法：<a name="label"> 锚（显示在页面上的文本）</a>

锚的名称可以是任意命名，同样可以使用 id 属性来替代 name 属性，命名锚同样有效。

4.6.3　任务实施

活动 1　设置页面导航链接

（1）在代码窗口中打开首页“index.html”，在页面导航的“关于自己”文字前后添加 <a> 和 </a> 标签，如图 4.68 所示，并为 <a> 标签设置链接 href 属性值为本项目中的内页“about.html”。

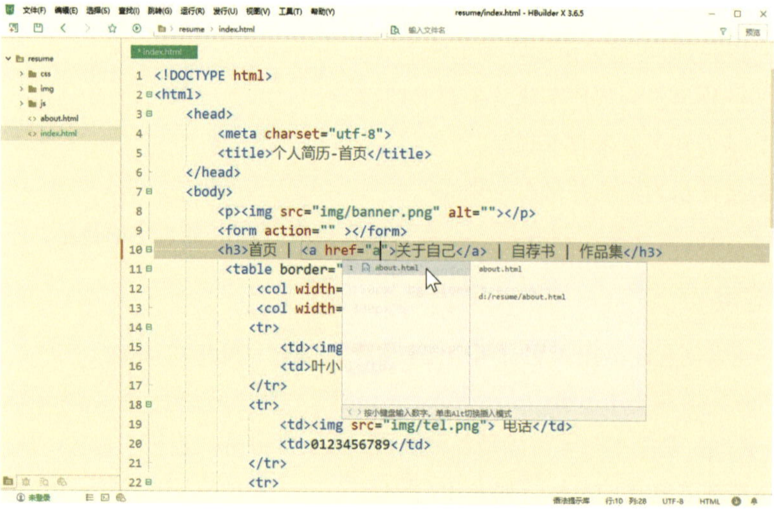

图 4.68　添加首页与内页超链接

（2）继续为如图 4.69 所示导航栏中的其他文字“自荐书”和“作品集”添加空链接 <a href="#">，保存并预览“index.html”页面的导航栏链接效果。

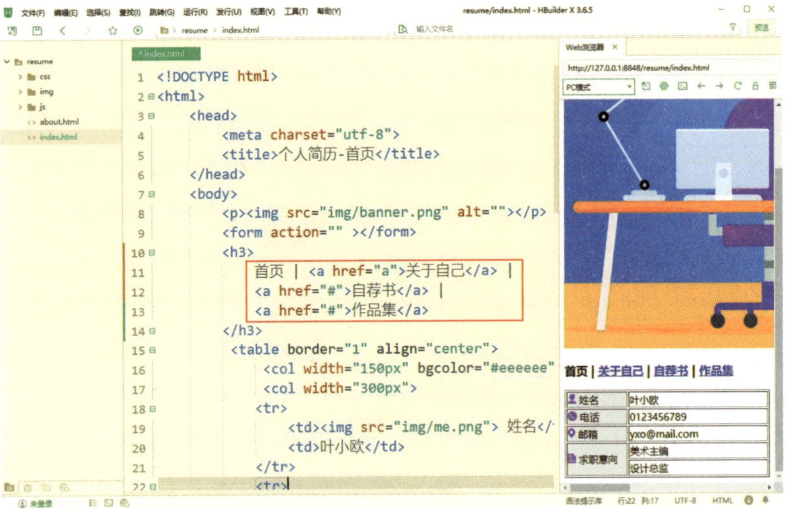

图 4.69 添加首页导航栏链接

（3）在代码窗口中打开“about.html”页面，用同样的方法，为导航文字“首页”添加跳转到“index.html”的链接，如图 4.70 所示，为“自荐书”和“作品集”添加空链接 <a href="#">。保存并预览“about.html”页面的导航栏链接效果。

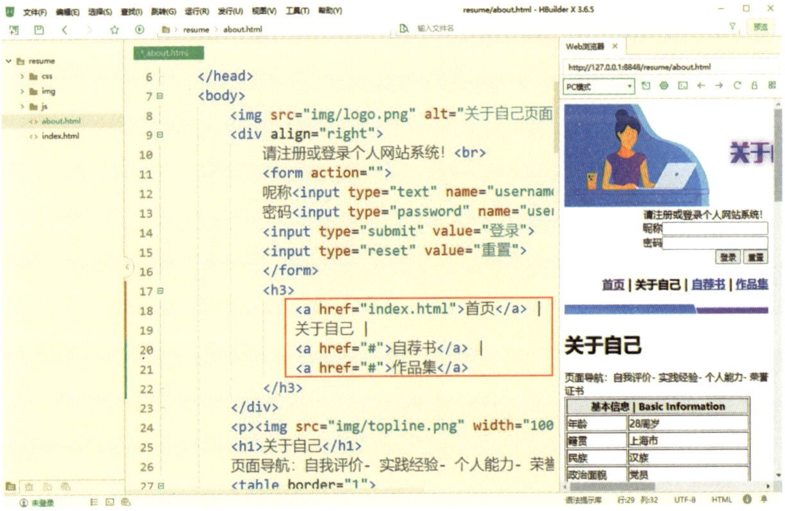

图 4.70 添加内页导航栏链接

活动 2 设置邮件链接和外链

（1）在“about.html”页面最下方版权文字中“联系站长”文字前后添加超链接标签 <a> 和 </a>，设置超链接的 href 属性值为“mailto:oyjm@vip.qq.com”，如图 4.71 所示，创建邮件链接。

（2）再为最下方版权文字后的“net.png”图片添加外部链接。如图 4.72 所示，先在图片的前后添加链接标签 <a> 和 </a>，然后为图片设置超链接的 href 属性值为外部网站的网址“http://www.baidu.com”。

（3）最后设置链接页面的打开方式。如图 4.73 所示，在 <a> 标签内输入 target 属性，并在弹出的属性值中选择空白页面“_blank”。保存并预览页面效果，单击此图片后会自动弹出一个空白页面并打开百度网站。

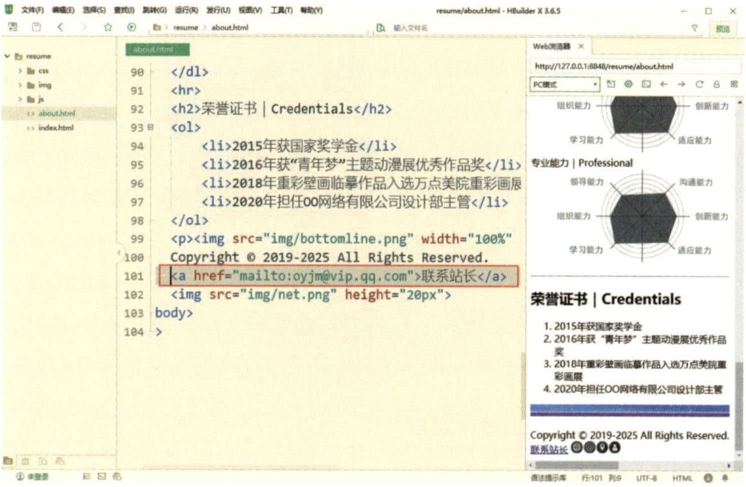

图 4.71　添加邮件链接

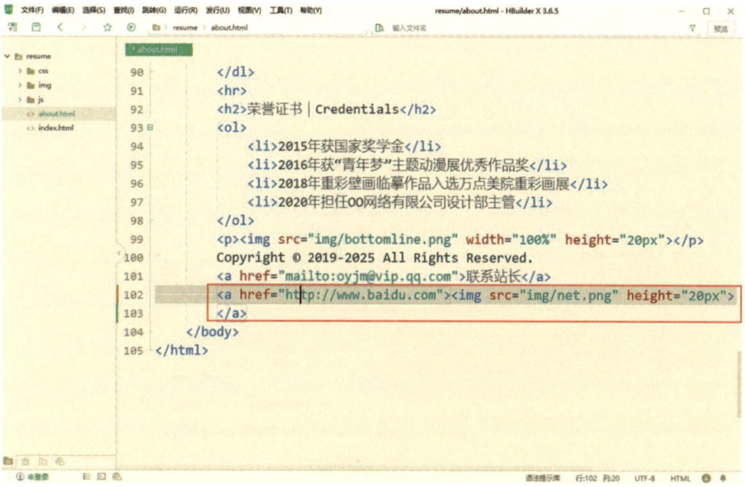

图 4.72　创建外链

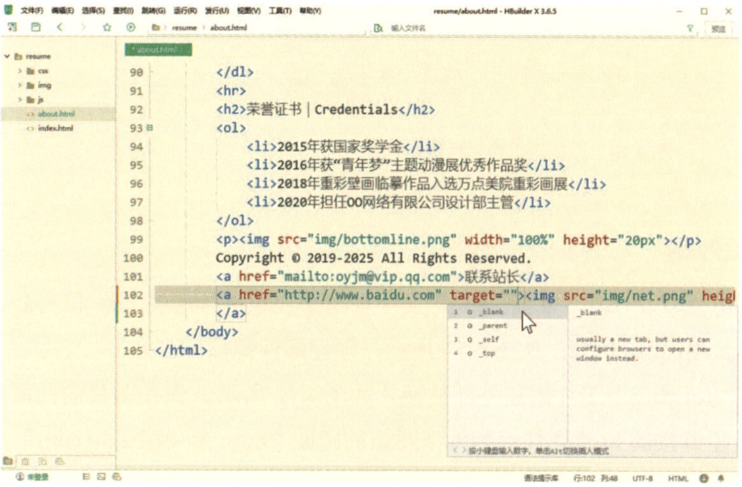

图 4.73　设置链接页面打开方式

■ 活动 3　设置页面内跳转链接

（1）“about.html”页面内链接的跳转效果如图 4.74 所示。单击“页面导航”，相关文字链接会自动跳转到页面中对应的四个标题 2 ——“自我评价丨 Self-Assessment”“实践经验丨 Practical Experience”“个人能力丨 Personal Ability”和“荣誉证书丨 Credentials”文字处，单击右侧的“top”图片会返回跳转到页面顶部。这种页面内跳转的链接就是锚点链接。

（2）在代码窗口中打开内页“about.html”页面，创建锚点链接的第 1 步是先定义命名锚。如图 4.75 所示，在第一个标题 2“自我评价丨 Self-Assessment”文字的前后添加超链接元素 <a> 和 </a>，然后在 <a> 标签内使用属性 name="a1" 命名第一个锚。

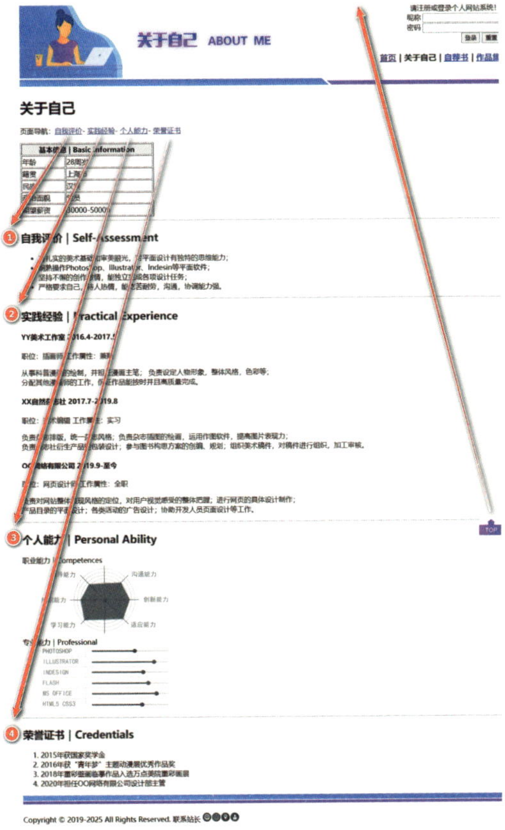

图 4.74　最终锚点链接效果

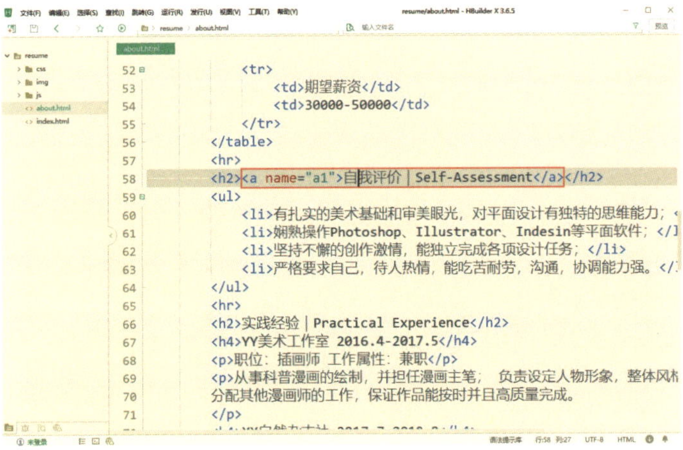

图 4.75　定义锚“a1”

（3）继续为本页面下方三个标题 2 文字“实践经验丨 Practical Experience”“个人能力丨 Personal Ability”和“荣誉证书丨 Credentials”定义命名锚“a2”“a3”和“a4”，如图 4.76 所示。

（4）创建锚点链接的第 2 步是为需要创建链接的元素添加 href 属性。如图 4.77 所示，在页面导航“自我评价”文字前后添加链接标签 <a> 和 </a>，并设置链接目标 href 属性值为命名锚“#a1”。

（5）用同样的方法创建页面导航“实践经验”“个人能力”和“荣誉证书”跳转到命名锚“a2”“a3”和“a4”的链接，注意将“页面导航”这一行文字放入段落元素 <p> 和 </p> 中，如图 4.78 所示。

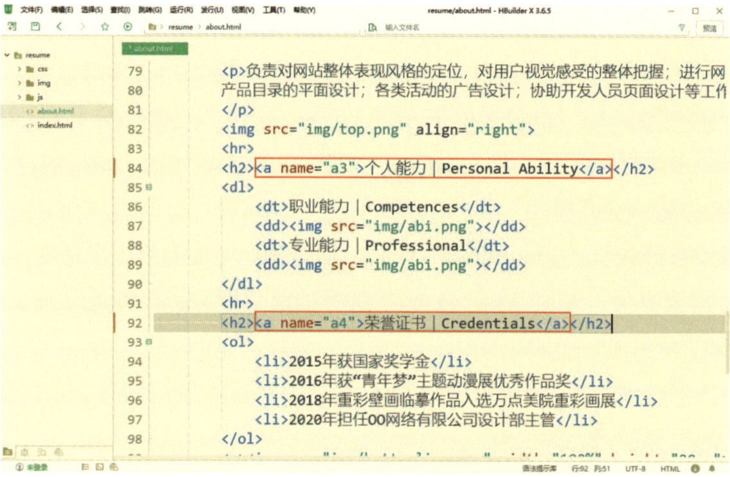

图 4.76　定义另外 3 个命名锚

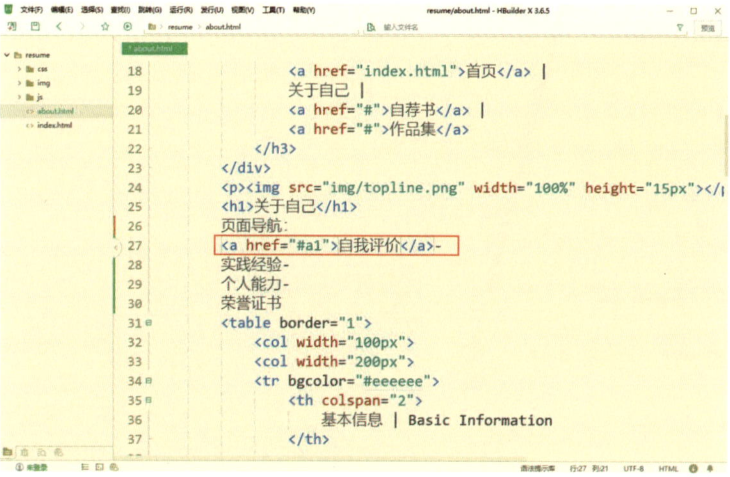

图 4.77　创建跳转到“a1”的锚点链接

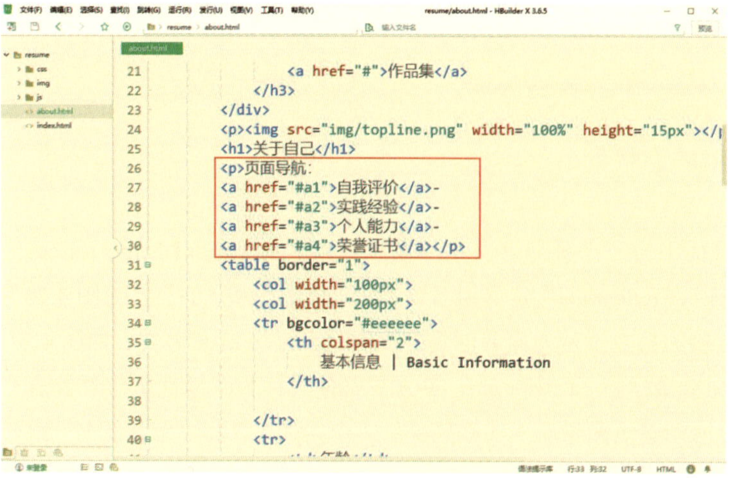

图 4.78　创建其他页面导航链接

（6）最后为本页面的“top.png”图片添加跳转到页面顶部的链接。如图 4.79 所示，只需要为图片添加 <a href="#"> 空链接，将本页面刷新显示即可。然后保存并预览完成后的“个人简历”网站效果。

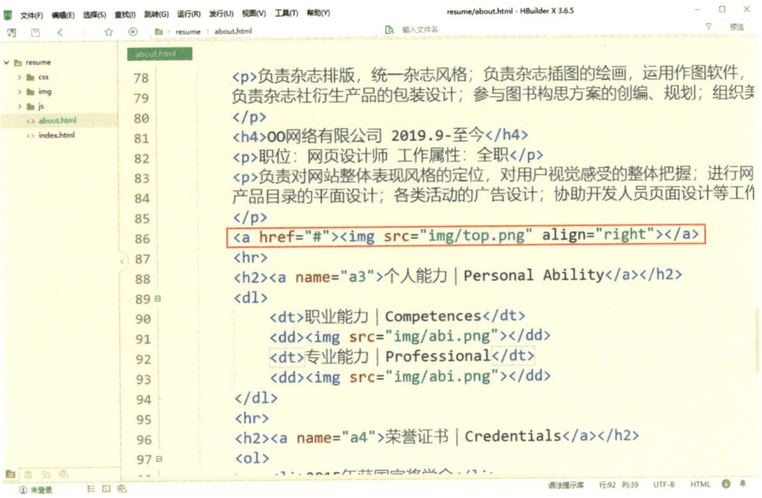

图 4.79　创建返回页面顶部的链接

项目5　扎染工艺网站制作（CSS样式）

• 项目需求

扎染是中国民间传统而独特的古老染色工艺，晕色丰富，变化自然，趣味无穷，一种靛色晕染千年，传承至今已成为重要的世界工艺瑰宝。扎染工艺网站主要以图文静态页面的方式，向浏览者简单介绍扎染工艺的特色、分类、应用及其带来的社会文化思考等。

本项目网站需要用 HTML 组织页面内容，用 CSS 样式美化页面。网站页面主要包括：首页、工艺特色、工艺分类、工艺应用、文化思考这几个栏目。

• 项目目标

掌握 CSS 样式规则，学会创建 CSS 样式表；掌握 CSS 选择器及其属性特征，能够高效控制网页元素美化页面效果。根据设计需求，参照布局草图对制作素材进行排版优化，给用户设计一个布局合理、简单清晰的界面，最终效果如图 5.1 所示。整个页面及部分图像都是自适应宽度的。

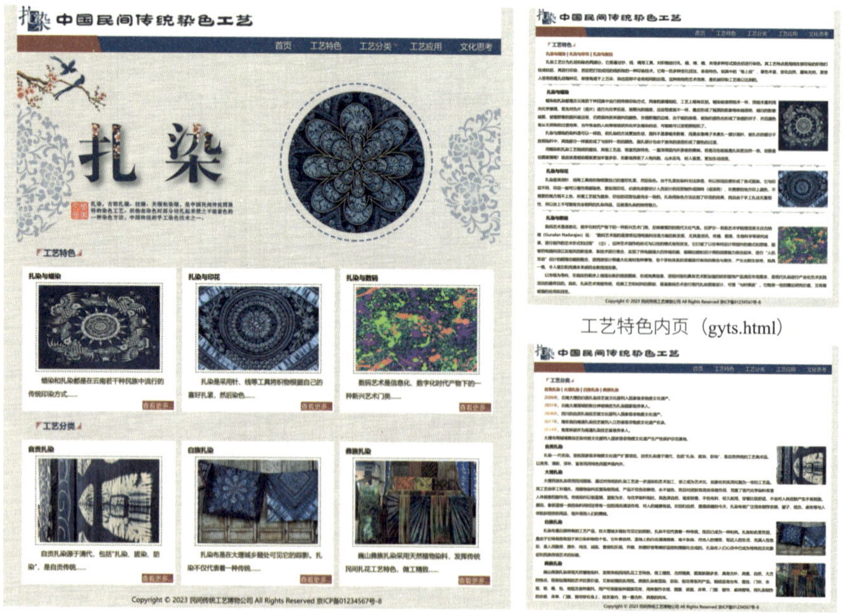

首页 (index.html)

工艺特色内页（gyts.html）

工艺分类内页（gyfl.html）

图 5.1　页面效果图

项目分析

（1）页面结构。

介绍扎染工艺的网站，需要做到页面美观、格式统一、条理清晰和布局合理，如图 5.2 所示。本项目制作首页、工艺特色和工艺分类这三个页面。

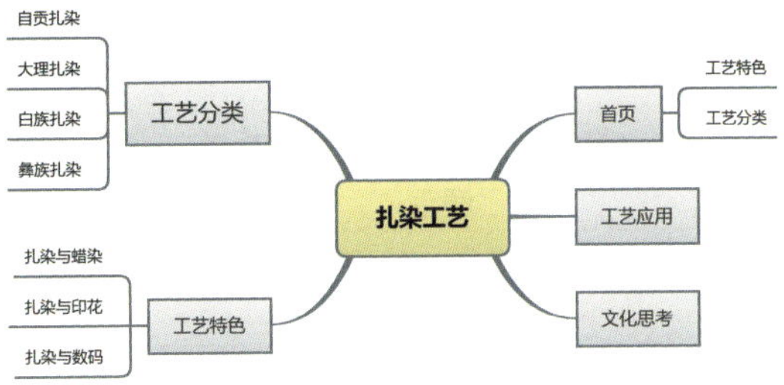

图 5.2　扎染工艺页面结构

（2）页面布局。

为了使页面内容更便于用 CSS 样式美化，在构建首页和内页布局草图时，就将页面划分为几个区块，如图 5.3 所示。

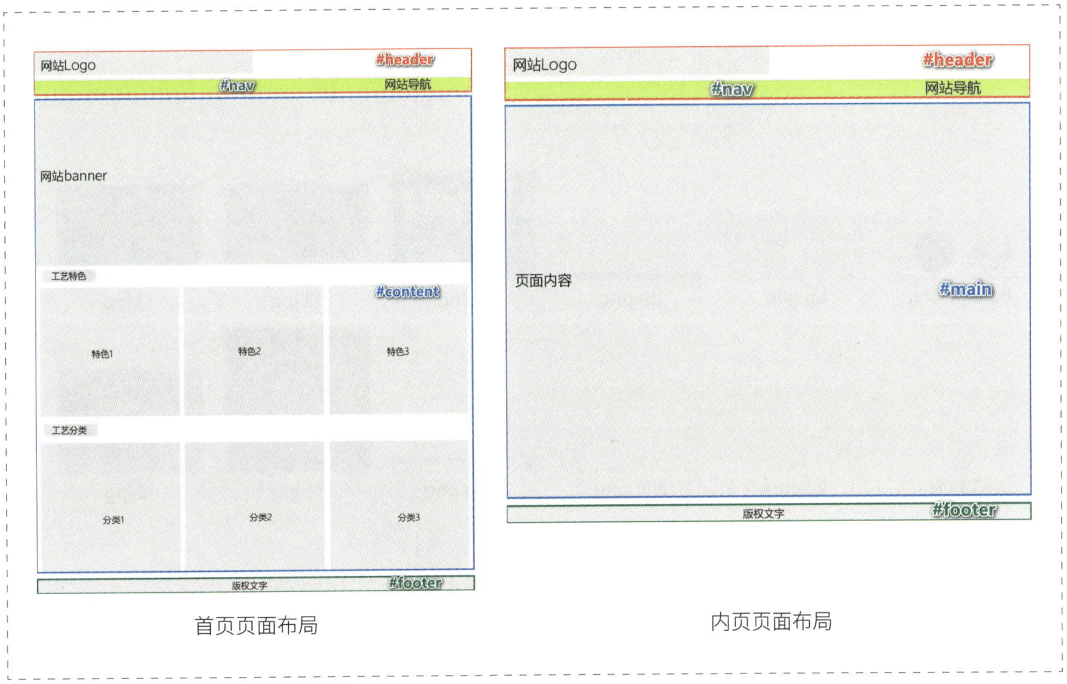

图 5.3　页面布局草图

（3）色彩搭配。

本案例是介绍中国传统染色工艺的网页设计，在页面中主要介绍了蜡染和扎染工艺，所以在色彩上联系了它们的固有色靛蓝，一种蓝中带紫的蓝色，以颜色为语言无时无刻不彰显着中国传统染色工艺的美。除此之外，在靛蓝的基础上还搭配了中国红，使得静谧的蓝色中多了一丝喜庆吉祥的意味。

（4）字体格式。

网站页面文字与页面的色彩设计相匹配，提高页面的易读性。本网站文字内容全部采用“微软雅黑”字体，具体元素字体格式如表 5.1 所示。

表 5.1　页面元素字体格式

页面元素	字号	颜色	其他效果
导航栏	20 px	原始：白色（#ffffff）	指向：深蓝色（#153376）
标题1	20 px	深蓝色（#153376）	加粗（bold）
标题2	18 px	默认黑色	加粗（bold）
标题3	16 px	默认黑色	加粗（bold）
正文	默认	默认黑色	—
超链接文字	默认	原始：深红色（#B93A26）	指向：浅灰色（#999999）
彩色文字	默认	#B93A26、#D45831、#EB7D42、#D47B31、#F6A439	

（5）制作素材。

通过对本项目的设计分析，制作扎染工艺网站，需要先收集或制作相关内容文字以及页面元素图像素材，如图 5.4 所示，然后再进行版面的设计制作。

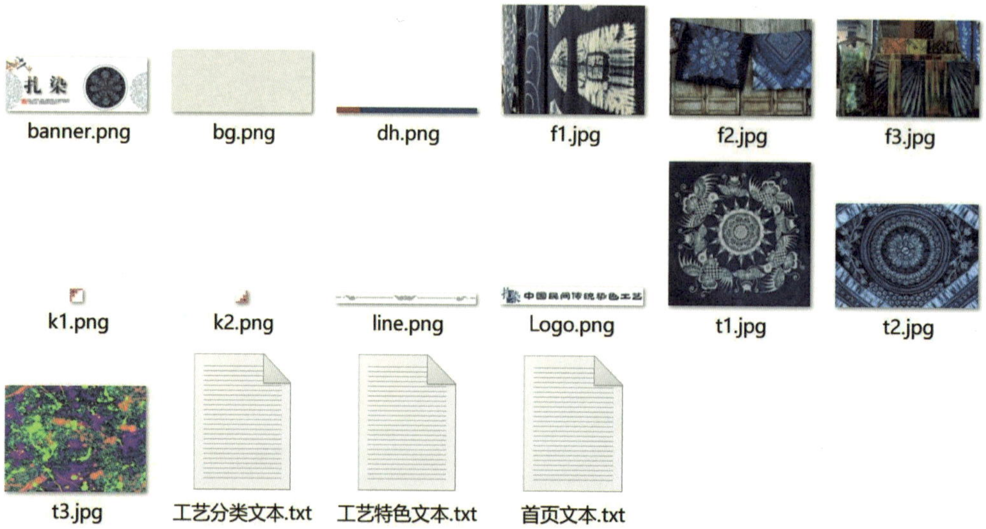

图 5.4　网站素材

5.1 任务 1 新建项目及样式表

5.1.1 任务导航

任务要点	• 熟悉CSS语法规则； • 了解样式表的创建方法； • 学会创建和使用外部样式表
任务活动	活动1　新建项目并创建外部样式表； 活动2　新建内页并链接外部样式表
任务目标	创建项目“Arts”（包含index.html和css、js、img目录）和外部样式表（style.css）；新建内页（gyts.html和gyfl.html）并链接样式表

5.1.2 知识学习

5.1.2.1 CSS简介

CSS（Cascading Style Sheets，层叠样式表），是一种用来结构化文档（如 HTML 文档或 XML 应用）添加样式（字体、间距和颜色等）的计算机语言，样式通常存储在扩展名为 .css 的 CSS 样式表文件中。CSS 主要用于设置 HTML 页面中的文本内容（字体、大小、对齐方式等），图像的外形以及版面的布局等外观显示样式。

（1）CSS 样式语法规则。

CSS 规则由两个主要的部分构成：选择器，以及一条或多条声明。

选择器：指定要应用样式的对象，可以是单个，也可以是复合元素。

声明：每条声明由一个属性和一个值组成。属性是希望设置的样式属性。每个属性都有一个值，属性和值被冒号分开。

语法：选择器 { 属性名 : 属性值 ; …… }

如图 5.5 所示是为标题 1 设置字体大小为 20 像素，颜色为深蓝色的样式。其中 h1 是 CSS 中的选择器，font-size 和 color 是属性，20 px 和颜色值是属性值。

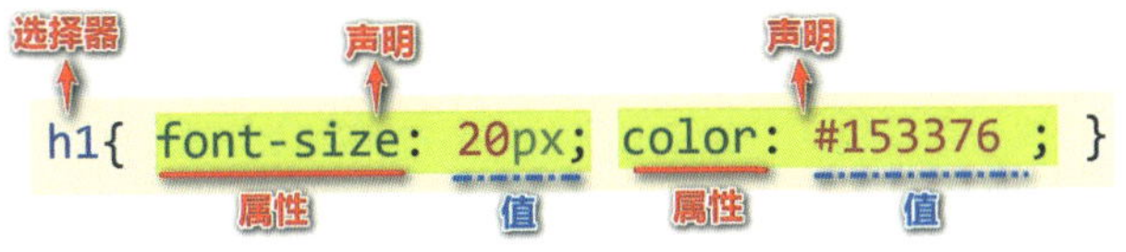

图 5.5　标题 1 样式

（2）CSS 代码结构特点。

• CSS 样式中的选择器区分大小写，属性和值不区分大小写，一般习惯将选择器、属性和值都采用小写的方式。

• CSS 声明总是以分号结束，并以大括号括起来。

• 如果属性的值由多个单词组成且中间包含空格，则必须为这个属性值加上英文状态下的引号。

- 为了提高 CSS 代码的可读性，通常会加上 CSS 注释（/* 注释内容 */）。

5.1.2.2 创建CSS样式表

创建 CSS 样式表的方法有以下 3 种。

（1）外部样式表。

当样式需要应用于很多页面时，创建外部样式表将是理想的选择。使用外部样式表时，可以通过改变一个文件来改变整个站点的外观，外部样式表可以在任何文本编辑器中编写，并且必须以 .css 扩展名保存。每个页面都可在 <head> 部分内使用 <link> 元素引用外部样式表文件。

例如：本项目中的每个页面均链接了外部样式表：

```
<head>
    <link rel="stylesheet" type="text/css" href="css/style.css">
</head>
```

可以从 CSS 目录中的 style.css 中读取样式声明，并根据它来格式化文档。

（2）内部样式表。

当单个页面需要特殊的样式时，就应该创建内部样式表。内部样式表是在 <head> 部分的 <style> 元素中进行定义的。

例如：本项目在“index.html”首页创建了该页面表格的内部样式表：

```
<head>
    <style type="text/css">
        table{ border-spacing:15 px; }
            ……
    </style>
</head>
```

（3）内联样式。

当样式仅需要在一个元素上应用一次时，要使用内联样式，也称行内样式。需要在相关标签内使用样式（style）属性。style 属性可以包含任何 CSS 属性。

例如，本项目在“gyfl.html”页面部分彩色文字使用了内联样式：

```
<span style="color:#B93A26;">2006 年 </span>
```

由于要将表现和内容混杂在一起，内联样式会损失掉样式表的许多优势，建议慎用这种方法。

5.1.3 任务实施

■ 活动 1　新建项目并创建外部样式表

（1）启动 HBuilder 软件，选择项目存放的目录，创建一个基本 HTML 项目“Arts”，如图 5.6 所示。

创建完毕后，项目目录会出现首页 index.html 以及 css、img、js 三个文件夹。拷贝案例素材（图 5.3）目录下的全部图像文件，粘贴到项目的“img”目录内。

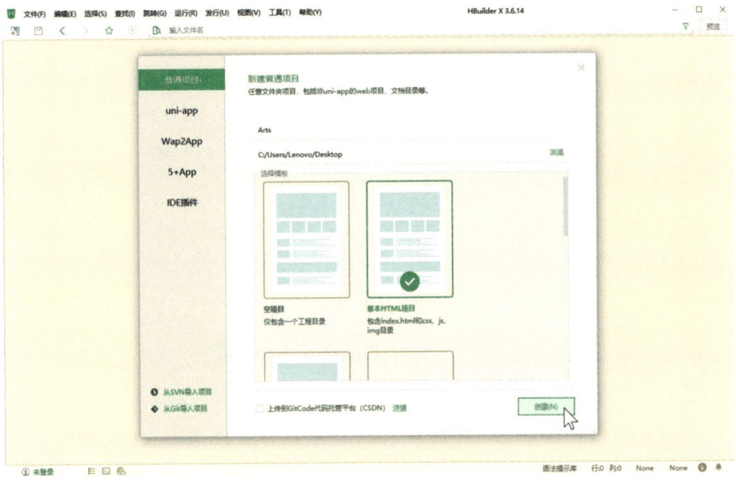

图 5.6 新建“Arts”项目

（2）为了便于控制网站页面的布局和外观，我们需要使用 CSS 样式表。如图 5.7 所示，在 HBuilder 软件“项目管理器”中的“css”目录上单击鼠标右键，执行“新建—7.css 文件”命令，为此网站创建一个外部样式表文件。

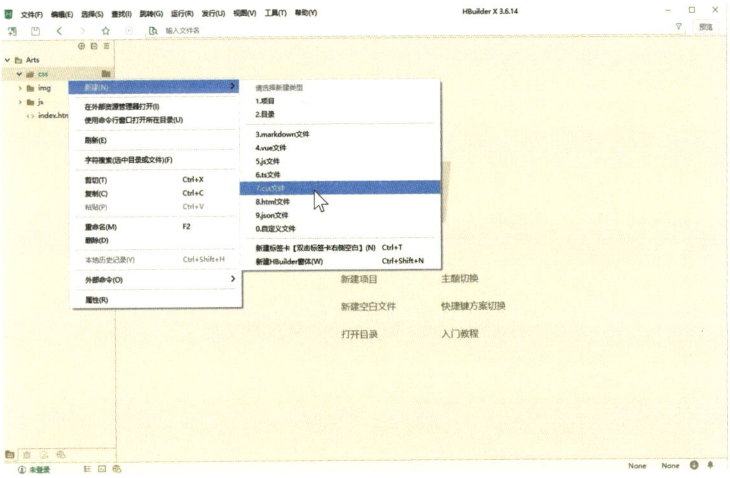

图 5.7 新建 css 文件

（3）在弹出的“新建 css 文件”对话框中为创建的 css 样式文件命名为“style.css”，单击“创建”按钮，如图 5.8 所示。此时会在项目 css 目录中出现样式表文件“style.css”，并会在 HBuilder 编辑窗口中自动打开该文档。

（4）下面编辑创建好的“style.css”样式表文档，用 CSS 选择器定义样式来清除所有 HTML 标签的默认边距。如图 5.9 所示，定义通配符选择器的样式：*{margin: 0; padding: 0;}，保存样式表文件。

（5）打开“index.html”页面文档，在 <title> 元素内添加页面标题“扎染工艺 - 首页”，在 head 元素内，输入 <link> 标签，选择弹出的下拉列表“link”元素或直接按回车键，让系统自动添加链接外部样式表的代码片段。此时文档中会自动添加 <link rel="stylesheet" type="text/css"href=" "/>（其中 type="text/css" 可以省略）代码片段，如图 5.10 所示，为 href 属性指定文件路径“css/style.css”完成外部样式表的链接。

图 5.8　创建“style.css”样式表文档

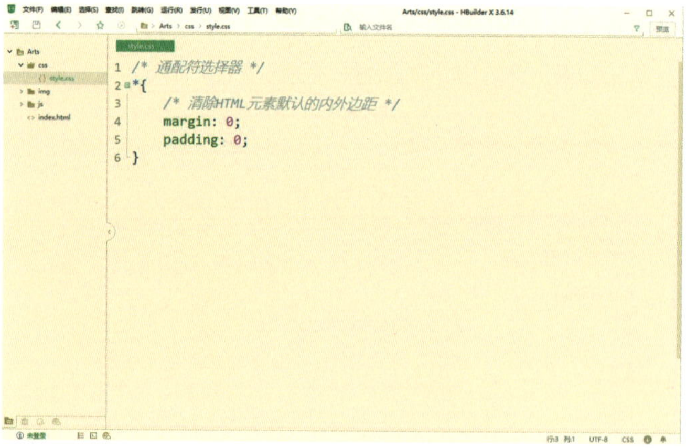

图 5.9　编辑“style.css”样式表文档

图 5.10　链接外部样式表

■ 活动 2　新建内页并链接外部样式表

（1）在“项目管理器”的“Arts”项目目录上单击鼠标右键，执行“新建—html 文件”命令，在打开的“新建 html 文件”对话框中，为“Arts”项目创建一个默认“default”的空白 html 文档，命名为“gyts.html”，如图 5.11 所示。

（2）在打开的“gyts.html”页面代码头部，<title> 元素内添加页面标题“扎染工艺 - 工艺特色”。然后在 <head> 元素内，用 <link> 元素代码“<link rel="stylesheet" type="text/css" href="css/ style.css"/>”（其中 type="text/css" 可以省略）链接刚才创建好的外部 CSS 样式表到本页面，如图 5.12 所示。

图 5.11　新建“gyts.html”内页

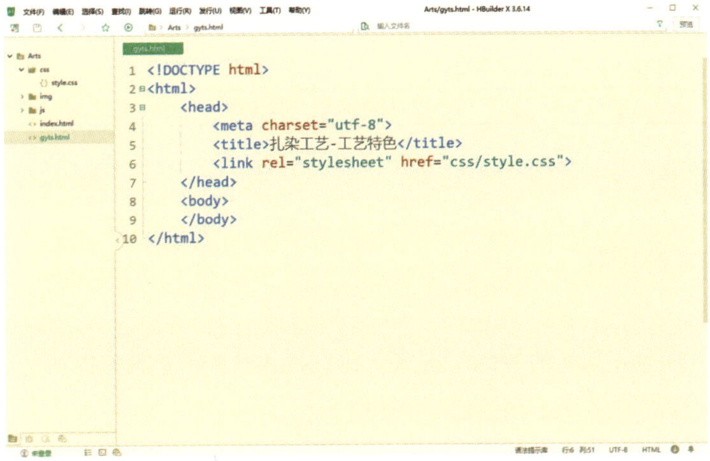

图 5.12　添加页面头部信息

（3）用同样的方法为“Arts”项目再创建一个“gyfl.html”内页，页面标题为“扎染工艺 - 工艺分类”，同样链接外部 CSS 样式表“style.css”到本页面，如图 5.13 所示。

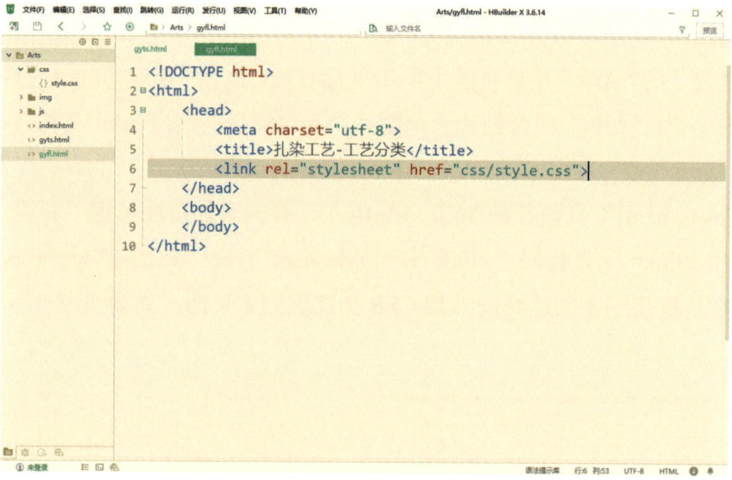

图 5.13　新建“gyfl.html”内页并链接外部样式表

5.2　任务 2　制作并美化内页

5.2.1　任务导航

任务要点	● 熟悉CSS样式基本选择器的用法； ● 掌握用CSS设置文本样式、图像样式、背景样式和超链接样式的方法
任务活动	活动1　创建内页布局； 活动2　制作内页页面； 活动3　设置“gyts.html”页面布局样式； 活动4　设置“gyts.html”页面文字样式； 活动5　设置“gyts.html”页面图像样式； 活动6　美化“gyfl.html”页面
任务目标	创建“gyts.html”和“gyfl.html”页面布局并制作图文内容，再用CSS样式美化页面

5.2.2　知识学习

5.2.2.1　CSS样式基本选择器

（1）通配符选择器。

通配符选择器能匹配页面中所有的 HTML 元素，在 CSS 中通配符选择器以英文符号“*”来标识。

语法：*{ 属性 1: 属性值 1; 属性 2: 属性值 2; …… }

例如：*{ margin: 0; padding: 0; }/* 清除所有元素的默认边距 */。

（2）标签选择器。

标签选择器是指将 HTML 中的标签名作为选择器，为页面中某一类标签设置统一的 CSS 样式。

语法：标签名 { 属性 1: 属性值 1; 属性 2: 属性值 2; …… }

例如：h2{ font-size: 18 px; } /* 将页面所有的标题 2 字体大小设置为 18 像素 */。

在该语法中，任何的 HTML 标签名都可以作为标签选择器，如 h1、div、span、p、body 标签。

（3）id 选择器。

id 选择器可以为标有 id 的 HTML 元素设置特定的样式。大多数 HTML 元素都可以设置 id 属性，id 名即为 HTML 元素的 id 属性值。在 CSS 中 id 选择器以“#”来标识。

语法：#id 名 { 属性 1: 属性值 1; 属性 2: 属性值 2; …… }

例如：#header{ width: 1200 px; margin: auto; background-color: #fff;}/* 设置页面头部区域宽度为 1200 像素且居中对齐，背景颜色为白色 */。

id 属性只能在每个 HTML 文档中出现一次。

（4）类选择器。

类选择器又称为 class 选择器，在 CSS 中 class 选择器以英文符号“.”来标识，后面紧接类名（类名的第一个字符不能是数字）。

语法：.class 名 { 属性 1: 属性值 1; 属性 2: 属性值 2; …… }

例如：.img1{width:200 px; padding:10 px; float:right; }/* 设置类名为“.img1”的图像宽度为 200 像素，内边距为 10 像素，且右浮动 */。

大多数的 HTML 元素都可以设置 class 属性，一个 HTML 标签可以匹配多个 class（class 之间用空格间隔），一个 class 也可以被多个 HTML 标签使用。也就是可以为不同的 HTML 元素定义相同样式，也可以为相同的 HTML 元素定义不同样式。

5.2.2.2 设置CSS样式

（1）设置文本样式。

CSS 文本属性可以控制文本的颜色、字符间距，可以对齐文本、装饰文本、对文本进行缩进等。

- font-family：字体属性，属性值可以有多个值，用逗号隔开，后面字体表示备选字体。如果字体名称为中文或英文不止一个单词，则必须用引号引起来。

例如：body{ font-family: “微软雅黑”; }/* 页面字体为微软雅黑 */。

- font-size：字体大小，单位可以是 px、em、ex、% 等。
- font-weight：字体粗细，可以是具体的值也可以是关键字，如 bold。
- color：字体颜色，可以用 rgb、关键字（如 red）、十六进制（如 #FF00FF）、rgba（最后一个值表示透明度，取值 0 ～ 1）表示。
- font-style：字体样式属性，取值 normal（正常）、italic（斜体）、oblique（倾斜）。
- text-decoration：修饰字体属性，常用属性值 underline（下划线）、line-through（删除线）、overline（上划线）、none（无修饰）。
- line-height：设置行高。一般单行文本需设置垂直居中时，设置行高与元素高度（height）即可。

常用的文本段落属性有段落缩进、文本对齐等。

- text-indent：文本缩进，在段落中经常设置首行缩进 2 字符（text-indent：2em）。
- text-align：水平对齐，文本在元素内居中对齐。
- vertical-align：垂直对齐，只有对在 XHTML 中有 valign 属性的标签才起作用，对其他标签无用。

（2）设置尺寸样式。

CSS 中 height 和 width 属性不包括内边距、边框和外边距。它设置的是元素内边距、边框以及外边距内的区域的高度或宽度。属性值可设置为 auto（浏览器默认高度 / 宽度）、px/cm（定义高度 / 宽度值）、%（以包含块的百分比定义高度 / 宽度）、initial（将高度 / 宽度设置为默认值）、inherit（继承父元素）。

- height：设置元素的高度。
- width：设置元素的宽度。
- max-height：设置元素的最大高度。
- max-width：设置元素的最大宽度。
- min-height：设置元素的最小高度。
- min-width：设置元素的最小宽度。

（3）设置背景样式。

CSS 背景属性用于定义 HTML 元素的背景。

- background-color：定义了元素的背景颜色。
- background-image：描述了元素的背景图像。默认情况下，图像会重复，以覆盖整个元素。需要注意的是，背景的相对路径是相对于样式表来说的。

例如，在项目 CSS 目录“style.css”样式表中：body{ background-image: url(../img/bg.png);}/* 指定页面背景图像为项目 img 目录中的 bg.png 图像 */。

- background-position：设置背景图像的起始位置。指定的是图像左上角相对于元素左上角的位置。由两个值来表示，第一个值表示 X 轴（水平）位置，第二个值表示 Y 轴（垂直）位置；可以用具体的数值（单位 px）来表示，也可以用百分比或者关键词来表示。在 X 轴上的关键词为 left、center、right；在 Y 轴上的关键词为 top、center、bottom。
- background-repeat：设置背景图像是否重复以及如何重复。属性值 repeat（背景图像在垂直和水平方向重复，系统默认）、repeat-x（只有水平位置会重复背景图像）、repeat-y（只有垂直位置会重复背景图像）、no-repeat（背景图像不重复）、inherit（继承父元素）。
- background-attachment：指定背景图像是应该滚动还是固定的（不会随页面的其余部分一起滚动）。属性值 scroll（滚动）、fixed（固定）、inherit（继承父元素）。

如需缩短代码，也可以在一个属性 background 中指定所有背景属性。它被称为简写属性。在使用简写属性时，属性值的顺序为：background-color、background-image、background-repeat、background-attachment、background-position。属性值之一缺失并不要紧，只要按照此顺序设置其他值即可。

（4）设置超链接样式。

在默认浏览器中，默认有超链接的文本统一为蓝色并有下划线，访问过的超链接文本为紫色并有下划线。可以通过 CSS 设置超链接的各种属性，包括字体、颜色、下划线和背景等样式。

- a:link：普通的未被访问的链接。
- a:visited：用户已访问的链接。
- a:hover：鼠标悬停于链接上。
- a:active：链接被激活按下时。

一般在设置页面链接样式时，直接使用 <a> 标签样式控制 4 种状态相同的样式，再设置 a:hover 的属性值即可。

（5）设置表格样式。

- border：简写属性。在后文介绍 CSS 盒子模型时会具体讲解。
- border-collapse：规定是否应折叠表格边框。属性值 separate（默认值，边框会被分开，不会忽略 border-spacing 和 empty-cells 属性）、collapse（边框合并为一个单一的边框，会忽略 border-spacing 和 empty-cells 属性）、inherit（继承父元素）。
- border-spacing：规定相邻单元格之间边框的距离。
- caption-side：规定表格标题的位置。属性值 top（默认值，把表格标题定位在表格之上）、bottom（把表格标题定位在表格之下）、inherit（继承父元素）。
- empty-cells：规定是否在表格中的空白单元格上显示边框和背景。属性值 hide（不在空单元格周围绘制边框）、show（默认值，在空单元格周围绘制边框）、inherit（继承父元素）。
- table-layout：设置用于表格的布局算法。属性值 automatic（默认值，列宽度由单元格内容设定）、fixed（列宽由表格宽度和列宽度设定）、inherit（继承父元素）。

（6）设置对齐样式。

- 元素居中对齐：要水平居中对齐一个元素（如 <div>），可以使用“margin: auto;”元素，通过指定宽度将两边的空外边距平均分配，但如果元素没有设置 width 属性（或者设置 100%），居中对齐将不起作用。
- 文本居中对齐：如果仅仅是为了文本在元素内居中对齐，可以使用“text-align: center;”。
- 图像左右对齐：float 属性可实现图文环绕的效果，属性值 left（图像在文本中向左浮动）、right（图像在文本中向右浮动）。
- 垂直居中：可以使用“line-height=height”实现元素的垂直居中，但它仅对单行文本有效。多行文本可使用“vertical-align: middle;”来实现元素的垂直居中，但是当子元素的内容体积大于父元素的内容体积时，仍然会溢出。

5.2.3　任务实施

活动 1　创建内页布局

（1）在 HBuilder 中打开“Arts”项目中的“gyts.html”页面文档，根据图 5.3 所示的内页页面布局，在 <body> 元素内写入 4 个 <div> 元素，分别设置 id 值为“header”“nav”“main”和“footer”，id 值为“nav”的 <div> 元素嵌套在“header”内部，如图 5.14 所示。

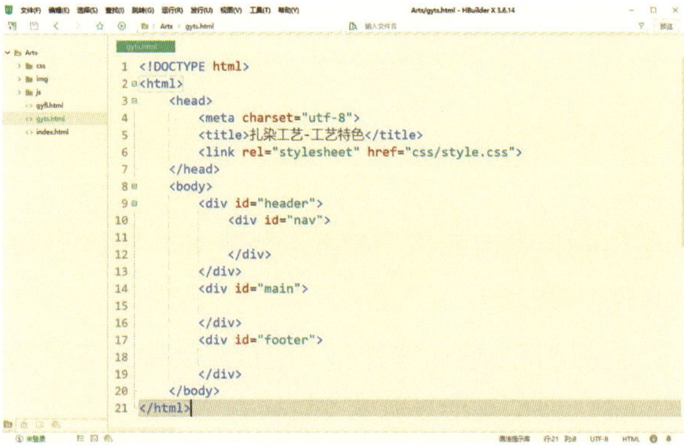

图 5.14　创建“gyts.html”页面布局

（2）打开项目中的“gyfl.html”页面文档，同样写入 4 个 <div> 元素布局，分别设置 id 值为“header”“nav”“main”和“footer”，如图 5.15 所示。

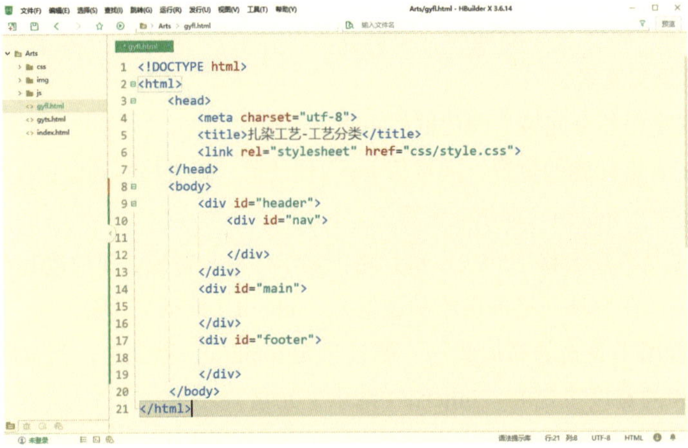

图 5.15　创建“gyfl.html”页面布局

活动 2　制作内页页面

（1）打开素材目录下的“工艺特色文本 .txt”文档，复制首行文本“首页 工艺特色 工艺分类 工艺应用 文化思考”，粘贴到“gyts.html”页面代码中的 <div id="nav"> 和 </div> 之间；最后一行版权文本复制粘贴到 <div id="footer"> 和 </div> 之间；其他中间的文本复制粘贴到 <div id="main"> 和 </div> 之间，如图 5.16 所示。

图 5.16　粘贴“gyts.html”页面文本

（2）观察完成后的“gyts.html”页面效果，如图 5.17 所示，先添加 <h1><h2><h3> 和 <p> 元素，设置“gyts.html”页面内容的标题和段落。

（3）然后添加 <a> 元素，设置网站导航超链接和页面锚点链接。其中导航文本“首页”链接“index.html”，“工艺分类”链接“gyfl.html”页面，其他导航文本链接为空；给每个 <h2> 标签处用 id 命名锚“nr”“yh”

和“sm”，并添加页面锚点链接；标题 3 文本“扎染与蜡染”链接到“#nr”、“扎染与印花”链接到“#yh”、“扎染与数码”链接到“#sm”，如图 5.18 所示。

（4）最后给页面添加 <img> 图像元素。在网站导航文本上方添加图像“logo.png”；标题 1 文本前后添加图像“k1.png”和“k2.png”；页面内容文本内合适位置添加图像“t1.jpg”“t2.jpg”和“t3.jpg”，如图 5.19 所示。

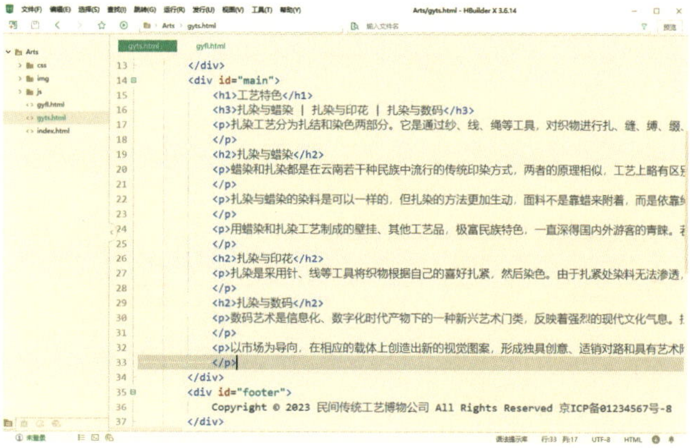

图 5.17　设置“gyts.html”页面标题和段落

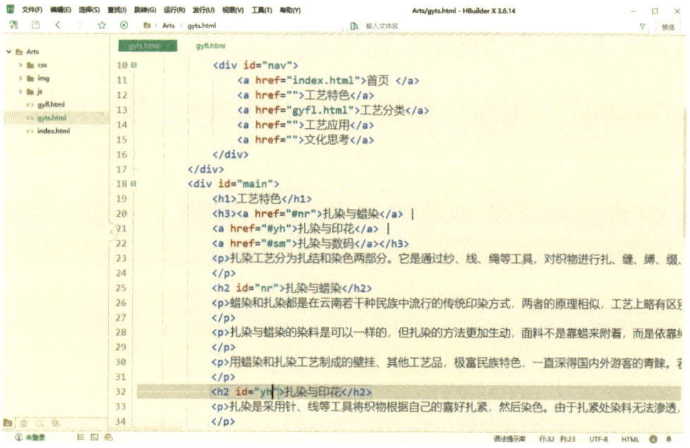

图 5.18　添加页面超链接

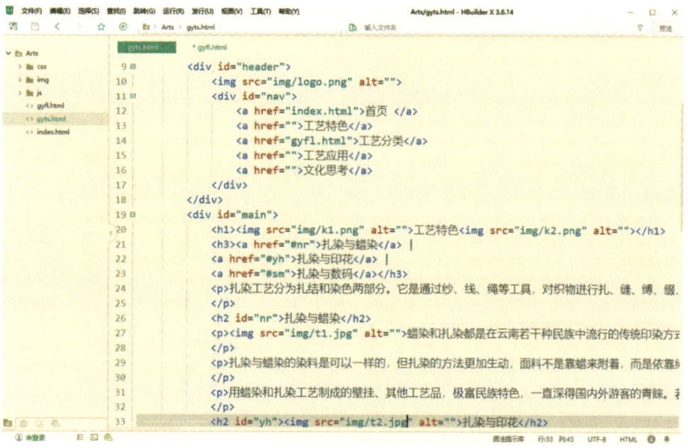

图 5.19　添加页面图像

（5）用同样的方法给“gyfl.html”添加素材目录下的“工艺特色文本.txt”文档内容，并制作好标题、段落、超链接和图像，其中导航文本“工艺特色”链接“gyts.html”页面，如图5.20所示。保存并预览两个制作好内容的页面效果，图文均为浏览器默认状态。

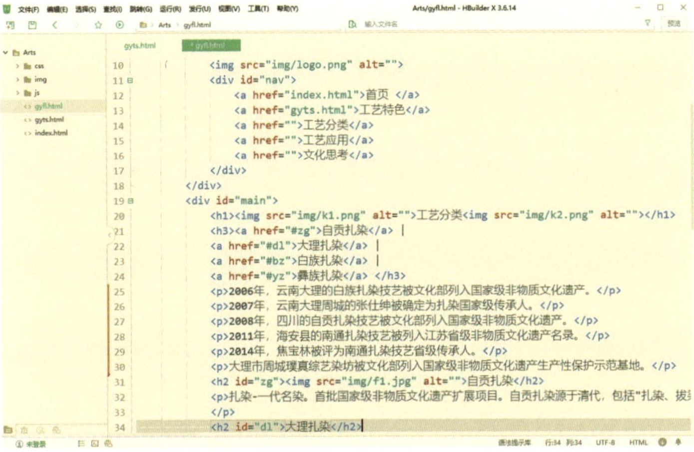

图5.20　制作“gyfl.html”页面内容

活动3　设置“gyts.html”页面布局样式

（1）观察完成后的“gyts.html”页面布局效果，如图5.21所示，先设置此页面布局元素的样式。

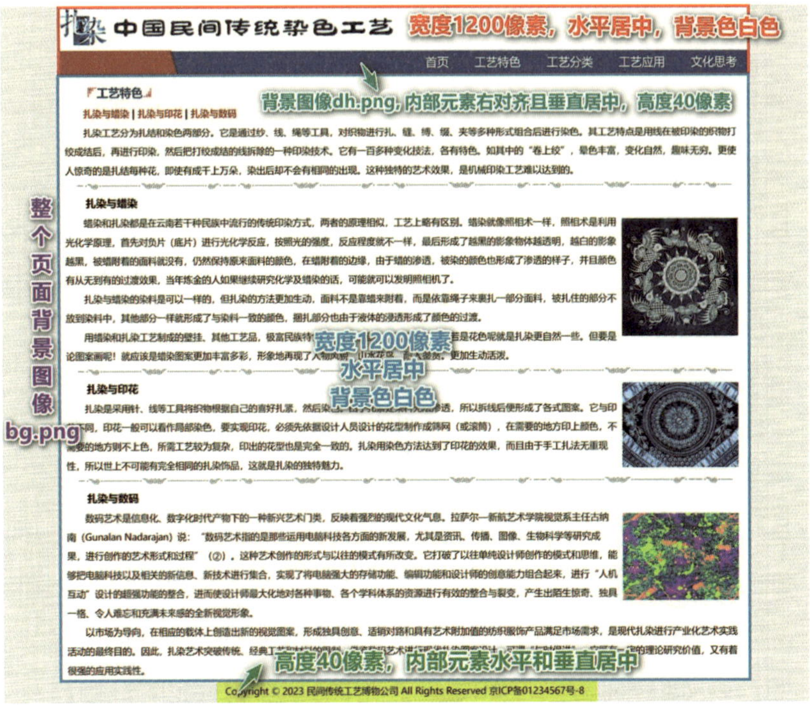

图5.21　完成后的“gyts.html”页面布局效果

（2）在 HBuilder 中打开项目“CSS”目录中的“style.css”样式表文档，如图 5.22 所示，输入刚才页面上的四块布局部分的 ID 选择器“#header”“#nav”“#main”和“#footer”，为它们设置布局的 CSS 样式。

（3）设置各区块的尺寸样式，如图 5.23 所示。页面头部（#header）和内页主体内容区（#main）的宽度为“width: 1200 px;”；页面导航区（#nav）和页面尾部区（#footer）的高度为“height: 40 px;”。

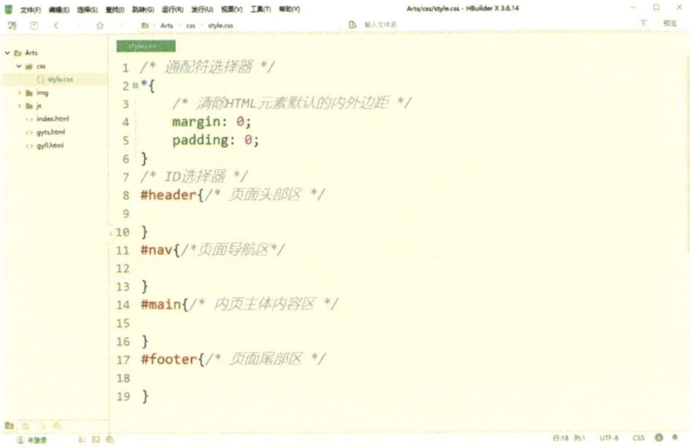

图 5.22 样式表中输入 ID 选择器

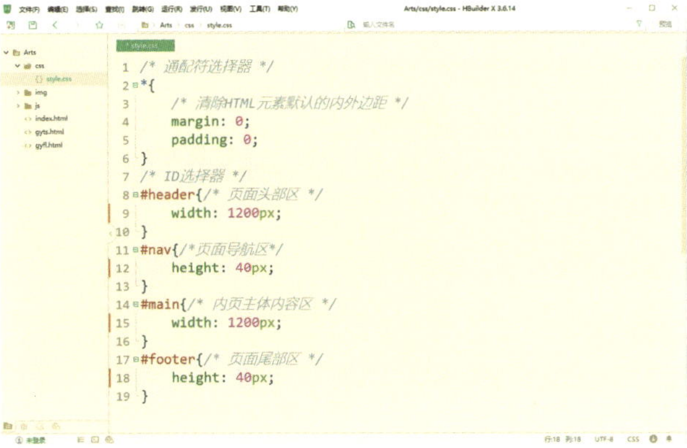

图 5.23 设置尺寸样式

（4）然后设置元素对齐样式，如图 5.24 所示。页面头部（#header）和内页主体内容（#main）区块水平居中对齐，输入“margin: auto;”；导航区（#nav）和页面尾部区（#footer）内部元素垂直居中，输入“line-height: 40 px;”与 height 高度相等；导航区（#nav）内部元素右对齐，输入“text-align: right;”；页面尾部区（#footer）内部元素居中对齐，输入“text-align: center;”。

（5）最后设置背景样式，如图 5.25 所示。新增标签选择器（body）设置背景图像为“../img/bg.png”；页面头部（#header）和内页主体内容（#main）区块设置背景颜色为白色“#fff”；导航区（#nav）设置背景图像为“../img/dh.png”。保存样式表文件，预览“gyts.html”页面布局效果。

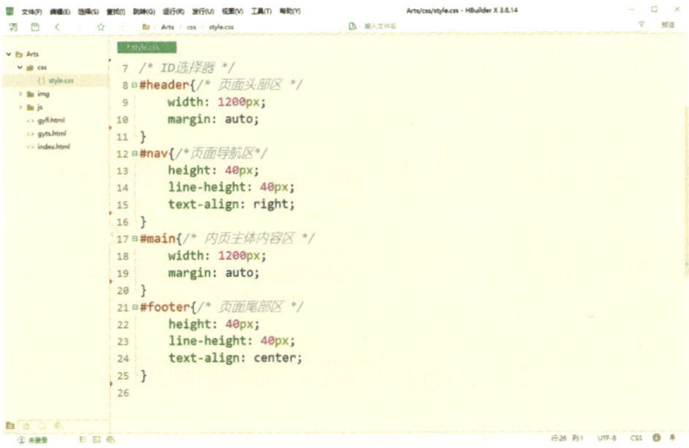

图 5.24 设置尺寸样式

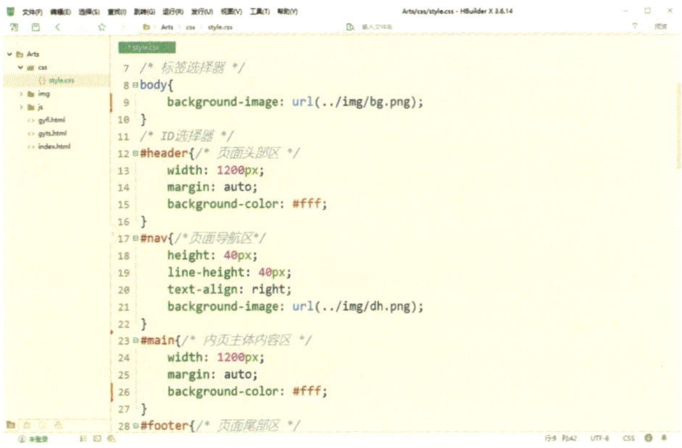

图 5.25 设置背景样式

活动 4　设置“gyts.html”页面文字样式

（1）观察完成后的“gyts.html”页面文字效果，先统一整个页面文字的字体。如图 5.26 所示，在“style.css”样式表文档中增加标签选择器（body）的“font-family”字体属性值为“微软雅黑”。

（2）页面上段落、标题 1、标题 2、标题 3 的样式均为行高 2 倍行距，首行缩进 2 个字符。如图 5.27 所示，用并集选择器统一设置“p,h1,h2,h3”元素的行高为 2 倍行距“line-height: 200%;”和首行文字缩进 2 个字符“text-indent: 2em;”。

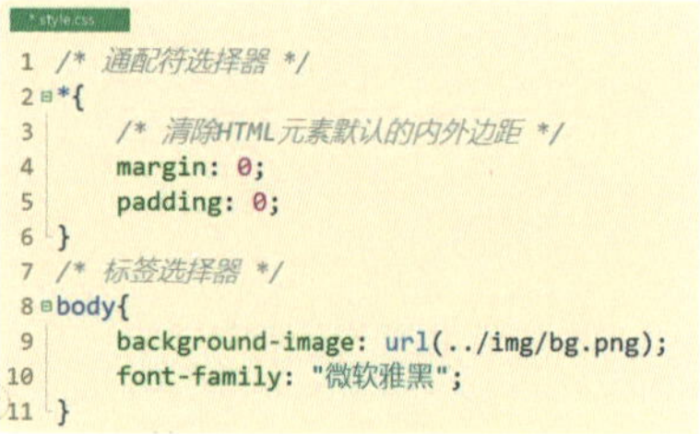

图 5.26　设置页面字体

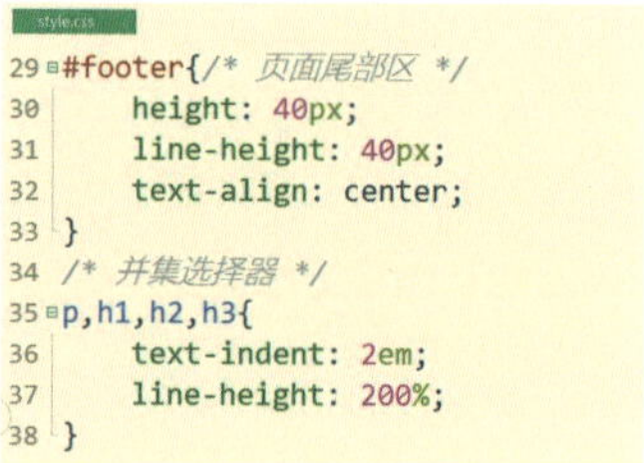

图 5.27　设置统一样式

（3）继续用标签选择器设置标题 1 的字体大小属性为“font-size: 20 px;”，字体颜色为“color: #153376;”；标题 2 的字体大小属性为“font-size: 18 px;”；标题 3 的字体大小属性为“font-size: 16 px;”，如图 5.28 所示。

（4）页面内文字导航超链接样式如图 5.29 所示，设置 a 元素选择器的文字颜色属性为黑色“color: #b93a26;”，文字修饰属性为无下划线“text-decoration: none;”；鼠标悬停 a:hover 伪类选择器的文字颜色属性为浅灰色“color: #999;”，文字修饰属性为出现下划线“text-decoration:underline;”。

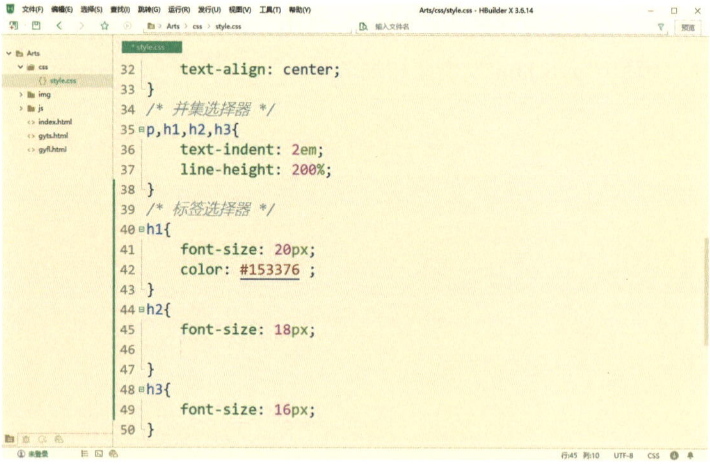

图 5.28　设置背景样式

图 5.29　设置超链接的样式

活动 5　设置“gyts.html”页面图像样式

（1）观察完成后的“gyts.html”页面图像效果，如图 5.30 所示。页面主体部分的三张图片的宽度均为

200 像素，且右浮动。由于这三张图片样式的独特性，可以单独为它们设置类样式（.img1）。内容中要增加三条内容分隔图像，可以用 div 元素，设置类样式（.line），元素背景图像“line.png”，宽度为 95%，高度为 20 像素，水平居中对齐。

（2）打开“gyts.html”页面代码，如图 5.31 所示。先为页面内容中的三张图像“t1.jpg”“t2.jpg”和“t3.jpg”的 <img> 元素内部定义同一个类 class="img1"。

（3）分别在三个 <h2> 标签上增加布局元素 <div>，并且定义类 class="line"，如图 5.32 所示。

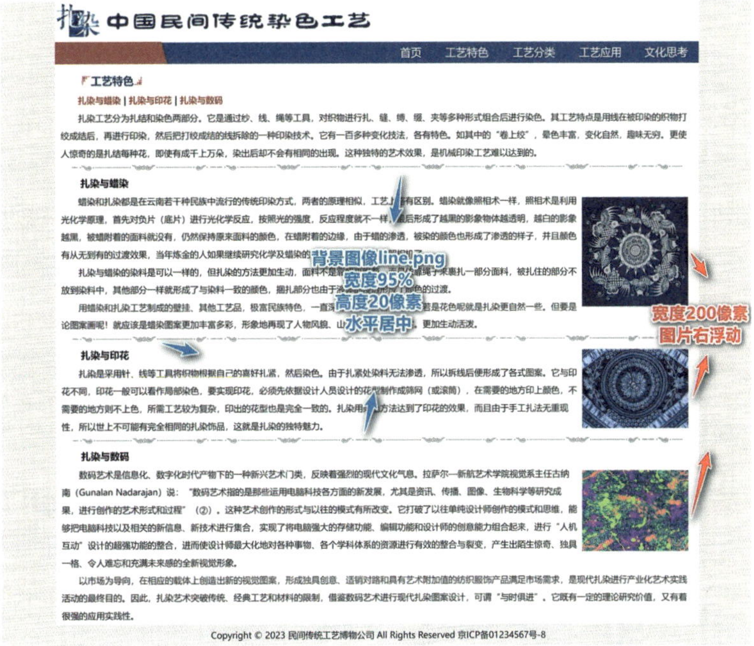

图 5.30　完成后的“gyts.html”页面图像效果

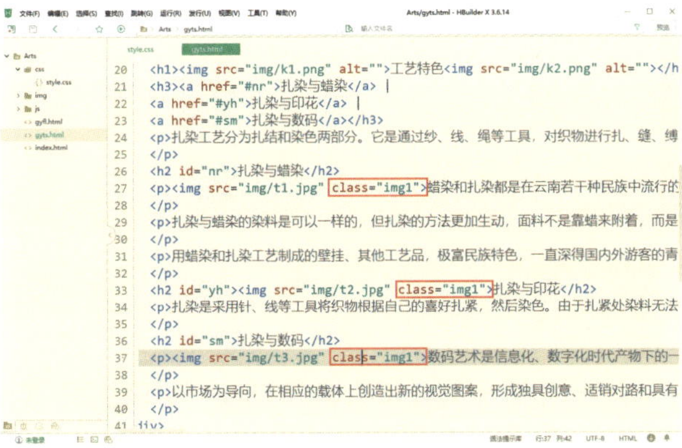

图 5.31　定义图像的类

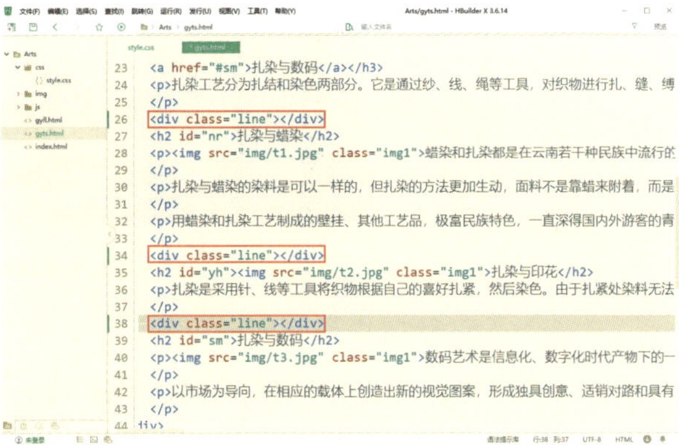

图 5.32　定义布局元素

（4）打开“style.css”样式表文档，分别设置两个类的 CSS 样式，如图 5.33 所示。设置 .img1 类样式的宽度“width: 200 px;”，右浮动“float:right;”。设置 .line 类样式背景“background-image: url(../img/line.png);”，尺寸为“width: 95%; height: 20 px;”，水平居中“margin: auto;”。保存并预览页面效果。

```
/* 类样式 */
.img1{
    width: 200px;
    float: right;
}
.line{
    background-image: url(../img/line.png);
    width: 95%;
    height: 20px;
    margin: auto;
}
```

图 5.33　定义类样式

活动 6　美化“gyfl.html”页面

（1）预览此时“gyfl.html”页面效果，如图 5.34 所示，可以发现页面的布局和文字样式已经应用了制作好的 CSS 样式。但页面上的图像样式未应用，且有几个彩色文字效果还未添加，可以使用页面内联样式进行设置。

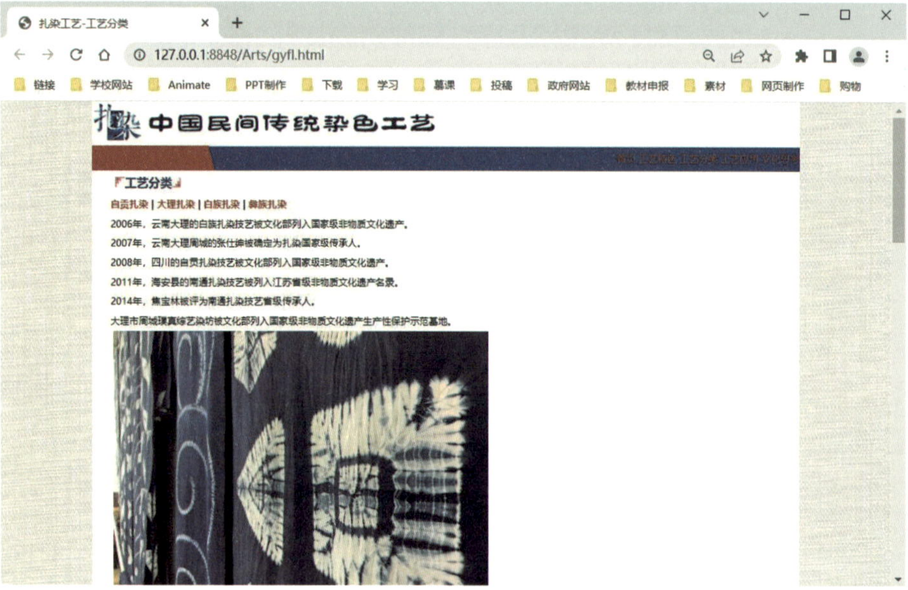

图 5.34　“gyfl.html”未完成的页面效果

（2）打开“gyfl.html”页面代码，如图 5.35 所示，为页面内容中的三张图像“f1.jpg”“f2.jpg”和“f3.jpg”的 <img> 元素内部定义同一个类 class=“img1”，保存并预览页面效果，可知图像样式已经应用了。

（3）最后给页面上五个日期文字设置不同颜色的页面内联样式。如图 5.36 所示，在这几个文字上添加“span”元素的“style”属性，并设置不同的颜色值（#B93A26、#D45831、#EB7D42、#D47B31、#F6A439）。保存并预览页面效果。

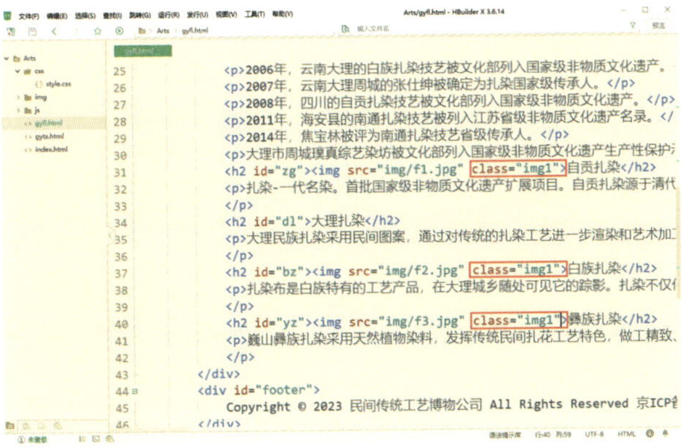

图 5.35 应用类样式

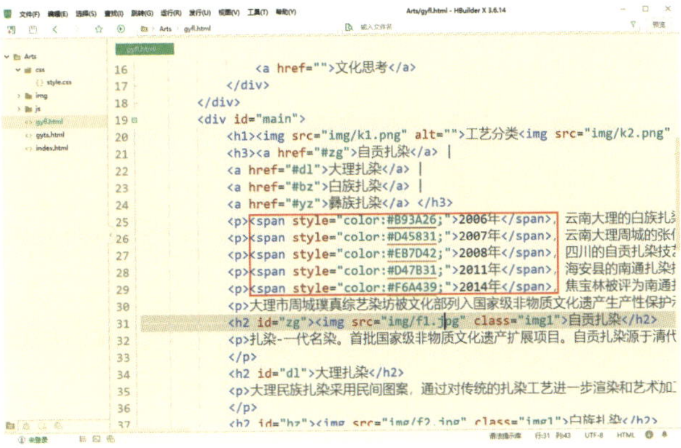

图 5.36 设置页面内联样式

5.3 任务 3 制作并美化首页

5.3.1 任务导航

任务要点	• 理解CSS盒子模型； • 熟悉CSS样式复合选择器的用法； • 学会运用CSS的继承性和层叠性
任务活动	活动1 制作首页页面； 活动2 设置布局样式； 活动3 设置导航样式； 活动4 设置首页表格样式
任务目标	制作首页“index.html”并用CSS样式美化页面

5.3.2 知识学习

5.3.2.1 CSS盒子模型

CSS 盒子模型就是在网页设计中经常用到的 CSS 技术所使用的一种思维模型。盒子模型就是在网页设计中，将页面中的 HTML 元素看作是一个盒子，比如 body 元素、p 元素、span 元素等，其中网页布局中最常用的元素是 div。如图 5.37 所示，每个盒子都可以看成是由内到外的四个部分构成，包含元素内容（content）、内边距（padding）、外边距（margin）和边框（border）。

（1）内边距（padding）。

内边距用于定义元素边框与元素内容之间的空间。其属性包括：

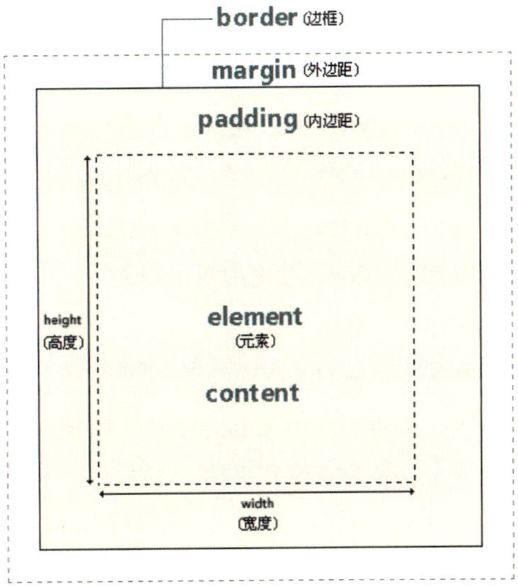

图 5.37 基本的表格结构

- padding-top：上内边距。
- padding-bottom：下内边距。
- padding-left：左内边距。
- padding-right：右内边距。
- padding：简写属性，即上下左右的内边距。同 margin 属性取值方式，可以有 1 ～ 4 个值。

（2）外边距（margin）。

外边距用于在任何定义的边框之外，为元素周围创建空间。其属性包括：

- margin-top：上外边距。
- margin-bottom：下外边距。
- margin-left：左外边距。
- margin-right：右外边距。
- margin：简写属性，即上下左右的外边距。如图 5.38 所示，按上—右—下—左的顺时针取值规则，可以有 1 ～ 4 个值。如果缺少左外边距，则使用右外边距的值；如果缺少下外边距则使用上外边距的值；如果只给定一个值，则其他三个外边距都由这个值（上外边距）复制得到。例如：

margin:25 px 50 px 75 px 100 px;/* 上边距为 25 px、右边距为 50 px、下边距为 75 px、左边距为 100 px */。

margin:25 px 50 px 75 px;/* 上边距为 25 px、左右边距为 50 px、下边距为 75 px */。

margin:25 px 50 px;/* 上下边距为 25 px、左右边距为 50 px */。

margin:25 px;/* 所有的 4 个边距都是 25 px */。

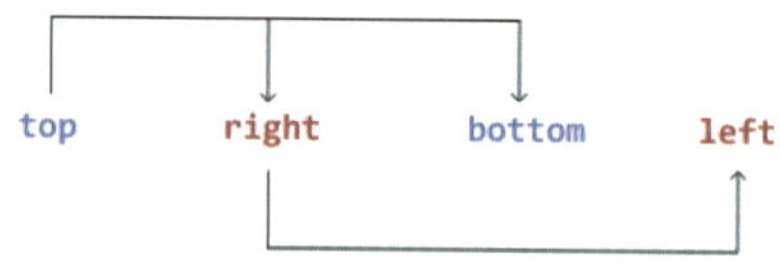

图 5.38　margin 取值规则

（3）边框（border）。

边框属性包括：

- border-style：用来定义边框的样式。属性值有 none（默认）、solid（单实线）、dashed（虚线）、dotted（点线）、double（双实线）等。同 margin 属性取值方式，可以有 1 ～ 4 个值。
- border-width：为边框指定宽度。
- border-color：设置边框的颜色。
- border：简写属性。

语法：border: border-width border-style border-color;

例如：border:5 px solid red;/* 5 像素单实线红色边框 */。

（4）元素的宽度和高度。

使用 CSS 设置元素的 width 和 height 属性时，只是设置内容区域的宽度和高度。元素真正的宽度和高度计算公式如下：

元素的宽度 = 宽度（width）＋左内边距（padding-left）＋右内边距（padding-right）＋左边框

（border-left）＋右边框（border-right）＋左外边距（margin-left）＋右外边距（margin-right）；

元素的高度 = 高度（height）＋上内边距（padding-top）＋下内边距（padding-bottom）＋上边框（border-top）＋下边框（border-bottom）＋上外边距（margin-top）＋下外边距（margin-bottom）。

5.3.2.2 CSS样式复合选择器

复合选择器是由两个或多个基本选择器，通过不同方式组合而成，可实现更完善的选择功能。

（1）后代选择器。

后代选择器又被称为上下文选择器或派生选择器。它是将外层元素作为父选择器写在前面，内层元素作为后代的子选择器写在后面，中间用空格分隔。创建的规则仅在父元素的范围内起作用，而在文档的其他结构中不起作用。

例如：#nav a{ color: #fff; font-size: 20 px; }/* 设置 id 为 nav 的 div 内超链接样式为文字白色，字体大小 20 像素 */。

（2）交集选择器。

交集选择器又被称为标签指定选择器，由标签选择器和 id 选择器或类选择器组成。两个选择器之间不能有空格，可以理解为包含 id（或 class）选择器的标签选择器。

例如：div.more{ text-align: right; }/* 类名为 more 的 div 内部元素右对齐 */。

（3）并集选择器。

并集选择器又被称为分组选择器，是多个选择器之间用逗号隔开，表示同时选择多个标签，为它们定义相同的 CSS 样式。

例如：p,h1,h2,h3{ text-indent: 2em; line-height: 200%; }/* 同时设置段落、标题 1、标题 2 和标题 3 的样式为首行缩进 2 字符，行高 2 倍行距 */。

（4）子元素选择器。

子元素选择器是在后代选择器的基础上，只选择后代中的第一代即直接后代，且两个选择器中间用大于号“>”分隔。创建的规则仅在父元素之后紧邻的第一代子元素起作用，对不相邻的其他子元素不起作用。

例如：td>h3{ text-indent: 0; }/* 仅在单元格中的标题 3 设置为无首行缩进 */。

（5）相邻兄弟选择器。

相邻兄弟选择器具有相同的父元素，它们通常由标签选择器组成，且两个标签选择器中间由加号“＋”分隔。创建的规则仅对在同一父元素中与第一个标签选择器紧邻的第二个标签选择器起作用，对后面的选择器不起作用。

例如：h3 ＋ div{ text-align: center; }/* 仅与标题 3 相邻的 div 水平居中对齐 */。

5.3.2.3 CSS基本特性

CSS 具有两种最基本的特性：继承性和层叠性。

（1）继承性。

继承性是指子元素会自动继承父元素的 CSS 样式，但当子元素有自己的 CSS 样式时，将覆盖并代替父元素的 CSS 样式。

例如，本项目 CSS 样式表中先设置了：

body{ font-family: “微软雅黑”; }/* 将所有字体均设置为微软雅黑 */,

然后又单独设置了：

h1{ font-size: 20 px;}/* 标题 1 字体大小 20 像素 */。

此时标题 1 不仅继承了父元素 body 的字体样式，又有自己的字体大小样式。恰当地使用继承可以简化代码，降低 CSS 样式的复杂性。

（2）层叠性。

定义 CSS 样式时，经常出现两个或更多规则层叠用在同一元素上，这时就会出现优先级的问题。样式的优先级大致如下：

浏览器缺省＜外部样式表＜外部样式表类选择器＜外部样式表类派生选择器＜外部样式表 ID 选择器＜外部样式表 ID 派生选择器＜内部样式表＜内部样式表类选择器＜内部样式表类派生选择器＜内部样式表 ID 选择器＜内部样式表 ID 派生选择器＜内联样式。

例如，本项目已经在外部样式表中设置了：

p,h1,h2,h3{ text-indent: 2em;}/* 标题 3 首行缩进 2 字符 */,

但在首页内部设置内部样式表时：

td>h3{ text-indent: 0; }/* 标题 3 首行缩进 0 字符 */。

根据优先级的特性，此页面标题 3 将取消首行缩进。

5.3.3 任务实施

活动 1　制作首页页面

（1）打开项目中的“index.html”页面文档，根据图 5.3 所示的首页页面布局，在 <body> 元素内写入 4 个 <div> 元素，分别设置 id 值为“header”“nav”“content”和“footer”，id 值为“nav”的 <div> 元素嵌套在“header”内部，如图 5.39 所示。

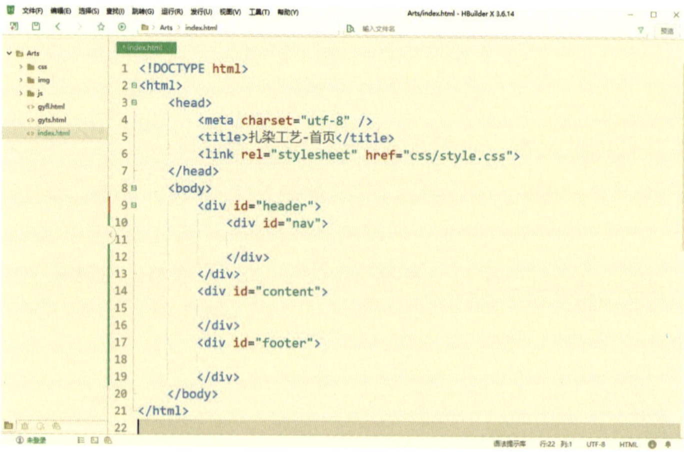

图 5.39　创建“index.html”页面布局

（2）打开素材目录下的“首页文本 .txt”文档，复制首行文本“首页 工艺特色 工艺分类 工艺应用 文化思考”，粘贴到“index.html”页面代码中的 <div id="nav"> 和 </div> 之间；最后一行版权文本复制粘贴到

<div id="footer"> 和 </div> 之间；其他中间的文本复制粘贴到 <div id="content"> 和 </div> 之间，如图 5.40 所示。

（3）观察完成后的“index.html”页面效果。如图 5.41 所示，先为页面主体内容部分（content 区）添加两个一行三列的表格和标题、段落、布局元素等。

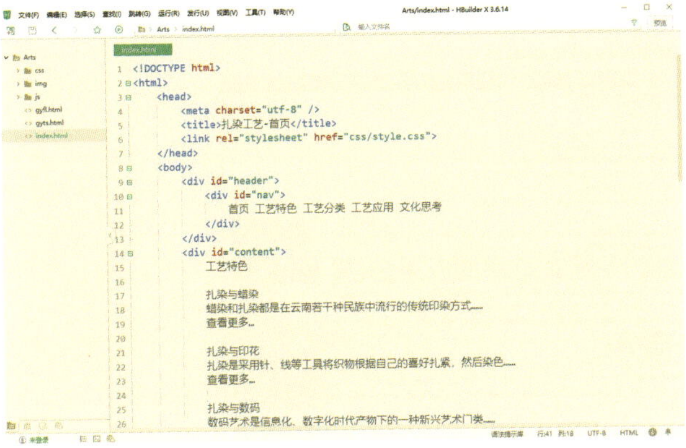

图 5.40　粘贴“index.html”页面文本

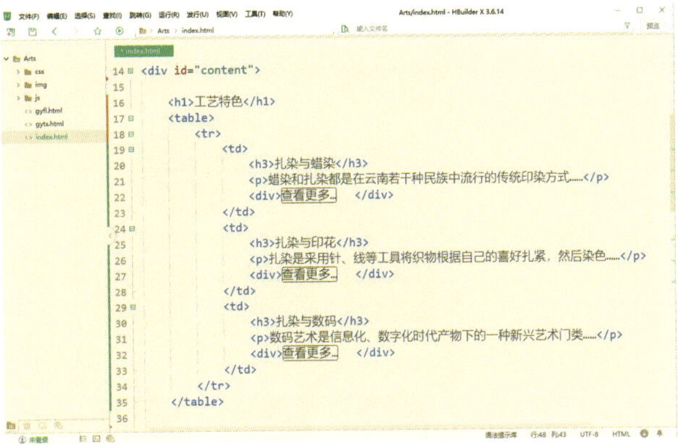

图 5.41　制作“index.html”页面主体内容

（4）然后用添加 <a> 元素，设置超链接。其中导航文本“工艺特色”链接“gyts.html”，“工艺分类”链接“gyfl.html”页面，其他导航文本链接为空；主体内容区“工艺特色”板块中的“查看更多…”文本链接到“gyts.html”，“工艺分类”板块中的“查看更多…”文本链接到“gyfl.html”，如图 5.42 所示。

（5）最后给页面添加 <img> 图像元素，如图 5.43 所示。网站导航文本上方添加图像“logo.png”；标题 1 文本前后添加图像“k1.png”和“k2.png”；主体内容区“工艺特色”板块中每个单元格标题 3 下分别添加图像“t1.jpg”“t2.jpg”和“t3.jpg”，且放入 <div> 元素中；“工艺分类”板块中每个单元格标题 3 下分别添加图像“f1.jpg”“f2.jpg”和“f3.jpg”，并放入 <div> 元素中。

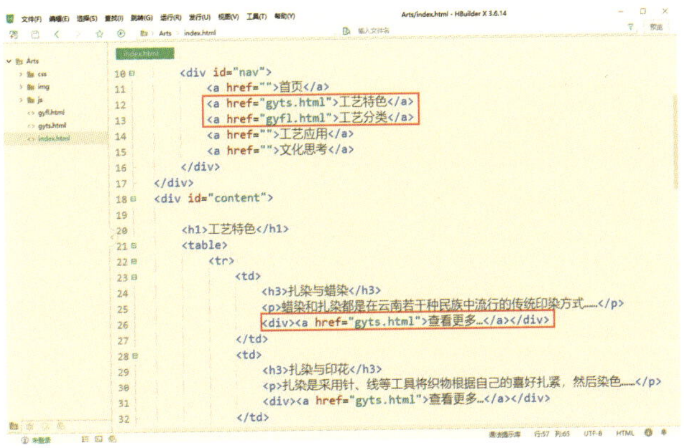

图 5.42　添加页面超链接

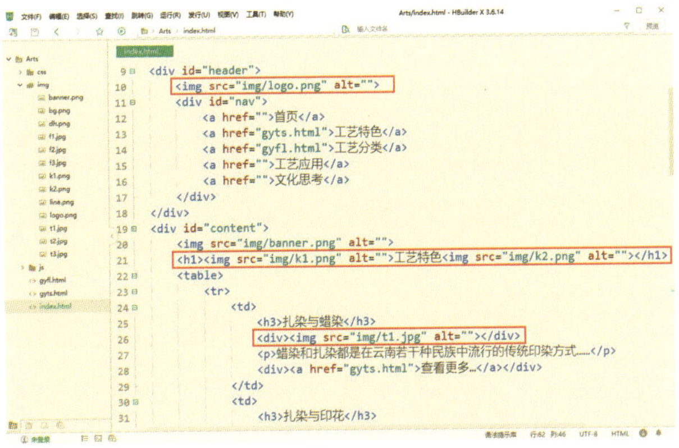

图 5.43　添加页面图像

活动 2　设置布局样式

（1）观察完成后的首页和内页页面布局效果，如图 5.44 所示。首页的主体内容区（#content）与内页的主体内容区（#main）的布局样式基本相同，均为宽度 1200 像素，水平居中，无背景颜色，而且页面主体内容区上方均有内边距，页面内容文本有左右内边距，内页图像四周均有内边距。

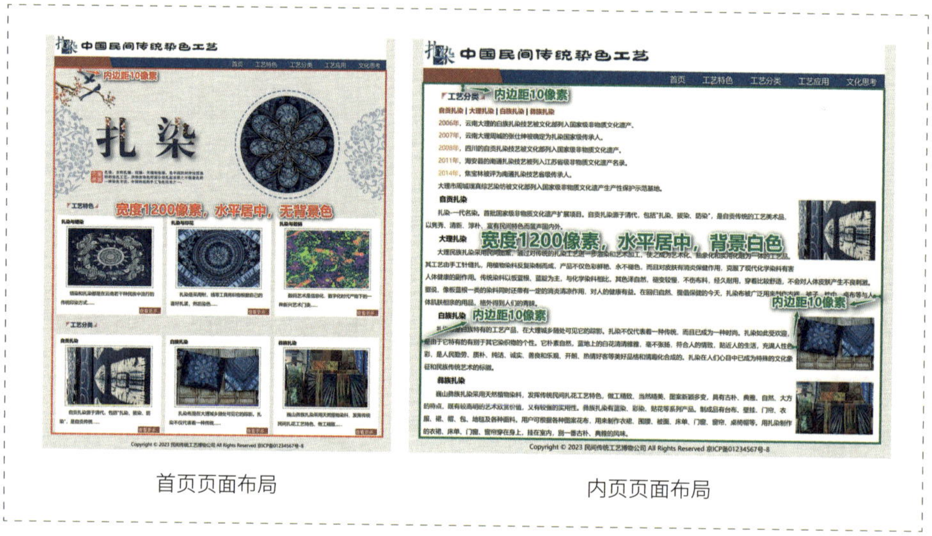

图 5.44　完成后的首页和内页布局效果

（2）在 HBuilder 中打开项目“CSS”目录中的“style.css”样式表文档，如图 5.45 所示，先新增一个布局部分的 ID 选择器“#content”，设置宽度属性“width: 1200 px;”和对齐属性“margin: auto;”，然后为“#content”和“#main”选择器都添加上内边距“padding-top: 10 px;”的声明。

（3）为并集选择器“p,h1,h2,h3”，设置左右内边距“padding: 0 10 px;”，如图 5.46 所示。

（4）最后为类选择器“.img1”，设置上下左右内边距“padding: 10 px;”，保存并预览页面，如图 5.47 所示。

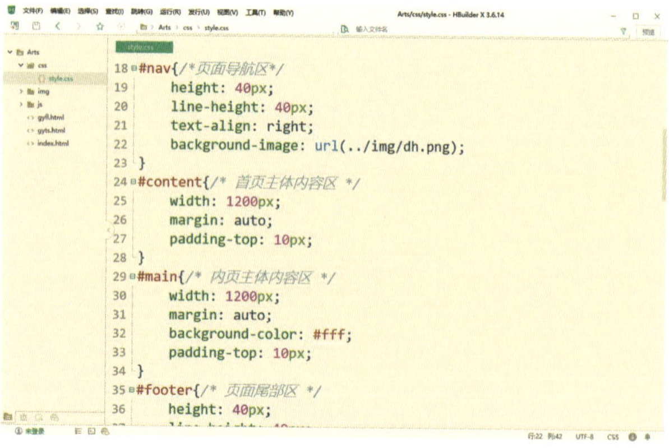

图 5.45　样式表中输入 ID 选择器

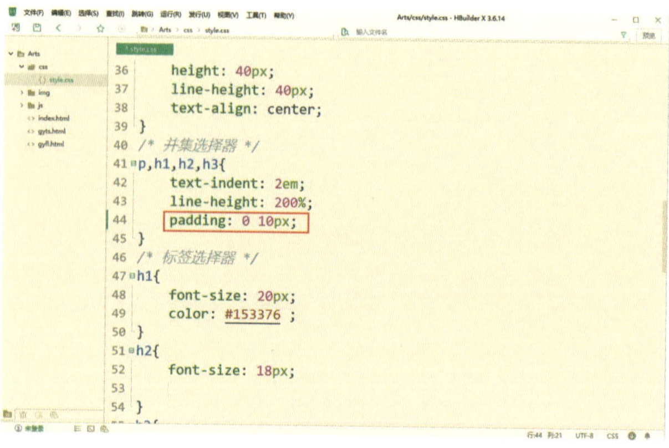

图 5.46　设置文本内边距

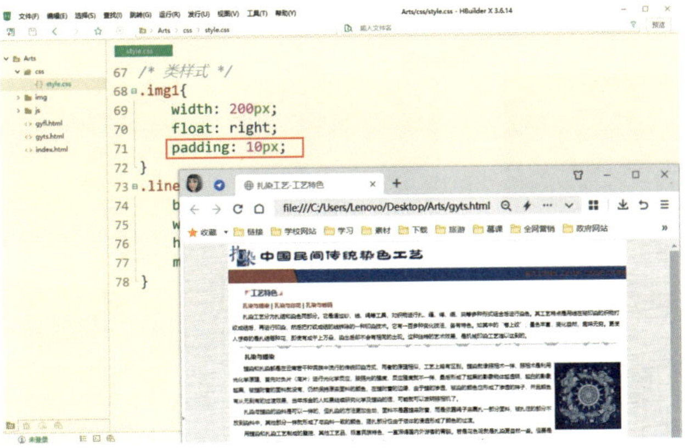

图 5.47　设置图像内边距

■ 活动 3　设置导航样式

（1）观察完成后的页面导航效果，如图 5.48 所示。默认的超链接样式是文字白色，字体大小 20 像素，无下划线；鼠标悬停的效果是文字深蓝色，文字块状背景白色。

（2）在“style.css”样式表文档中，新增后代选择器“#nav a”，设置文字颜色“color: #fff;”、字体大小“font-size: 20 px;”、文本修饰“text-decoration: none;”，并输入内边距“padding: 10 px 20 px;”的声明，使文本具有块状大小；再新增鼠标悬停的后代选择器“#nav a:hover”设置文字颜色“color: #153376;”，区块背景颜色“background-color: #fff;”，如图 5.49 所示。

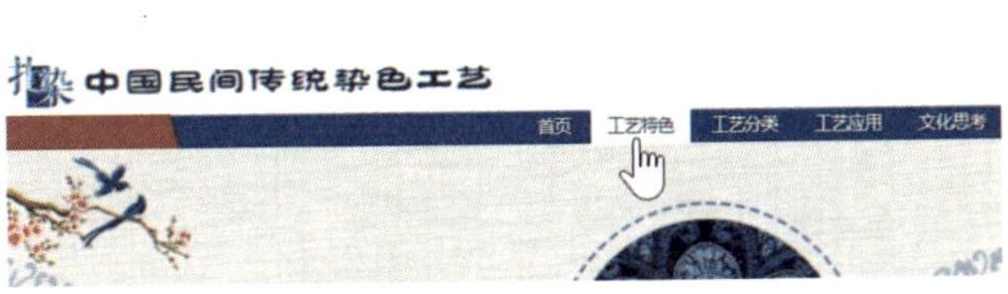

图 5.48　页面导航效果

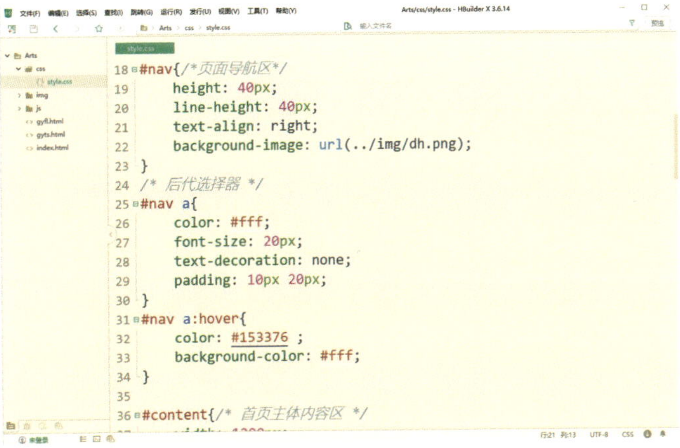

图 5.49　设置导航超链接样式

■ 活动 4　设置首页表格样式

（1）观察完成后的首页表格效果，如图 5.50 所示。表格的单元格间距为 15 像素；每个单元格背景白色，宽度 30%，内边距 5 像素；单元格中的标题 3 无首行缩进；单元格中的图像宽 300 像素，高 200 像素，边框为 2 像素的浅灰色虚线，内边距 5 像素，水平居中对齐；单元格中的“查看更多…”超链接文字白色，背景深红色，且右对齐。由于表格样式仅用于首页，所以创建首页的内部样式表。

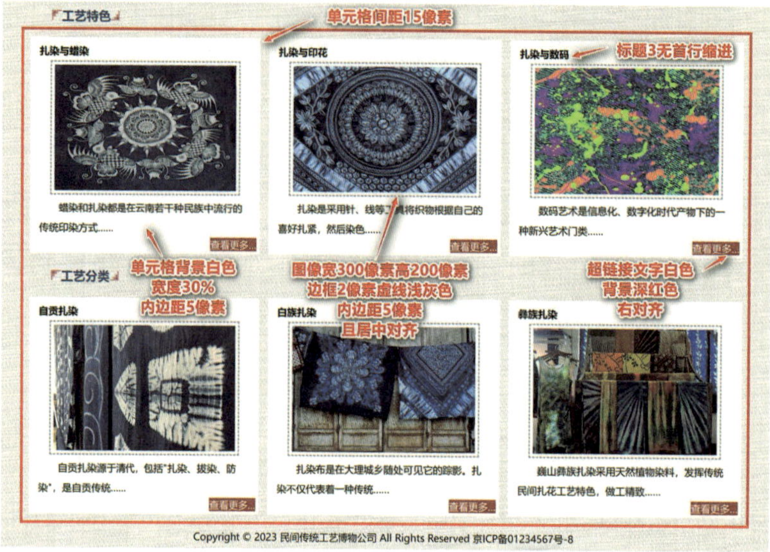

图 5.50 完成后的首页表格效果

（2）打开“index.html”首页代码，在 <head> 元素内，输入 <style> 标签，定义页面内部样式表 type="text/css"，如图 5.51 所示。

（3）先创建标签选择器 table 和 td，设置 table 表格的单元格间距样式为“border-spacing: 15 px;”；单元格 td 的背景颜色为“background-color: #fff;”，宽度为“width: 30%;”，内边距为“padding: 5 px;”，如图 5.52 所示。

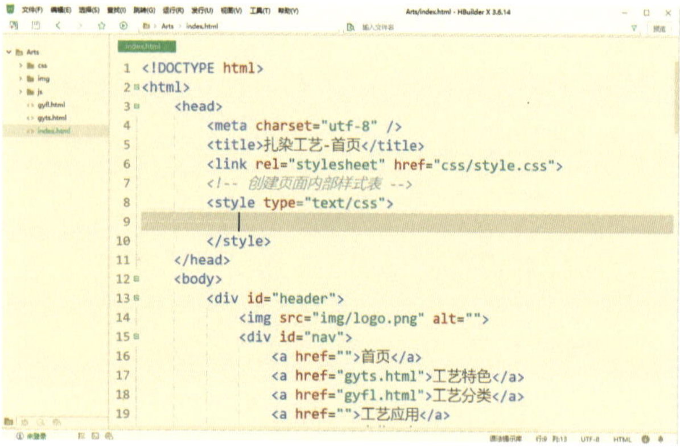

图 5.51 创建页面内部样式表

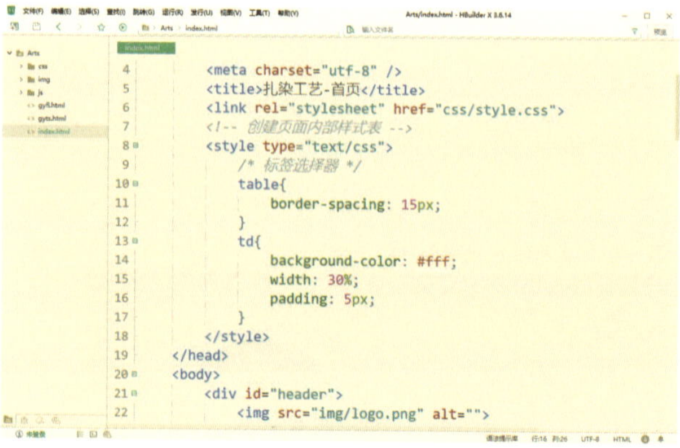

图 5.52 创建表格和单元格标签选择器样式

（4）然后用后代选择器 td img 设置单元格内图像的样式，宽度为“width: 300 px;”，高度为“height: 200 px;”，边框为“border: 2 px dashed #999;”，内边距为“padding: 5 px;”，如图 5.53 所示。

（5）单元格内标题 3 的样式可以用子元素选择器 td>h3 创建，设置其无缩进“text-indent: 0;”；标题 3 下方的图像要水平居中对齐，可以使用相邻兄弟选择器 h3 + div 创建样式“text-align: center;”，如图 5.54 所示。

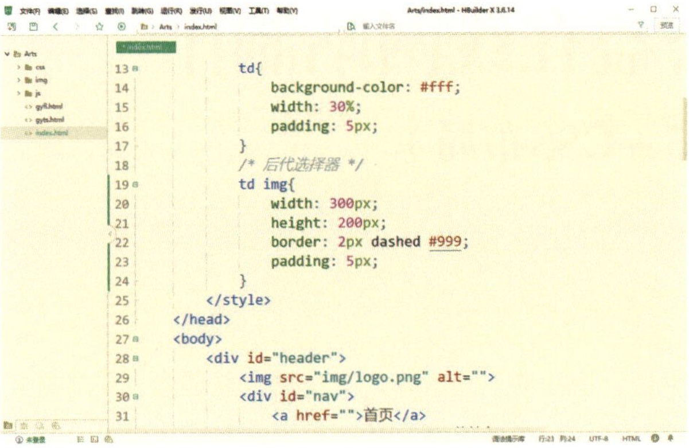

图 5.53　设置单元格内图像样式

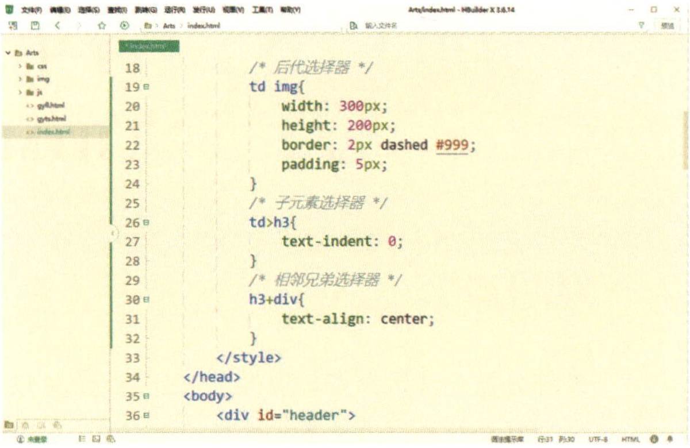

图 5.54　设置标题 3 和图像对齐样式

（6）最后设置单元格最下方的“查看更多…”文本样式，先给该文本所在的<div>标签定义类名“class="more"”，然后在内部样式表中创建交集选择器 div.more，设置其对齐方式“text-align: right;”；并且根据 CSS 的优先级特性，用复合选择器 div.more a 设置此文本的超链接样式，设置文字颜色“color: #fff;”和文字背景颜色“background-color: #b93a26;”，如图 5.55 所示。保存并预览整个项目的网站效果。

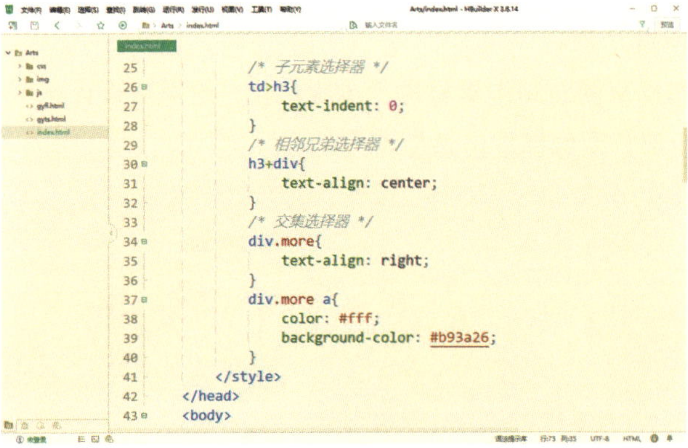

图 5.55　设置“查看更多…”文本样式

项目6　青年公益在线网站制作

（HTML5＋CSS布局）

• 项目需求

青年公益在线是为青年提供参与公益活动的宣传平台，旨在向广大青年广泛传播公益理念，引导青年积极参与社会公益，培养青年的社会责任感。青年公益在线网站主要以图文静态页面的方式，向公众展示公益新闻，宣传公益知识、公益社团和公益活动等信息。

本项目网站采用 HTML5＋CSS 的方式来布局、制作并美化页面，网站栏目主要包括：首页、公益新闻、公益知识、公益社团、公益活动和联系我们几个部分。

• 项目目标

掌握 HTML5 结构元素的语义以及 HTML 元素分类，学会用 HTML5 结构元素布局网页文档结构；理解网页布局中文档流的概念以及不同文档流的特点，掌握 CSS 中不同的类型定位布局和浮动布局的语法规则，能合理美观地布局网页元素。

针对设计需求，根据布局草图对制作素材进行排版优化，给用户设计一个布局合理、简单清晰的界面，如图 6.1 所示。整个页面及部分图像都是自适应宽度的。

首页（index.html）

公益新闻内页（news.html）

图 6.1　页面效果图

项目分析

（1）页面结构。

对于青年公益在线的宣传网站，需要做到布局合理、条理清晰和页面美观，可以为网站设定首页、公益新闻、公益知识、公益社团、公益活动和联系我们这六个栏目，如图 6.2 所示，本项目主要介绍如何制作首页和公益新闻这两个页面。

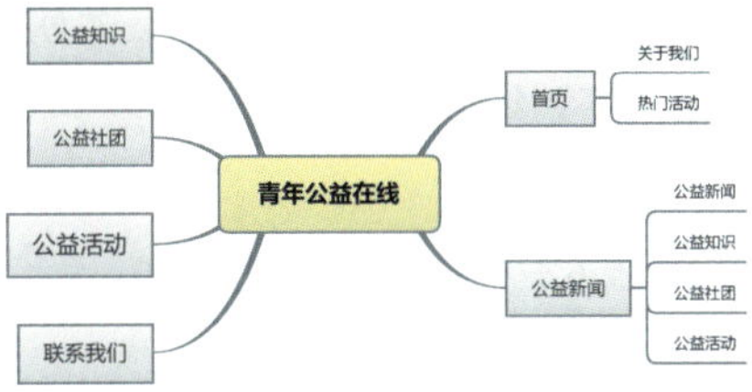

图 6.2　青年工益在线页面结构

（2）页面布局。

为了让页面内容更便于用 HTML5 + CSS 布局，在构建首页和内页布局草图时，就将页面划分为几个区块，如图 6.3 所示。

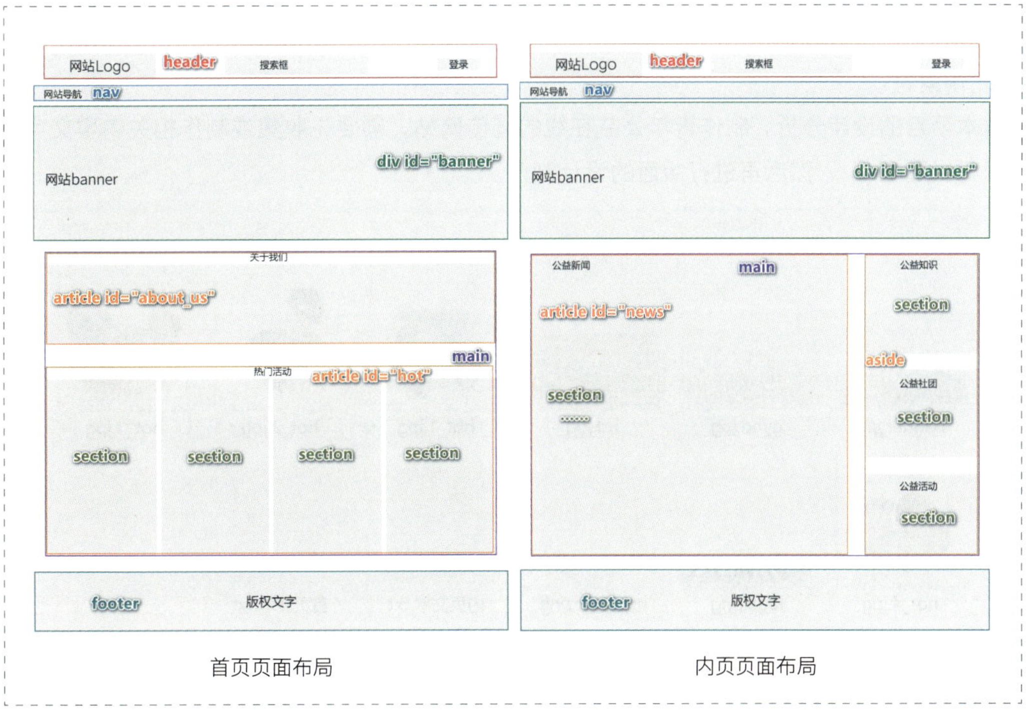

图 6.3　页面布局草图

（3）色彩搭配。

本案例在色彩上使用了蓝绿色系和深红色的搭配。绿中带蓝的颜色，既传递出公益的健康、自然、平和之感，又与互联网“在线”联系，红色凸显了热情、爱心和正能量。红色则和绿色虽然是一组对比色，想要将它们搭配得好看还是有一定难度的，我们使用了面积的多与少对比解决了这个问题，以绿色为主，点缀以红色，使整个页面更显协调。

（4）字体格式。

网站页面文字与页面的色彩设计相匹配，提高页面的易读性。本网站文字内容全部采用“Arial”和“微软雅黑”字体，且无文本修饰（去掉默认下划线效果），具体元素字体格式如表 6.1 所示。

表 6.1　页面元素字体格式

页面元素	字号	颜色	其他效果
导航栏	16 px	原始：白色（#ffffff）	指向：蓝色（#67ACBC）
标题1	22 px	深灰色（#333333）	—
标题2	22 px	首页蓝色（#67ACBC） 内页白色（white）	—
标题3	默认	内页左侧深灰色（#333333）	不加粗
		内页右侧白色（white）	—
正文	16 px	深灰色（#333333）	—
超链接文字	默认	原始：蓝色（#67ACBC）	指向：出现下划线

（5）制作素材。

通过对本项目的设计分析，制作青年公益在线的宣传网站，需要先收集或制作相关内容文字以及页面元素图像素材（图 6.4），然后再进行版面的设计制作。

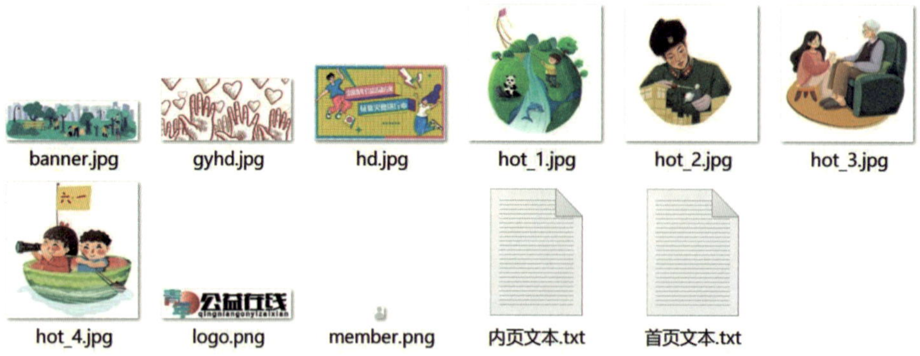

图 6.4　网站素材

6.1　任务 1　新建项目及页面布局

6.1.1　任务导航

任务要点	● 掌握HTML5结构元素的语义； ● 学会用HTML5结构元素布局网页文档结构
任务活动	活动1　新建项目和样式表； 活动2　创建首页页面布局； 活动3　创建内页页面布局
任务目标	创建“青年公益在线”项目“public”（包含index.html、news.html和css、js、img目录），为两个页面设置网页文档结构

6.1.2　知识学习

6.1.2.1　HTML5简介

HTML5 是 HTML 目前最新的修订版本，2014 年 10 月由万维网联盟（W3C）完成标准制定。HTML5 是专门为承载丰富的 Web 内容而设计的，无需额外插件。它拥有新的语义、图形以及多媒体元素，提供的新元素和新的 API 简化了 Web 应用程序的搭建。而且 HTML5 是跨平台的，被设计为在不同类型的硬件（PC、平板、手机、电视机，等等）之上运行的语言。

（1）HTML5 的新特性。

- 用于绘画的 canvas 元素；
- 用于媒介回放的 video 和 audio 元素；
- 为本地离线存储提供更好的支持；
- 新的特殊内容元素，比如 article、footer、header、nav、section；
- 新的表单控件，比如 calendar、date、time、email、url、search。

（2）HTML5 中新的语义元素。

在项目 5 的网站中我们使用 <div> 元素来进行页面布局，如用 <div id="nav"><div id="header"> 和 <div id="footer"> 来定义导航区、页面头部以及页面尾部。HTML5 提供了新的语义元素来明确一个 Web 页面的不同部分，如图 6.5 所示。

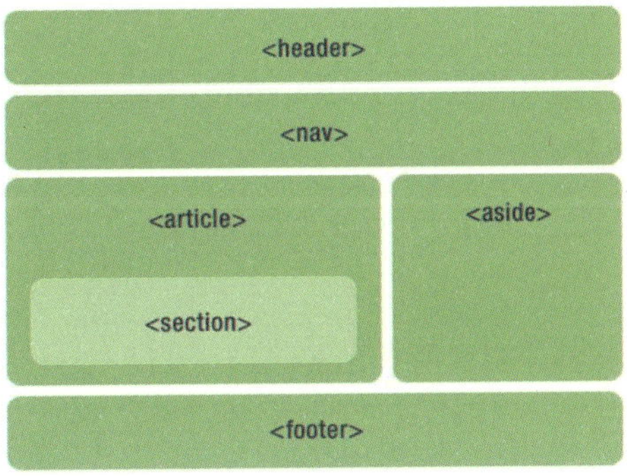

图 6.5　HTML5 语义元素

- <header> 元素：描述了文档的头部区域。
- <nav> 元素：用于定义页面的导航链接部分区域。
- <main> 元素：规定文档的主内容。该元素是唯一的不用于页面的边栏、导航等非主要内容部分的元素。
- <article> 元素：定义独立的内容。应用场景包括论坛、博客、新闻等。
- <section> 元素：定义文档中的节（section 区段）。比如章节、页眉、页脚或文档中的其他部分。
- <aside> 元素：定义页面主区域内容之外的内容（如侧边栏）。
- <mark> 元素：定义重要的或强调的文本。
- <footer> 元素：描述了文档的底部也就是页脚区域。页脚通常包含文档的作者、著作权信息、链接的使用条款、联系信息等。
- <details> 和 <summary> 元素：<details> 元素定义用户能够查看或隐藏的额外细节；<summary> 元素定义 <details> 元素的标题。
- <figure> 和 <figcaption> 元素：<figure> 元素规定自包含内容，如图示、图表、照片、代码清单；<figcaption> 元素定义 <figure> 元素的标题。

6.1.2.2 CSS的box-sizing属性

CSS 的 box-sizing 属性允许我们在元素的总宽度和高度中包括内边距和边框。默认情况下，元素的宽度和高度的计算公式如下：

width ＋ padding ＋ border = 元素的实际宽度

height ＋ padding ＋ border = 元素的实际高度

这意味着，当设置元素的宽度或高度时，该元素通常看起来比设置的更大，但如果在元素上设置了“box-sizing: border-box;”，则宽度和高度会包括内边距和边框，如图 6.6 所示。

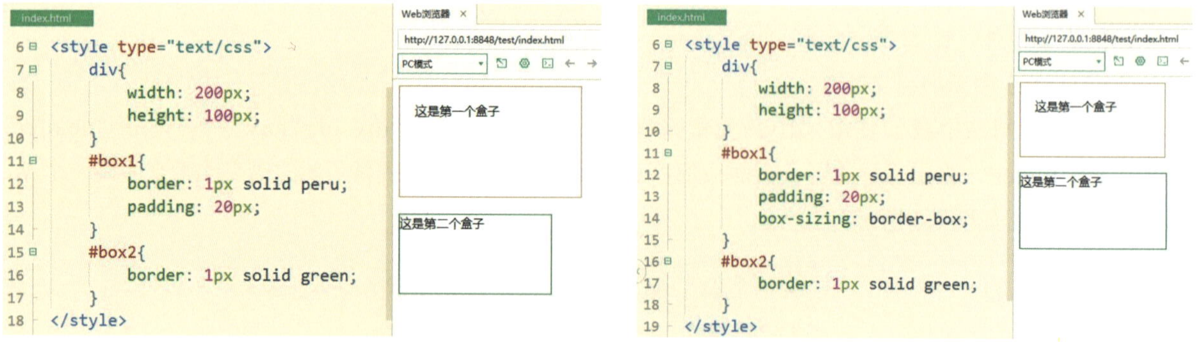

未添加 box-sizing 属性　　　　添加了 box-sizing 属性

图 6.6　CSS 的 box-sizing 属性

一般我们会在创建样式表时就将其应用于所有元素。

例如：* { box-sizing: border-box; }。

6.1.3　任务实施

■ 活动 1　新建项目和样式表

（1）启动 HBuilder 软件，选择项目存放的目录，如图 6.7 所示，创建一个基本 HTML 项目“public”。创建完毕后，项目目录会出现首页 index.html 以及 css、img、js 三个文件夹。拷贝案例素材“图像”目录下的全部图像文件，粘贴到项目的“img”目录内。

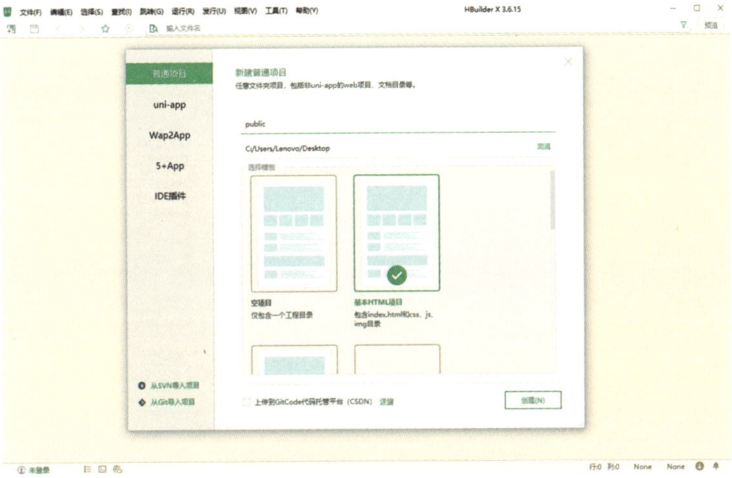

图 6.7　新建“public”项目

（2）在“项目管理器”中“css”目录上单击鼠标右键，在弹出的快捷菜单中执行“新建—css 文件”命令，为此网站先创建一个外部样式表文件“style.css”。定义通配符选择器的样式，包括“margin: 0; padding: 0;”清除元素默认内外边距；“text-decoration: none;”清除所有文本修饰（去掉默认超链接下划线）；“box-sizing: border-box;”让元素的总宽度和高度中包括内边距和边框，如图 6.8 所示。

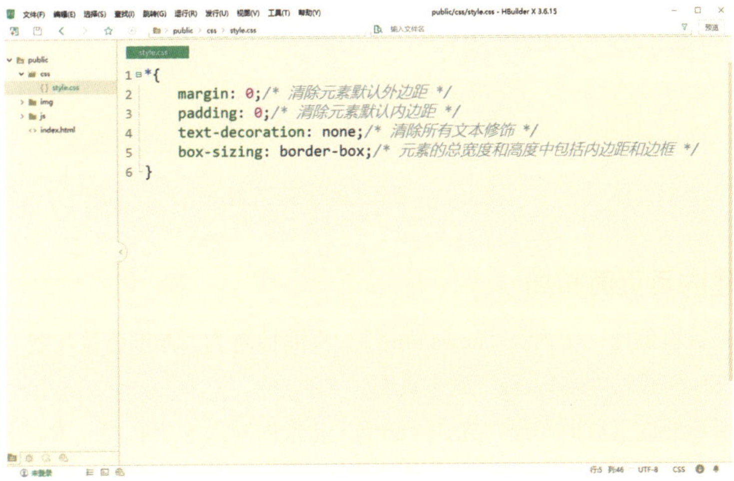

图 6.8　创建外部样式表

■ 活动 2　创建首页页面布局

（1）打开“index.html”首页代码，添加页面标题“青年公益在线 - 首页”，如图 6.9 所示，并链接外部样式表 <link rel="stylesheet" type="text/css" href=" css/style.css"/>（其中 type="text/css" 可以省略）。

（2）根据图 6.3 所示的首页页面布局，先在 <body> 元素内写入 5 个布局元素，分别是头部 <header>、导航栏 <nav>、banner 广告 <div id="banner">、主体内容 <main> 和页尾 <footer>，如图 6.10 所示。

（3）将主体内容区再划分为两个板块，分别是关于我们 <article id="about_us"> 和热门活动 <article id="hot">；最后将热门活动板块用 <section> 划分为 4 块内容，如图 6.11 所示。

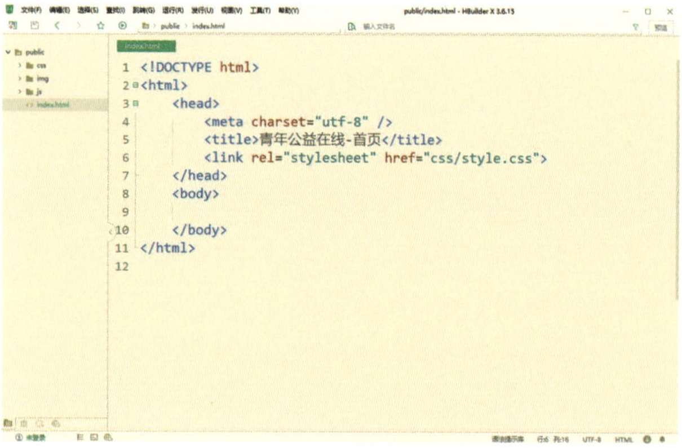

图 6.9　链接外部样式表

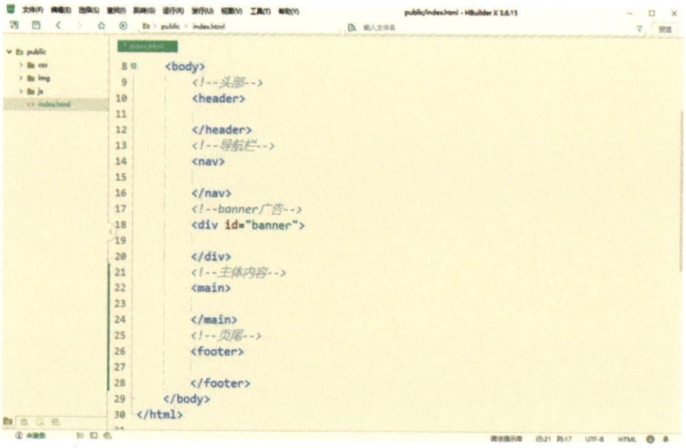

图 6.10　首页页面布局

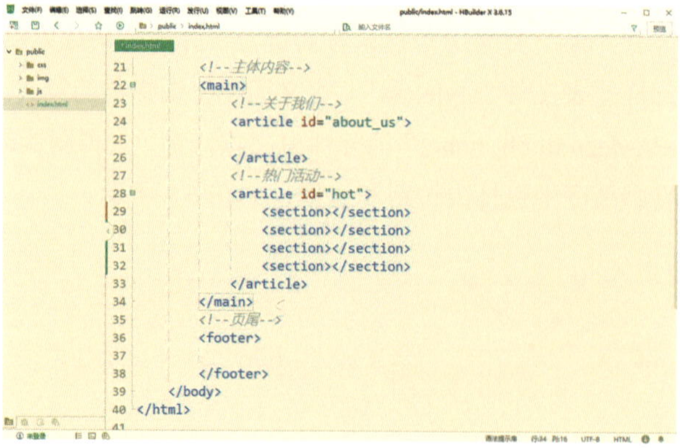

图 6.11　首页主体内容区布局

■ 活动 3　创建内页页面布局

（1）为“pubic”项目再创建一个内页“news.html”，页面标题为“青年公益在线 - 公益新闻”，如图 6.12 所示，同样链接外部 CSS 样式表“style.css”到本页面。

（2）根据图 6.3 所示的内页页面布局，先在 <body> 元素内写入 5 个布局元素，分别是头部 <header>、导航栏 <nav>、banner 广告 <div id="banner">、主体内容 <main> 和页尾 <footer>，如图 6.13 所示。

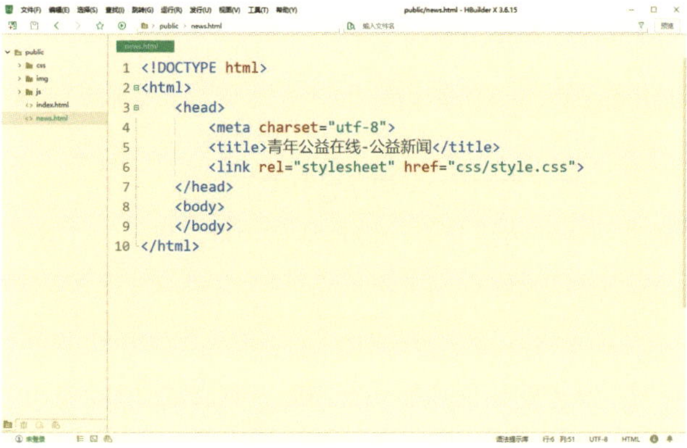

图 6.12　新建“news.html”内页并链接样式表

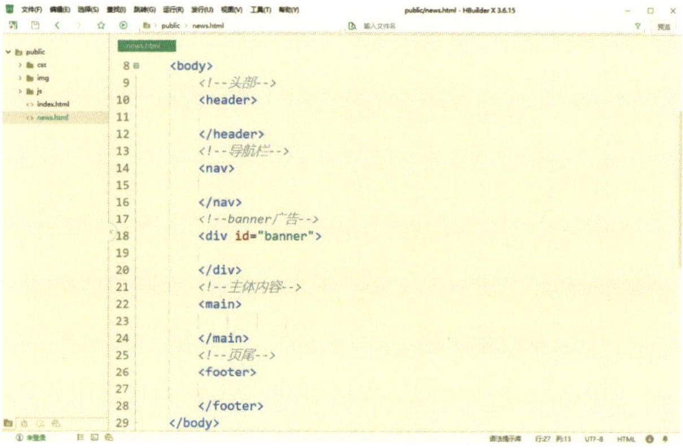

图 6.13　内页页面布局

（3）然后将主体内容区再划分为两个板块，如图 6.14 所示，分别是左侧新闻栏 <article id="news"> 和右侧侧边栏 <aside>；最后将左侧新闻栏用 <section> 划分为 6 块内容，右侧侧边栏用 <section> 划分为 3 块内容。

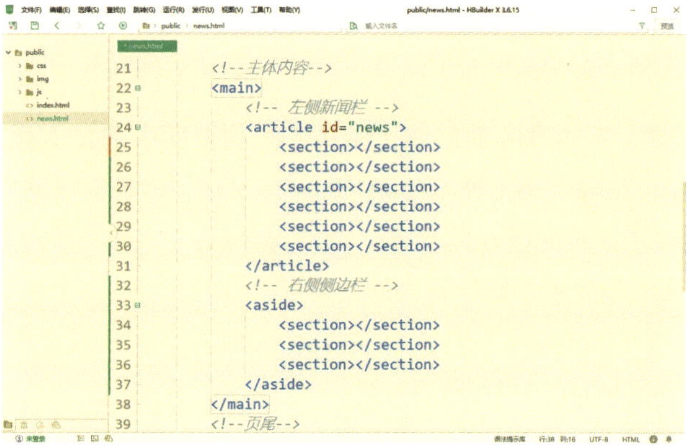

图 6.14　内页主体内容区布局

6.2　任务 2 制作并美化首页

6.2.1　任务导航

任务要点	• 了解HTML元素分类，理解CSS网页布局的三种方式和position定位属性的设置方法； • 掌握导航栏的制作方法，并能选择合适的定位类型来布局网页元素
任务活动	活动1　制作首页页面内容； 活动2　设置页面基本样式； 活动3　设置页面头部样式； 活动4　设置页面导航和banner样式； 活动5　设置首页正文样式； 活动6　设置页面尾部样式
任务目标	制作“index.html”首页图文内容，再用CSS样式布局并美化页面

6.2.2 知识学习

6.2.2.1 HTML元素分类

HTML 标记语言提供了丰富的元素，用于组织页面结构。为了使页面结构的组织更加轻松、合理，这些元素最终可分为三类：块级元素、行内元素（或称内联元素）和行内块元素（或称块级内联元素）。了解它们的特性可以为使用 CSS 设置样式和布局打下基础。

（1）块级元素。

块级元素在页面中以区域块形式显示，常用于网页布局和网页结构的搭建。常用的块状元素有 <div><p><h1>...<h6><ol><ul><dl><table><address><blockquote><form> 等，其中 <div> 是最典型的块级元素。

块级元素在浏览器中的显示效果如图 6.15 所示，其特点包括：

- 默认情况下，块级元素都会独占一行或多行，块级元素之间会按顺序自上而下排列；
- 块级元素默认没有自己的高度和宽度，其宽度是继承其父元素的宽度（宽度 100%），高度是内容撑起来的，没有内容的时候高度为 0；
- 块级元素可以设置宽度（width）、高度（height）、内边距（padding）、外边框（margin）、边框（border）和对齐方式。

（2）行内元素。

行内元素也称为内联元素，不占独立的区域，常用于控制页面中的文本样式。常用的行内元素有 <a><span>
<i><em><strong><label><b> 等。

行内元素在浏览器中的显示效果如图 6.16 所示，其特点包括：

- 行内元素通常与其他非块级元素在同一行内逐个显示；
- 行内元素无法设置宽度（width）、高度（height）和对齐方式，其宽度就是其中内容的宽度，且不可以改变；高度可以通过“line-height”来设置行高；
- 行内元素可以设置内边距（padding）和边框（border），只能设置左右外边距（margin-left/margin-right），上下外边距（margin-top/margin-bottom）无效。

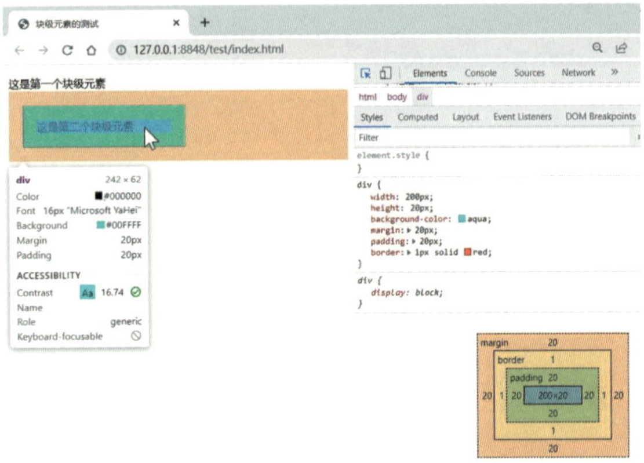

图 6.15　块级元素

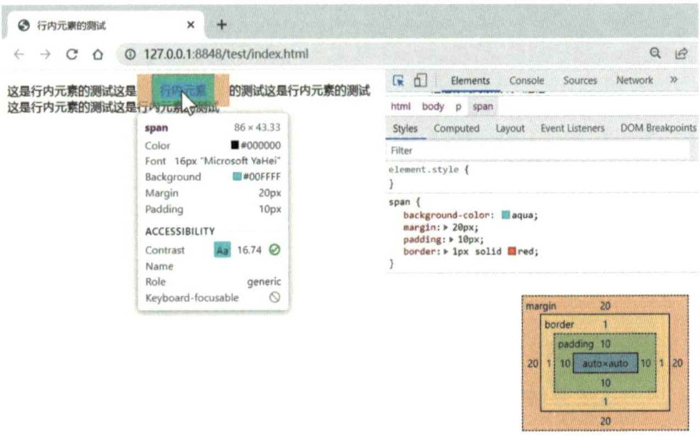

图 6.16　行内元素

（3）行内块元素。

行内块元素同时具备行内元素和块级元素的特点。常用的行内块元素有：<img><input><button><textarea><video> 等。

行内块元素的显示效果如图 6.17 所示，其特点包括：

- 行内块元素通常与其他非块级元素显示在同一行中；
- 行内块元素可以设置宽度（width）、高度（height）、内边距（padding）、外边框（margin）和边框（border）。

（4）元素的转换。

网页是由块级元素、行内元素和行内块元素构成的盒子排列而成，有时为了布局方便，我们需要行内元素具有块级元素的某些特性，如可以设置宽高；或者需要块级元素具有行内元素的某些特性，如不独占一行排列。此时可以使用 display 属性将它们互相转换：

- display:inline; 将指定对象转换为行内元素；
- display:block; 将指定对象转换为块级元素；
- display:inline-block; 将指定对象转换为行内块元素；
- display:none; 隐藏对象，该对象既不显示也不占用页面空间。

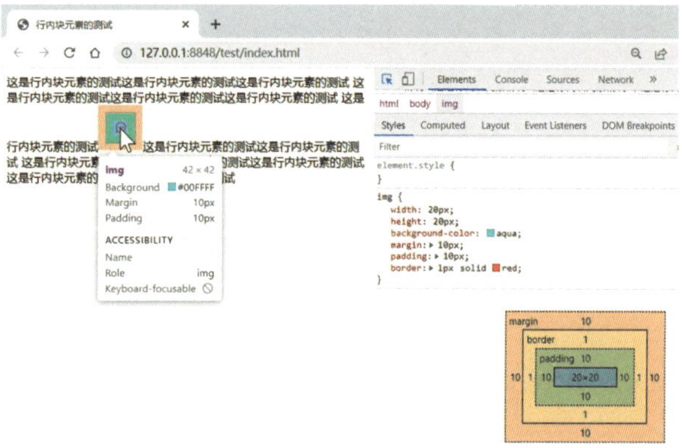

图 6.17　行内块元素

6.2.2.2　CSS网页布局

网页布局与盒子模型一样都是 CSS 最基本、最核心的概念，但布局是建立在盒子模型基础之上的。网页布局有以下 3 种方式。

（1）标准流。

标准流是浏览器默认的排版方式，又称为文档流或普通流，指的是元素排版布局过程中，会自动从左往右、从上往下的流式排列。一般块级元素在标准流中垂直排版，行内元素或行内块元素水平排版。

（2）浮动流。

浮动流是一种半脱离标准流的排版方式，它是通过浮动属性（float），实现不同类型元素左对齐或右对齐的水平排版。

（3）定位流。

标准流和浮动流都只能在水平或垂直方向布局元素，但有时可能需要在上下左右几个方向上同时偏移元素，定位流正是为了解决这一问题而设计的。通过设置元素的定位属性（position），可以让元素处于定位流中，设置具体偏移量来确定元素位置。

6.2.2.3 CSS定位（position）布局

CSS 中的 position 属性指定了元素的定位类型，元素可以使用顶部、底部、左侧和右侧属性定位。如图 6.18 所示，通过使用 position 属性，可以选择 4 种不同类型的定位。

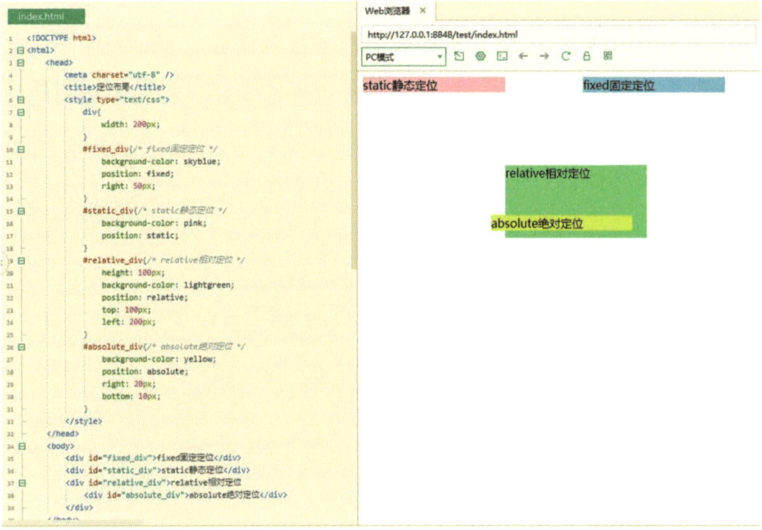

图 6.18　不同类型的定位

（1）static 静态定位。

HTML 元素默认情况下的定位方式为 static（静态），静态定位的元素不受 top、bottom、left 和 right 属性的影响。

“position: static;”的元素不会以任何特殊方式定位，它始终根据页面的正常流进行定位。

（2）relative 相对定位。

“position: relative;”的元素相对于其正常位置进行定位。可以通过 top、right、bottom 和 left 属性来设置元素相对于正常位置的偏移量，在此过程中不会对其他元素造成影响。

（3）absolute 绝对定位。

“position: absolute;”的元素位置相对于最近的已定位父元素进行定位，如果元素没有已定位的父元素，那么它的位置相对于文档主体（body）进行定位，并随页面滚动一起移动。注意“被定位的”元素是其位置除 static 以外的任何元素。

（4）fixed 固定定位。

“position: fixed;”的元素相对于浏览器窗口是固定位置，这意味着即使滚动页面，它也始终位于同一位置。top、right、bottom 和 left 属性用于定位此元素。fixed 定位使元素的位置与文档流无关，因此不占据空间。

（5）CSS 定位属性。

所有 CSS 定位属性值如表 6.2 所示。

表 6.2　CSS 定位属性

属性	描述
bottom	设置定位框的底部外边距边缘
clip	剪裁绝对定位的元素
left	设置定位框的左侧外边距边缘
position	规定元素的定位类型
right	设置定位框的右侧外边距边缘
top	设置定位框的顶部外边距边缘
z-index	设置元素的堆叠顺序

（6）层叠元素（z-index）。

在对元素进行定位时，它们可以与其他元素重叠。z-index 属性指定元素的层叠顺序（哪个元素应放置在其他元素的前面或后面）。元素可以设置如图 6.19 所示的七阶层叠顺序，具有较高层叠顺序的元素始终位于具有较低层叠顺序的元素之前；两个定位的元素层叠而未指定 z-index，则位于 HTML 代码中最后的元素将显示在顶部。

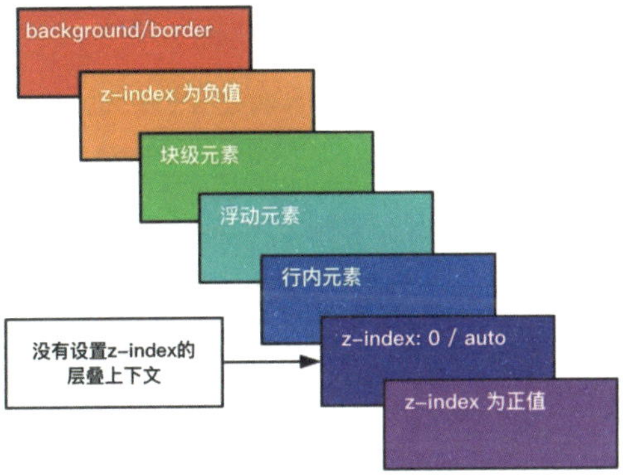

图 6.19　七阶层叠顺序

6.2.3　任务实施

■ 活动 1　制作首页页面内容

（1）打开素材目录下的“首页文本 .txt”文档，复制“请输入关键词 登录 | 首页”文本粘贴到“index.html”页面代码中头部 <header> 区；复制导航文本“首页……联系我们”粘贴到导航栏 <nav> 区；复制“ABOUT US·关于我们……支持青年公益事业。”粘贴到主体内容关于我们 <article id="about_us"> 区；复制“HOT SPOT·热门活动”文本粘贴到 <article id="hot"> 区；然后如图 6.20 所示，将“地球日”“学雷锋日”“重阳节”“儿童节”这四段文本分别复制粘贴到四个 <section> 区；最后的版权文本复制粘贴到页尾 <footer> 区。

（2）观察完成后的“index.html”首页页面效果，先在头部 <header> 区添加一张“logo.png”的图像，并制作搜索表单 <form> 和登录 <div id="login"> 区，如图 6.21 所示。

（3）然后制作导航栏和 banner 广告区，如图 6.22 所示，导航区给文本添加超链接且放入 <div> 元素中，banner 广告区插入一张“banner.jpg”的图像。

（4）继续制作主体内容的“关于我们”区，如图 6.23 所示，将“ABOUT US · 关于我们”设置为标题 1，下面的文本放入 <p> 和 <div> 元素中。

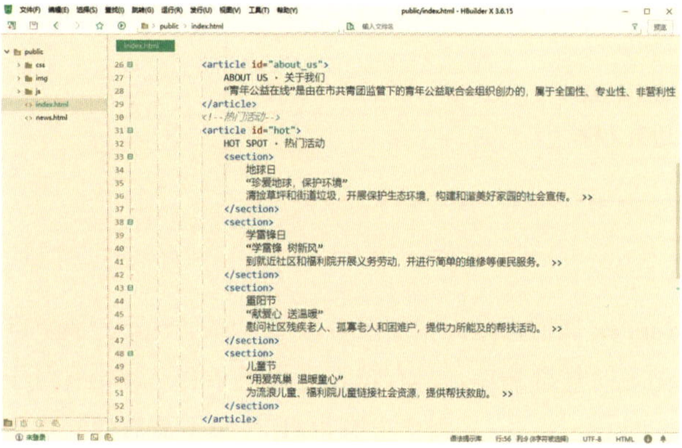

图 6.20　复制粘贴首页页面文本

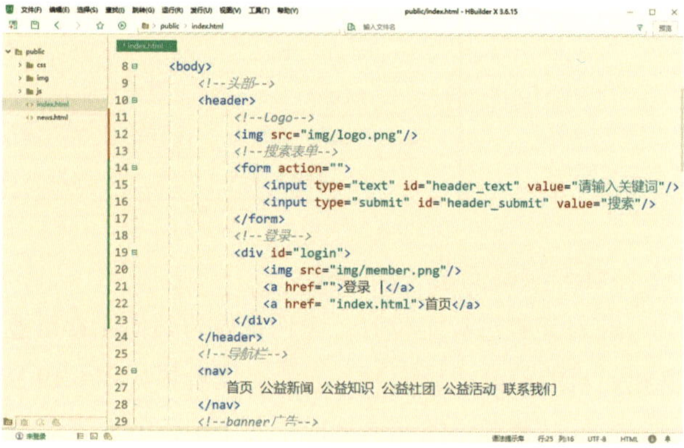

图 6.21　制作首页头部区内容

图 6.22　制作首页导航栏和 banner 广告区内容

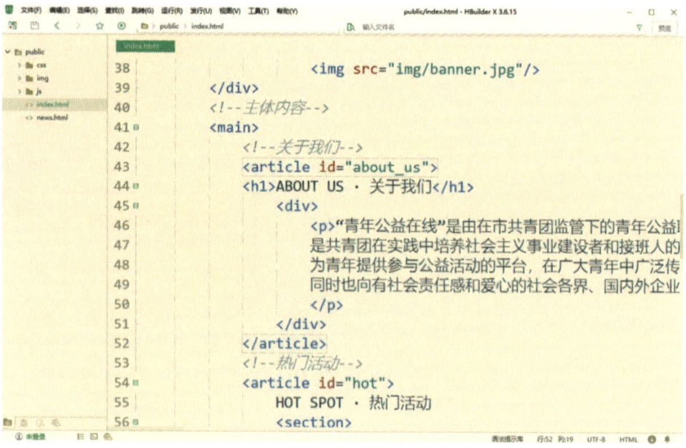

图 6.23　制作首页主体内容的“关于我们”区内容

（5）在主体内容的“热门活动”区，将“HOT SPOT · 热门活动”设置为标题 1，每个 <section> 部分分别插入 1 张图像 hot_1.jpg、hot_2.jpg、hot_3.jpg 和 hot_4.jpg；然后分别设置活动标题文本“地球日”“学雷锋日”“重阳节”和“儿童节”为标题 2；再分别设置标题 2 下方的活动主题“珍爱地球，保护环境”“学雷锋 树新风”“献爱心 送温暖”和“用爱筑巢 温暖童心”为标题 4；最后的文本均设置为段落，且添加超链接“<a href="">>></a>”，如图 6.24 所示。

（6）最后，在页尾区，两段文字中间加
 分行即可，如图 6.25 所示。保存并预览制作完内容的首页效果，图文均为浏览器默认状态。

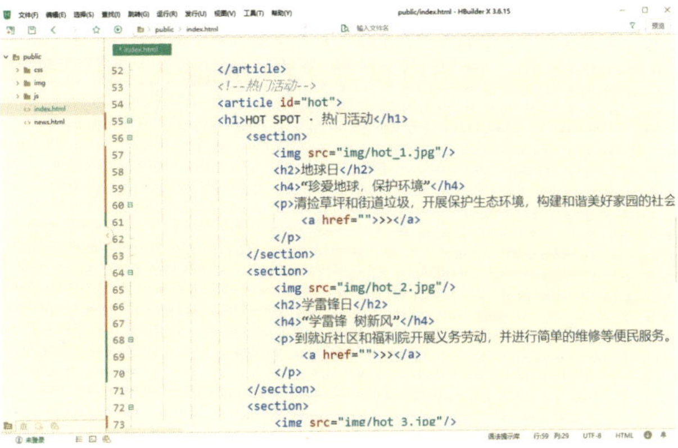

图 6.24　制作首页主体内容的“热门活动”区内容

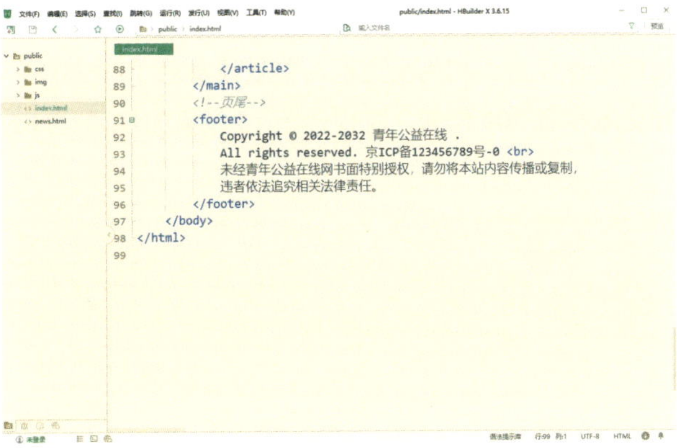

图 6.25　制作首页页尾区内容

活动 2　设置页面基本样式

（1）观察完成后的首页页面效果，打开外部样式表“style.css”文档，如图 6.26 所示，先用标签选择器 body 设置此页面的基本样式，默认文本字体为“Arial, " 微软雅黑 "”、字体颜色深灰色“#333333”、字体大小 16 像素、行高 2 倍行距。

（2）用并集选择器 h1,h2 设置页面标题 1 和标题 2 样式，字体大小为 22 像素；用标签选择器 a 设置超链接样式，文本默认蓝色“#67ACBC”，鼠标悬停用 a:hover 伪类选择器，设置出现下划线修饰“text-decoration: underline;”样式，如图 6.27 所示。

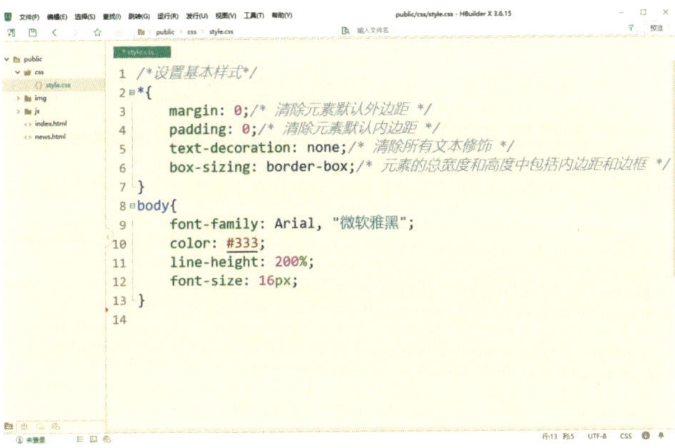

图 6.26　设置页面基本样式

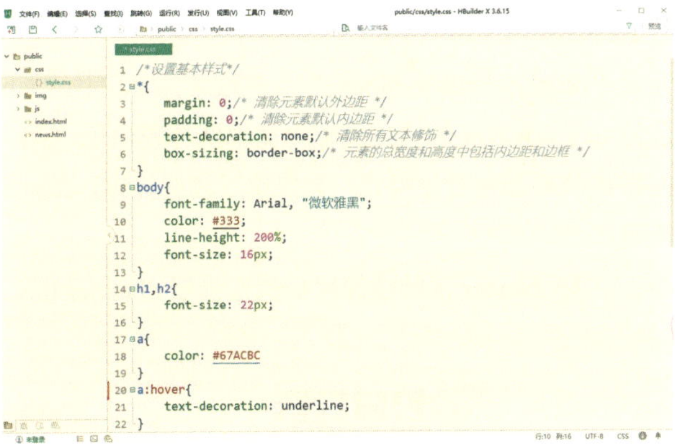

图 6.27　设置页面标题和超链接样式

活动 3　设置页面头部样式

（1）用 header 标签选择器设置页面头部区域样式，宽度 1200 像素，行高 100 像素，且水平居中；页面头部区内的图像用后代选择器 header img，设置与文本垂直居中对齐“vertical-align: middle;”样式，如图 6.28 所示。此时保存样式表文件且预览“index.html”页面，可以看到头部区的搜索表单和登录区块都处于文档流中。

（2）需要将这两个块状布局元素用复合选择器 header form,#login 强制转换为行内块元素“display:

inline-block;”，如图 6.29 所示，并设置左外边距 200 像素样式；继续使用后代选择器 header form input 设置表单控件元素，均为无边框，背景浅灰色“#f5f5f5”，高度 40 像素。最后用 id 选择器 #header_text 设置单行文本框宽 300 像素、左内边距 10 像素的样式；id 选择器 #header_submit 设置搜索按钮宽 50 像素的样式。

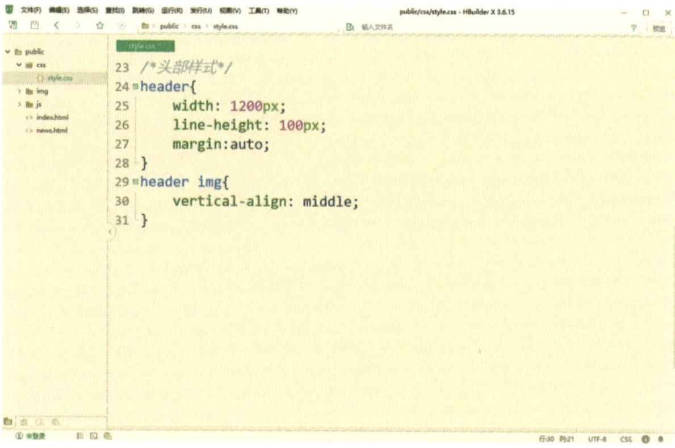

图 6.28　页面头部区域样式

图 6.29　页面头部区域内容样式

活动 4　设置页面导航和 banner 样式

（1）观察完成后的首页导航栏和 banner 区效果，如图 6.30 所示，默认导航栏背景颜色为蓝色，导航文本白色；鼠标悬停后文本区块背景变为白色，文本变为蓝色；banner 区图像相对于浏览器宽度 100%。

（2）先用标签选择器 nav，设置导航区的背景颜色为蓝色“#67ACBC”；再后代选择器 nav div，设置导航区的宽度 1200 像素，水平居中；然后用后代选择器 nav a，将超链接 a 这个行内元素强制转换为行内块元素“display: inline-block;”，并设置文本白色“white”，行高 40 像素，左右内边距 20 像素的样式；鼠标悬停 nav a:hover 的样式设置为文本区背景白色“white”，文本蓝色“#67ACBC”；但由于超链接继承了页面默认的超链接悬停样式，会出现下划线修饰，故此时设置样式为无修饰“text-decoration: none;”，如图 6.31 所示。

（3）banner 区的图像用后代选择器 #banner img，设置宽度为 100%，如图 6.32 所示。

图 6.30　完成后的首页导航栏和 banner 区效果

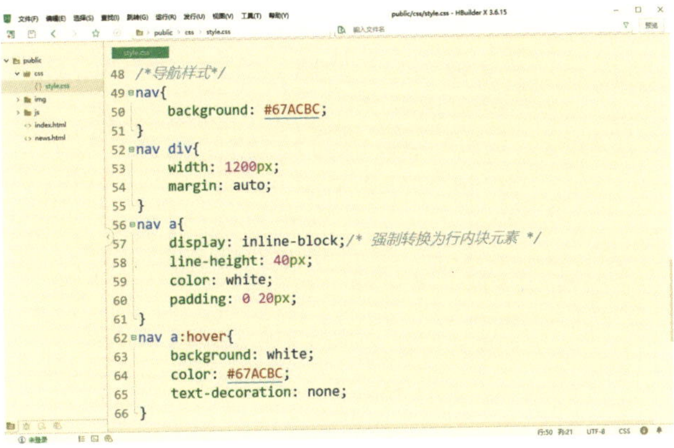

图 6.31　设置首页导航区样式

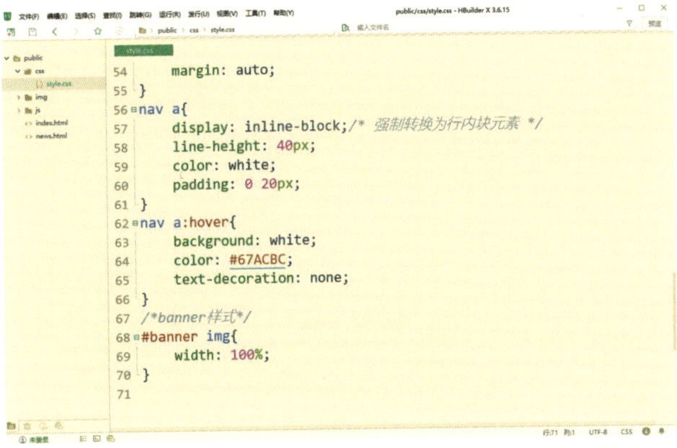

图 6.32　设置首页 banner 区样式

活动 5　设置首页正文样式

（1）先用标签选择器 main 设置整个正文区宽度 1200 像素，水平居中，且上下外边距 40 像素，如图 6.33 所示。

（2）在首页正文“关于我们”板块，先用后代选择器 #about_us div，设置段落文本所在区域样式为高度 200 像素，3 像素的蓝色实线框；并用后代选择器 #about_us p 设置段落文本行高为 40 像素，外边距为 20 像素。保存并预览页面，如图 6.34 所示，该文本区域框位于标题文本的下方。

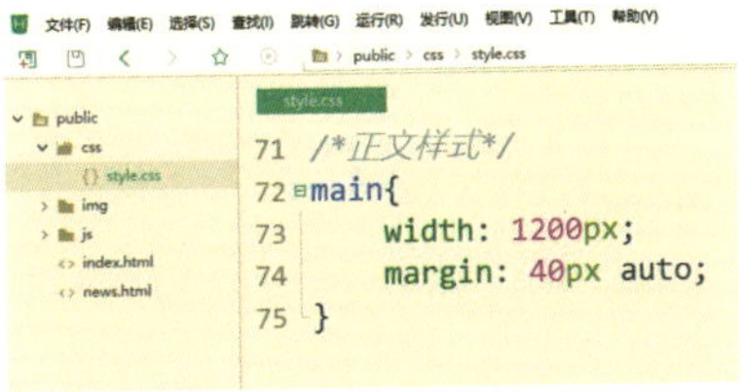

图 6.33　设置首页正文区样式

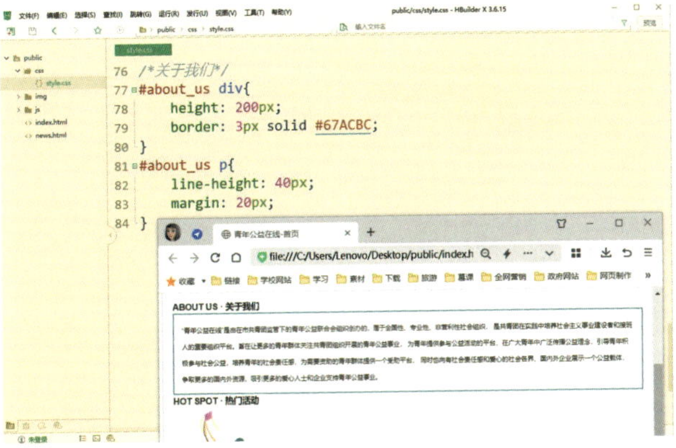

图 6.34　预览文本区域框效果

（3）观察完成后的首页中“关于我们”板块效果，如图 6.35 所示，此处用定位布局的方式，将 div 区块向上相对移动了 20 像素，且层叠于标题 1 区域的下方；段落文本相对于父元素 div 绝对定位，标题 1 区域背景设置为白色，水平居中。

（4）在样式表中，将刚才定义好的后代选择器 #about_us div，增加向上移动 20 像素“top: -20 px;”的相对定位“position: relative;”，以及层叠于下一层“z-index: -1;”的样式。此时区域内的段落要设置为相对于 div 绝对定位，所以在选择器 #about_us p 内添加“position: absolute;”；最后用后代选择器 #about_us h1 设置标题 1 样式，宽度 300 像素，背景颜色白色，水平居中，文本在区域内也需要水平居中“text-align: center;”，如图 6.36 所示。

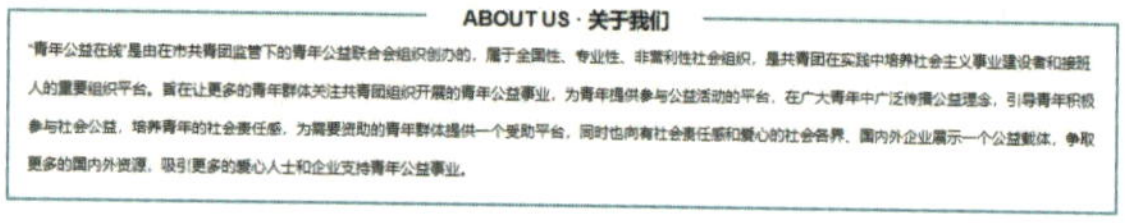

图 6.35　完成后的“关于我们”板块效果

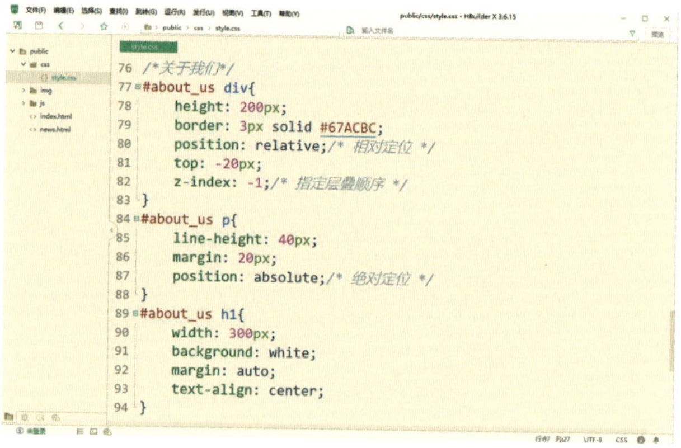

图 6.36　“关于我们”板块样式

（5）下面设置正文“热门活动”板块样式，先用 id 选择器 #hot 将此区域以后的文本都设置为居中对齐；然后用后代选择器 #hot h1 设置标题 1 上下外边距 20 像素；再用后代选择器 #hot section 将此板块 4 个活动区域强制转换为行内块元素，每个宽度大约 23%，左右外边距 10 像素，左右内边距 5 像素，1 像素蓝色虚线边框，如图 6.37 所示。

（6）最后用后代选择器 #hot img、#hot h2、#hot p 分别设置正文“热门活动”板块 4 个活动区内部图像、标题 2 和文本段落的样式。如图 6.38 所示，其中图像宽度 100%；标题 2 水平居中，上下外边距 10 像素，文字颜色蓝色“#67ACBC”；段落文字大小 14 像素，颜色浅灰色“#999999”，上下外边距 10 像素。

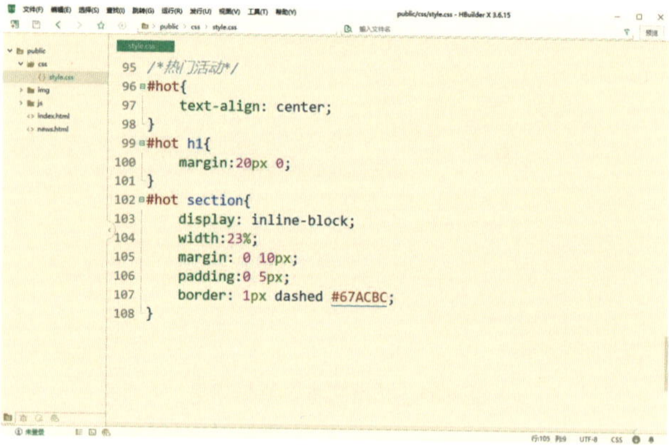

图 6.37　“热门活动”板块样式

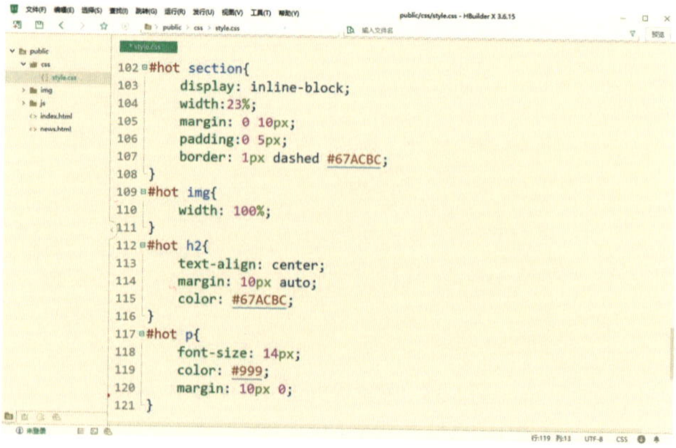

图 6.38　“热门活动”板块 4 个活动区内容样式

活动 6　设置页面尾部样式

页面尾部用标签选择器 footer，设置高度 100 像素，背景颜色蓝色“#67ACBC”，文字颜色白色“white”，文本水平居中，上内边距 20 像素，如图 6.39 所示。保存并预览首页完成后的页面效果。

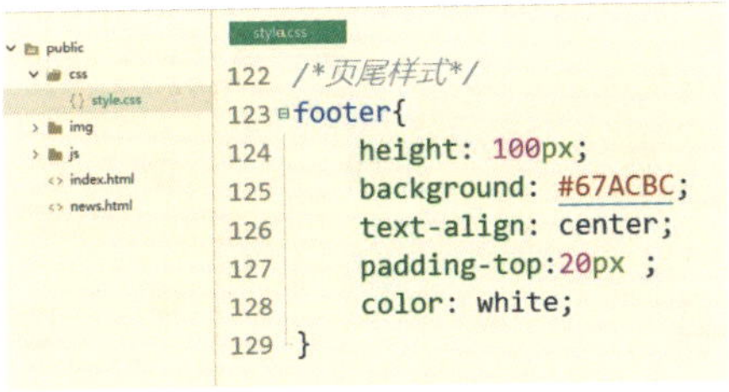

图 6.39　页面尾部样式

6.3　任务 3　制作并美化内页

6.3.1　任务导航

任务要点	● 熟练掌握CSS选择器及各类样式属性的设置，理解CSS浮动（float）布局的设置方法。能通过使用浮动布局属性和清除浮动布局属性控制页面布局效果
任务活动	活动1　制作内页页面内容； 活动2　设置内页正文左侧新闻栏样式； 活动3　设置内页正文右侧侧边栏样式
任务目标	制作“news.html”内页图文内容，再用CSS样式布局并美化页面

6.3.2　知识学习

在 CSS 中，可以通过 float 属性定义元素向左或向右浮动，其周围的元素也会重新排列。它往往应用于图像，使文本围绕在图像周围，不过在 CSS 布局中一样非常有用。

例如 3 个块级元素框在原始文档流中是垂直排列的，当设置框 1 向右浮动时，它会脱离文档流并且向右移动，直到它的右边缘碰到包含框的右边缘，如图 6.40 所示。

当设置框 1 向左浮动时，它会脱离文档流并且向左移动，直到它的左边缘碰到包含框的左边缘。如图 6.41 所示，因为它不再处于文档流中，所以它不占据空间，实际上覆盖了框 2；但如果把 3 个框都向左移动，那么框 1 向左浮动直到碰到包含框，另外 2 个框向左浮动直到碰到前一个浮动框。

但遇到特殊情况，如包含框太窄，无法容纳水平排列的 3 个浮动元素，那么其他浮动块向下移动，直到有足够的空间。如果浮动元素的高度不同，如图 6.42 所示，那么当它们向下移动时可能会被其他浮动元素“卡住”。

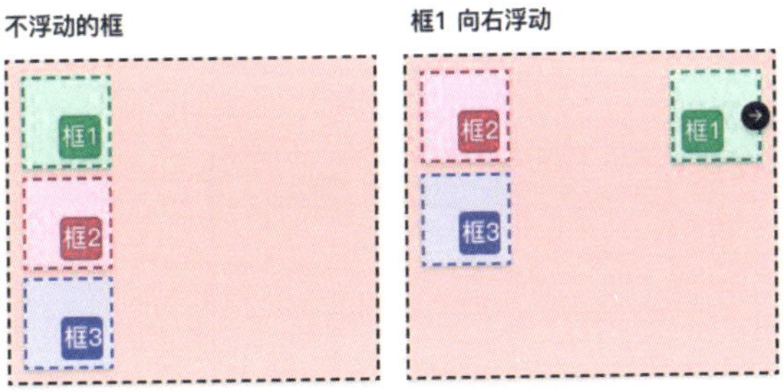

图 6.40　右浮动

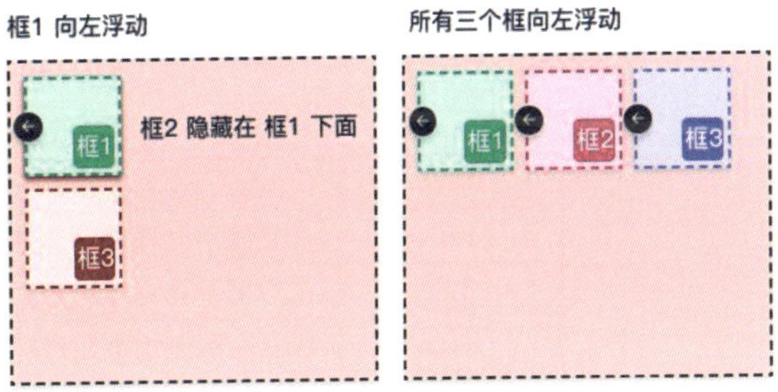

图 6.41　左浮动

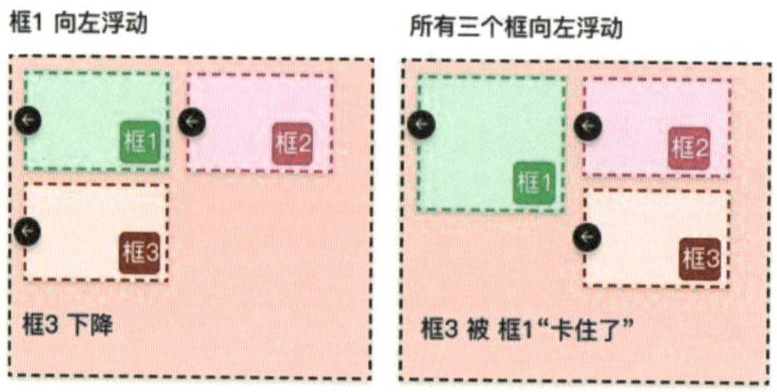

图 6.42　浮动的特殊情况

（1）CSS 浮动属性。

CSS 浮动属性值如表 6.3 所示。

表 6.3　CSS 浮动属性

属性	描述
left	元素向左浮动
right	元素向右浮动
none	默认值。元素不浮动，并会显示其在文本中出现的位置
inherit	规定应该从父元素继承float属性的值

（2）CSS 清除浮动（clear）属性。

元素浮动之后，周围的元素会重新排列，为了避免这种情况，可以使用 clear 属性。如图 6.43 所示，为框 3 设置清除浮动后，框 3 会恢复到文档流布局中。

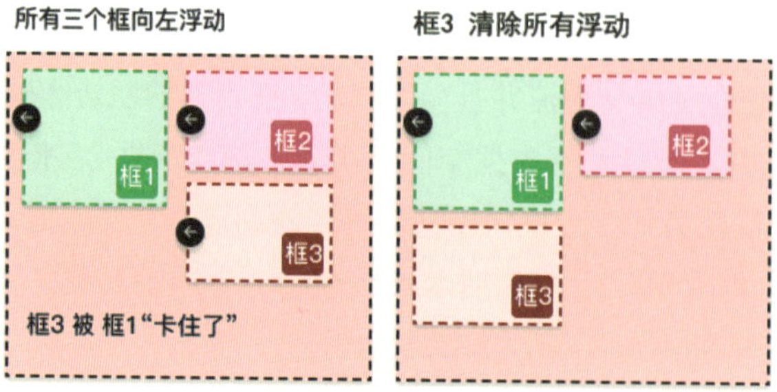

图 6.43　清除浮动

clear 属性规定了元素的哪一侧不允许其他浮动元素，如表 6.4 所示。

表 6.4　CSS 浮动属性

属性	描述
left	在左侧不允许浮动元素
right	在右侧不允许浮动元素
both	在左右两侧均不允许浮动元素
none	默认值。允许浮动元素出现在两侧
inherit	规定应该从父元素继承clear属性的值

6.3.3　任务实施

■ 活动 1　制作内页页面内容

（1）打开首页“index.html”页面代码，复制头部、导航栏、banner 广告区以及页尾部分代码，粘贴到内页“news.html”页面相应区域。保存文档预览页面效果，如图 6.44 所示，除中间正文部分外其他部分已正常显示。

（2）打开素材目录下的“内页文本 .txt”文档，复制文本“公益新闻”粘贴到主体内容左侧新闻栏 <article id="news"> 板块；如图 6.45 所示，将文本“更好发挥慈善在第三次分配中的作用……2022/12/27 11:45:00”以每段标题开始到日期时间结束为一小块内容，分 6 小块粘贴到 <section> 内。然后将文本“公益知识……重要手段。”“公益社团……绿派社”“公益活动”分 3 小块内容粘贴到主体内容右侧侧边栏 <aside> 板块的 <section> 内。最后的文本“记载更多 >>”粘贴到 </main> 标签之前。

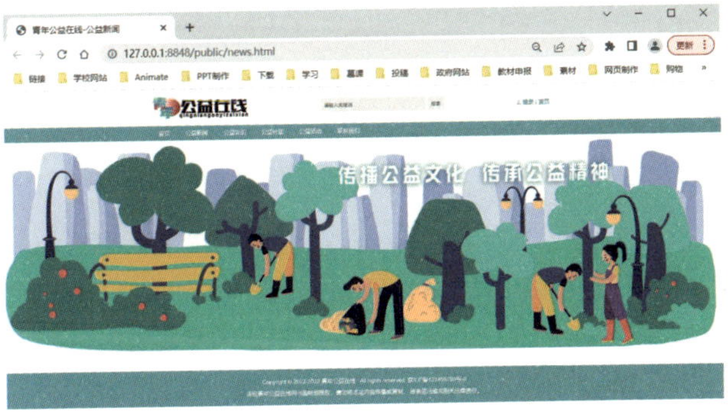

图 6.44　复制粘贴与首页相同区域效果

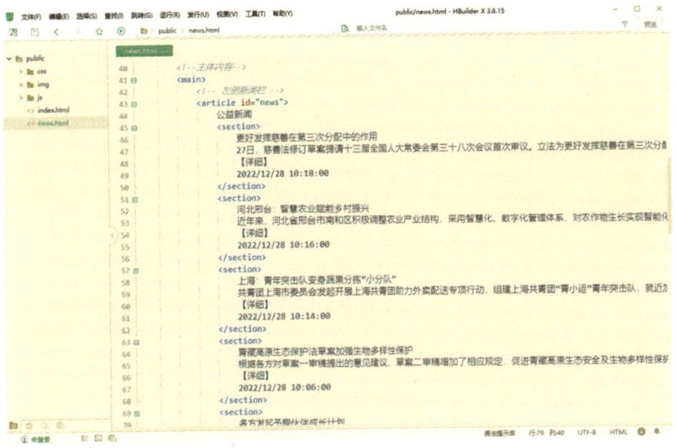

图 6.45　复制粘贴内页页面文本

（3）观察完成后的“news.html”内页主题内容的左侧新闻栏效果，如图 6.46 所示，先将 <article id="news"> 板块内文本“公益新闻”设置为标题 1<h1>，其下方添加水平线 <hr>。下方的 6 个 <section> 内容区均格式相同，第一段文本设置为标题 3<h3>，第二段文本设置为段落 <p>，且为段落最后的文本“【详细】”添加空的超链接 <a href="">，最后一段日期时间文本设置为 id 名为 date 的段落 <p class="date">。

（4）观察完成后的“news.html”内页主题内容右侧侧边栏效果，如图 6.47 所示。<aside> 板块内第一个 <section> 区域内，文本“公益知识”设置为标题 1<h1>，其下方添加水平线 <hr>。下面的内容全部放入 <div> 布局元素中，且布局元素内部添加一张图像“gyhd.jpg”，文本“什么是公益活动”设置为标题 3<h3>。

（5）<aside> 板块内第二个 <section> 区域内，如图 6.48 所示，文本“公益社团”设置为标题 2<h2>，下面的文本全部放入无序列表 <ul> 中，段落均设置为列表项 <li>。

（6）<aside> 板块内第三个 <section> 区域内，如图 6.49 所示，文本“公益活动”设置为标题 1<h1>，其下方添加水平线 <hr>，再添加一张图像“hd.jpg”。最后将文本“记载更多 >>”放入 id 名为 more 的布局元素 <div> 中，并添加空的超链接 <a>。此时保存并预览页面，可以发现页面的布局处于文档流中。

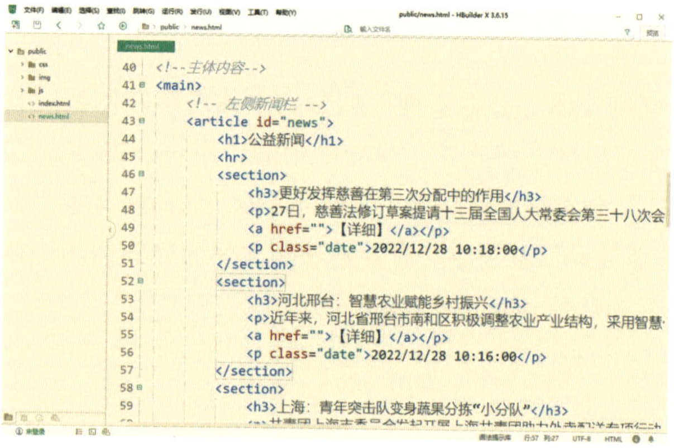

图 6.46　制作左侧新闻栏内容

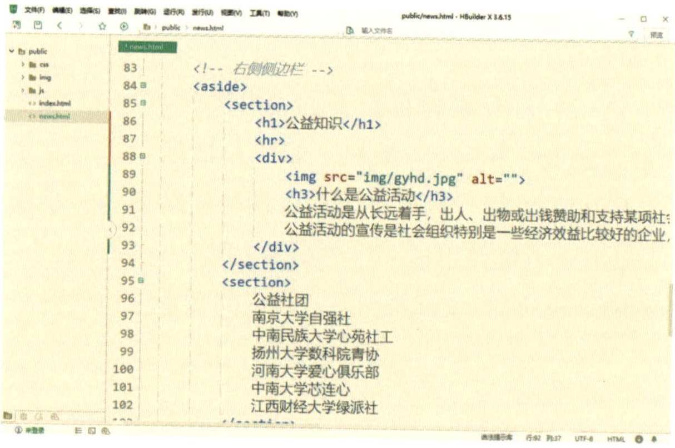

图 6.47　制作右侧侧边栏第一块内容

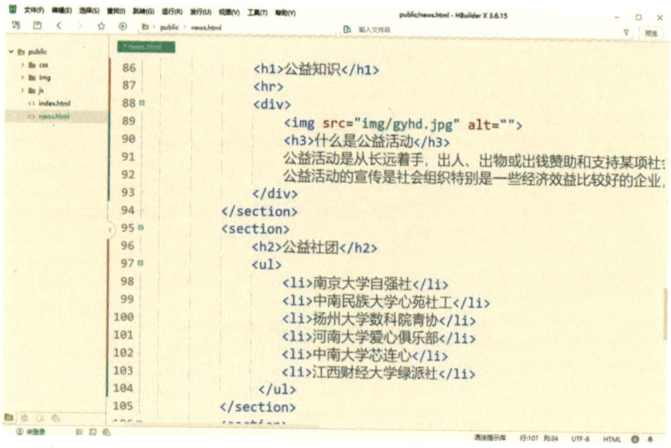

图 6.48　制作右侧侧边栏第二块内容

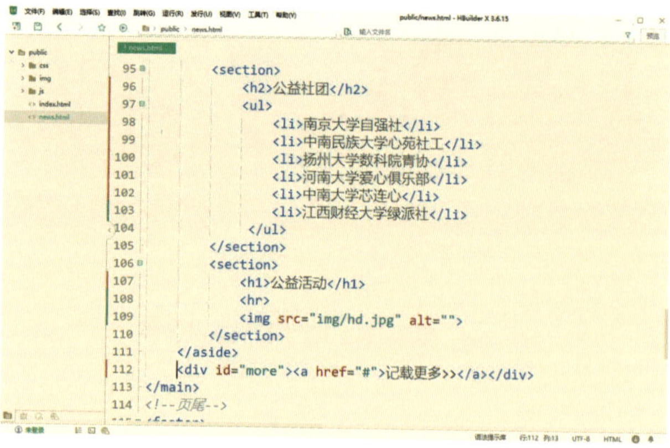

图 6.49　制作右侧侧边栏第三块内容

活动 2　设置内页正文左侧新闻栏样式

（1）打开外部样式表“style.css”文档，如图 6.50 所示，先为内页所有的水平线用标签选择器 hr 设置高度 1 像素，左右外边距 5 像素，背景颜色蓝色样式。左侧新闻栏用 id 选择器 #news，设置宽度 70%，且区块左浮动“float: left;”。

（2）然后用后代选择器 #news section 设置每一块内容区，样式为上下外边距 20 像素，下方 1 像素浅灰色虚线；继续用后代选择器 #news h3 设置每一块内容的标题 3 样式为字体普通粗细，上下外边距 10 像素；最后用类选择器 .date 设置时间日期文本，样式为浅灰色，如图 6.51 所示。

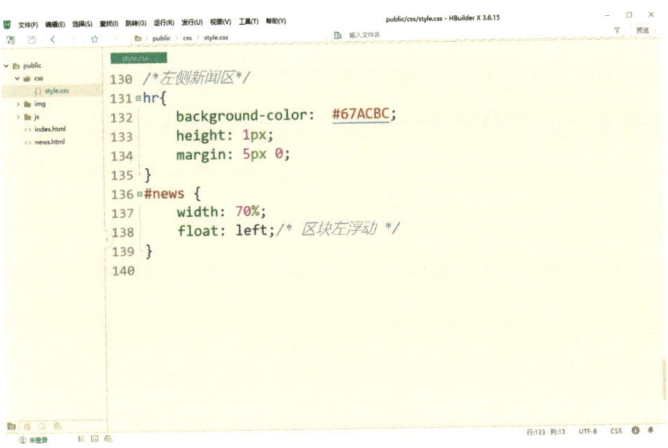

图 6.50　左侧新闻栏左浮动样式

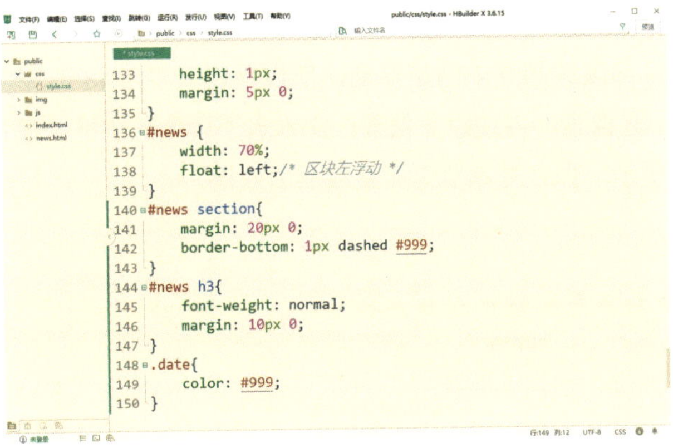

图 6.51　左侧新闻栏样式

活动 3　设置内页正文右侧侧边栏样式

（1）使用标签选择器 aside 设置右侧侧边栏，样式为宽度 25%，且区块右浮动；然后用标签选择器 section 设置右侧三个栏目块均为下外边距 40 像素，如图 6.52 所示。

（2）在右侧栏目区“公益知识”部分，用后代选择器 aside img 设置图像宽度 100%；文本所在区块用后代选择器 aside div 设置背景颜色为浅灰色，内边距 5 像素。标题 3“什么是公益活动”文本相对于页面向上移动了一段距离，且层叠于图像之上。所以如图 6.53 所示，用后代选择器 aside h3，定义样式为相对定位向上移动 40 像素，层叠 z-index 值为 1，左右内边距 10 像素，背景颜色为不透明度 60% 的深灰色，文字颜色白色，下内边距－40 像素。

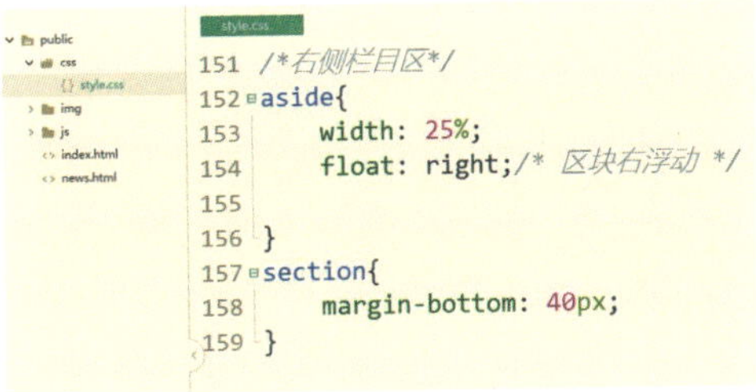

图 6.52　右侧侧边栏区块样式

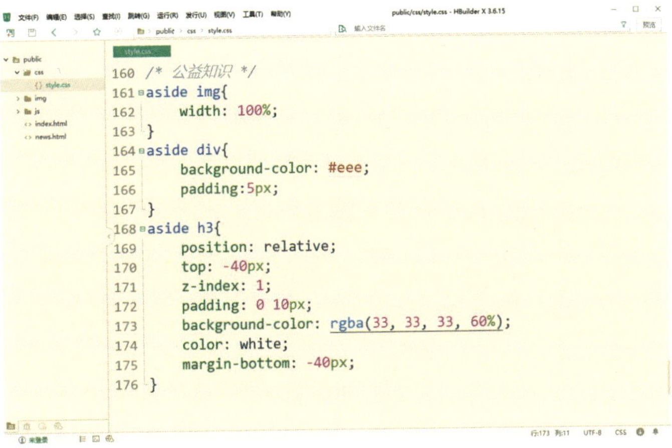

图 6.53　右侧侧边栏“公益知识”部分

（3）在右侧栏目区“公益社团”部分，如图 6.54 所示，用后代选择器 aside h2，先设置标题 2 为背景颜色蓝色，字体颜色白色，内边距 10 像素；然后用后代选择器 aside li 设置下面列表项的样式为背景颜色浅蓝色“#F2F2F2”，无项目符号“list-style: none;”，内边距 5 像素，上下边框 2 像素白色实线；最后用复合伪类选择器 aside li:hover 设置鼠标悬停列表项的样式为背景蓝色，文字颜色白色。

（4）此时保存并预览页面效果，会发现页面主体内容区已经制作完毕，但文本“记载更多 >>”和页面底部区域却并未结束浮动，所以最后需要用 id 选择器 #more，为文本“记载更多 >>”区域设置样式，宽度 100 像素，内边距 5 像素，文本水平居中，边框 2 像素蓝色实线，且清除左右浮动“clear: both;”，如图 6.55 所示。保存并预览页面完成后的效果。

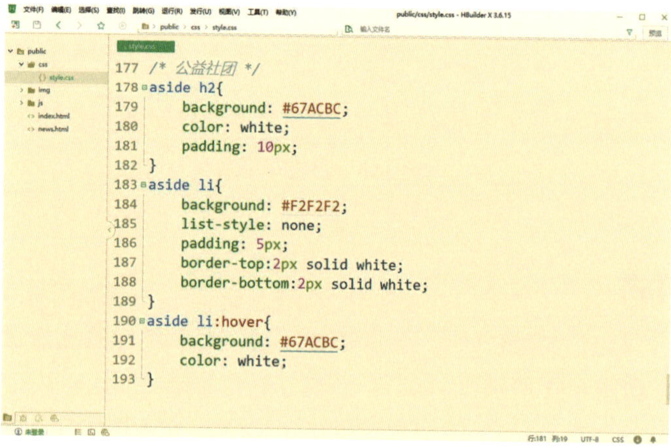

图 6.54　右侧栏目区“公益社团”部分

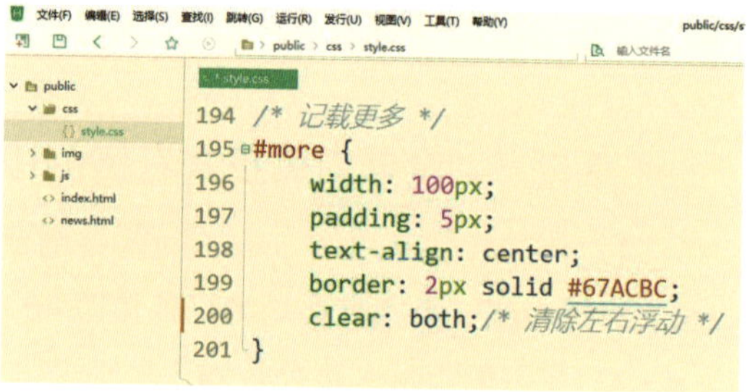

图 6.55　清除左右浮动